Die Sammlung
„Aus Natur und Geisteswelt"

nunmehr über 800 Bände umfassend, bietet wirkliche „Einführungen" in die Hauptwissensgebiete für den Unterricht oder Selbstunterricht des Laien nach den heutigen methodischen Anforderungen, seit ihrem Entstehen (1898) den Gedanken dienend, auf denen die heute so mächtig entwickelte Volkshochschulbewegung beruht. Sie will jedem geistig Mündigen die Möglichkeit schaffen, sich ohne besondere Vorkenntnisse an sicherster Quelle, wie sie die Darstellung durch berufene Vertreter der Wissenschaft bietet, über jedes Gebiet der Wissenschaft, Kunst und Technik zu unterrichten. Sie will ihn dabei zugleich unmittelbar im Beruf fördern, den Gesichtskreis erweiternd, die Einsicht in die Bedingungen der Berufsarbeit vertiefend. Diesem Bedürfnis können Skizzen im Charakter von „Auszügen" aus großen Lehrbüchern nie entsprechen, denn solche setzen eine Vertrautheit mit dem Stoffe schon voraus.

Die Sammlung bietet aber auch dem Fachmann eine rasche zuverlässige Übersicht über die sich heute von Tag zu Tag weitenden Gebiete des geistigen Lebens in weitestem Umfang und vermag so vor allem auch dem immer stärker werdenden Bedürfnis des Forschers zu dienen, sich auf den Nachbargebieten auf dem laufenden zu erhalten.

In den Dienst dieser Aufgabe haben sich darum auch in dankenswerter Weise von Anfang an die besten Namen gestellt, gern die Gelegenheit benutzend, sich an weiteste Kreise zu wenden.

So konnte der Sammlung auch der Erfolg nicht fehlen. Mehr als die Hälfte der Bände liegen, bei jeder Auflage durchaus neu bearbeitet, bereits in 2. bis 8. Auflage vor, insgesamt hat die Sammlung bis jetzt eine Verbreitung von fast 5 Millionen Exemplaren gefunden.

Alles in allem sind die schmucken, gehaltvollen Bände besonders geeignet, die Freude am Buche zu wecken und daran zu gewöhnen, einen Betrag, den man für Erfüllung körperlicher Bedürfnisse nicht anzusehen pflegt, auch für die Befriedigung geistiger anzuwenden.

Wenn eine Verteuerung der Sammlung infolge der durch die wirtschaftliche Lage bedingten außerordentlichen Steigerung der Herstellungskosten auch unvermeidbar gewesen ist, so ist der Preis doch entfernt nicht in dem gleichen Verhältnis gestiegen, und auch jetzt ist ein Band „Aus Natur und Geisteswelt" im Verhältnis zu anderen Büchern und insbesondere zu der Verteuerung im allgemeinen wohlfeil.

Jeder der meist reich illustrierten Bände ist in sich abgeschlossen und einzeln käuflich

Leipzig, im Oktober 1922. **B. G. Teubner**

Ein vollständiges, nach Wissensgebieten geordnetes Verzeichnis versendet auf Wunsch der Verlag, Leipzig, Poststr. 3/5

Zur Biologie, Botanik und Zoologie
sind bisher erschienen:

Einführung in die Biologie.

Allgemeine Biologie. Einführung in die Hauptprobleme der organischen Natur. Von Prof. Dr. H. Miehe. 3. verb. Aufl. Mit 44 Abbildungen im Text. (Bd. 130.)
Experimentelle Biologie. Regeneration, Transplantation und verwandte Gebiete. Von Dr. C. Thesing. Mit 1 Tafel und 69 Textabbildungen. (Bd. 337.)
Die Beziehungen der Tiere und Pflanzen zueinander. Von Prof. Dr. K. Kraepelin. 2. Aufl. 2 Bände. I. Bd.: Die Beziehungen der Tiere zueinander. Mit 64 Abbildungen. (Bd. 426.) II. Bd.: Die Beziehungen der Pflanzen zueinander und zu den Tieren. Mit 68 Abbildungen. (Bd. 427.)
Lebensbedingungen und Verbreitung der Tiere. Von Prof. Dr. O. Maas. Mit 11 Karten und Abbildungen. (Bd. 139.)
Die Schädlinge im Tier- und Pflanzenreich und ihre Bekämpfung. Von Geh. Reg.-Rat Prof. Dr. K. Eckstein. 3. Aufl. Mit 36 Figuren im Text. (Bd. 18.)
Die Welt der Organismen. In Entwicklung und Zusammenhang dargestellt. Von Oberstudienrat Prof. Dr. K. Lampert. Mit 52 Abbildungen. (Bd. 236.)
Einführung in die Biochemie in elementarer Darstellung. Von Prof. Dr. W. Löb. 2., durchges. u. verm. Aufl. von Prof. Dr. H. Friedenthal. Mit 12 Fig. im Text. (Bd. 352.)

Abstammungs- und Vererbungslehre, vergl. Anatomie.

Die Entwicklungsgeschichte des Menschen. Von Dr. R. Heilborn. 2. Auflage. Mit 61 Abbildungen. (Bd. 388.)
Experimentelle Abstammungs- u. Vererbungslehre. Von Prof. Dr. E. Lehmann. 2. Aufl. Mit 27 Abb. (Bd. 379.)
Abstammungslehre und Darwinismus. Von Prof. Dr. R. Hesse. 6. Aufl. Mit 41 Textabbildungen. (Bd. 39.)
Die Tiere der Vorwelt. Von Prof. Dr. O. Abel. Mit 31 Abb. (Bd. 399.)
Die Stammesgeschichte unserer Haustiere. Von Prof. Dr. C. Keller. 2. Aufl. Mit 29 Figuren. (Bd. 252.)
Vergleichende Anatomie der Sinnesorgane der Wirbeltiere. Von Prof. Dr. W. Lubosch. Mit 107 Abb. (Bd. 282.)

Fortpflanzung.

Befruchtung und Vererbung. Von Dr. E. Teichmann. 3. Aufl. Mit 19 Abbild. im Text. (Bd. 70.)
Fortpflanzung und Geschlechtsunterschiede des Menschen. Eine Einführung in die Sexualbiologie. Von Prof. Dr. H. Boruttau. 2., verb. Aufl. Mit 39 Abbildungen im Text. (Bd. 540.)
Die Fortpflanzung der Tiere. Von Prof. Dr. R. Goldschmidt. Mit 77 Abb. (Bd. 253.)
Zwiegestalt der Geschlechter in der Tierwelt. (Dimorphismus.) Von Dr. F. Knauer. Mit 37 Figuren. (Bd. 148.)

Mikroorganismen.

Die Bakterien im Haushalt der Natur und des Menschen. Von Prof. Dr. E. Gutzeit. 2. Aufl. Mit 19 Abb. (Bd. 242.)
Die krankheiterregenden Bakterien. Grundtatsachen der Entstehung, Heilung und Verhütung der bakteriellen Infektionskrankheiten des Menschen. Von Prof. Dr. M. Löhlein. 2. Aufl. Mit 33 Abbildungen. (Bd. 307.)

Mikroorganismen.

Die Urtiere. Eine Einführung in die Wissenschaft vom Leben. Von Professor Dr. R. Goldschmidt. 2. Aufl. Mit 44 Abb. (Bd. 160.)
Das Süßwasser-Plankton. Von Prof. Dr. O. Zacharias. 2. Aufl. M. 57 Abb. (Bd. 156.)
Das Meer, seine Erforschung und sein Leben. Von Prof. Dr. O. Janson. 3. Aufl. Mit 40 Figuren. (Bd. 30.)
Einführung in die Mikrotechnik. Von Prof. Dr. V. Franz und Studienrat Dr. H. Schneider. Mit 12 Abbildungen. (Bd. 765.)
Das Mikroskop. Seine wissenschaftlichen Grundlagen und seine Anwendung. Von Dr. R. Ehringhaus. Mit 76 Abbildungen. (Bd. 678.)

Botanik, insbesondere angewandte Botanik.

Pflanzenphysiologie. Von Prof. Dir. Dr. H. Molisch. 2. Aufl. Mit 63 Fig. (Bd. 569.)
Botanik des praktischen Lebens. Von Geh. Hofrat Prof. Dr. P. Gisevius. Mit 24 Abbildungen. (Bd. 173.)
Die Pilze. Von Dr. R. Eichinger. Mit 64 Abb. (Bd. 334.)
Pilze und Flechten. Von Dr. W. Nienburg. Mit 88 Abb. im Text. (Bd. 675.)
Einkeimblättrige Blütenpflanzen. Von Privatdoz. Dr. K. Suessenguth. (Bd. 676.)
Die fleischfressenden Pflanzen. Von Prof. Dr. A. Wagner. Mit 82 Abb. (Bd. 344.)
Unsere Blumen und Pflanzen im Garten. Von Prof. Dr. U. Dammer. Mit 69 Abb. (Bd. 360.)
Der deutsche Wald. Von Prof. Dr. H. Hausrath. 2. Aufl. Mit 1 Bilderanhang und 2 Karten. (Bd. 153.)
Der Kleingarten. Von Joh. Schneider, Fachlehrer für Gartenbau und Kleintierzucht. 2., verbesserte u. vermehrte Auflage. Mit 60 Abb. (Bd. 498.)
Werdegang und Züchtungsgrundlagen der landwirtschaftlichen Kulturpflanzen. Von Prof. Dr. A. Zade. Mit 30 Abbildungen. (Bd. 766.)
Weinbau u. Weinbereitung. Von Dr. F. Schmitthenner. Mit 34 Abb. (Bd. 332.)
Kolonialbotanik. Von Prof. Dr. F. Tobler. Mit 21 Abb. (Bd. 184.)
Der Tabak. Anbau, Handel und Verarbeitung. 2., verbesserte und ergänzte Auflage. Von Jac. Wolf. Mit 17 Abb. im Text. (Bd. 416.)
Botan. Wörterbuch. Von Dr. O. Gerke. (Teubners kl. Fachwörterbücher Bd. 1.) Geb. M. 3.50 (Teuerungsziffer Okt. 22 : 80.)

Zoologie, insbesondere angewandte Zoologie.

Tierzüchtung. Von Dr. G. Wilsdorf. 2. Aufl. Mit 23 Abbild. auf 12 Tafeln und 2 Figuren im Text. (Bd. 369.)
Die Kleintierzucht. Von Joh. Schneider, Fachlehrer für Gartenbau und Kleintierzucht. 2. verb. Aufl. Mit 60 Abbildungen im Text und auf 6 Tafeln. (Bd. 604.)
Tierpsychologie. Eine Einführung in die vergleichende Psychologie. Von Prof. Dr. K. Lutz. Mit 29 Abb. (Bd. 820.)
Deutsches Vogelleben, zugleich als Exkursionsbuch für Vogelfreunde. Von Prof. Dr. A. Voigt. 2. Aufl. (Bd. 221.)
Vogelzug und Vogelschutz. Von Dr. W. R. Eckardt. Mit 6 Abb. (Bd. 218.)
Bienen und Bienenzucht. Von Prof. Dr. E. Zander. Mit 41 Abb. (Bd. 705.)
Das Aquarium. Von E. W. Schmidt. Mit 15 Figuren. (Bd. 335.)
Korallen und andere gesteinbildende Tiere. Von Prof. Dr. W. Maß. Mit 45 Abb. (Bd. 231.)
Zoologisches Wörterbuch. Von Dr. Th. Knottnerus-Meyer. (Teubners kleine Fachwörterbücher Bd. 2.) Geb. M. 3.50 (Teuerungsziffer Okt. 22 : 80.)

Aus Natur und Geisteswelt
Sammlung wissenschaftlich-gemeinverständlicher Darstellungen

---

676. Band

Pflanzenkunde

Einkeimblättrige Blütenpflanzen

Von

Dr. Karl Suessenguth

Privatdozent an der Universität München

Mit 33 Abbildungen im Text

Springer Fachmedien Wiesbaden GmbH 1923

Schutzformel für die Vereinigten Staaten von Amerika:
Copyright 1923 by Springer Fachmedien Wiesbaden

Ursprünglich erschienen bei B. G. Teubner in Leipzig 1923.

Alle Rechte, einschließlich des Übersetzungsrechts, vorbehalten.

ISBN 978-3-663-15282-8   ISBN 978-3-663-15850-9 (eBook)
DOI 10.1007/978-3-663-15850-9
Softcover reprint of the hardcover 1st edition 1923

Vorwort.

Der vorliegende Band „Einkeimblättrige Blütenpflanzen" gehört wie ein schon vorher erschienener „Pilze und Flechten" zu einer Reihe, die das gesamte Gebiet der Pflanzenkunde umfassen soll. Den Absichten des Verlages entsprechend, wurde der Stoff nach rein wissenschaftlichen Gesichtspunkten angeordnet, die Darstellung aber in allgemeinverständlicher Form gegeben.

Die Pflanzengruppe, um die es sich hier handelt, ist sehr formenreich, kommt unter den wechselndsten äußeren Bedingungen vor und bietet nicht nur wissenschaftlich, sondern auch praktisch vielfaches Interesse.

Das Buch soll vor allem für die Gruppe, die es behandelt, einen Einblick verschaffen, welche Stellung unsere heimischen Pflanzen, sowie die bei uns in Kultur befindlichen, in der Gesamtflora unserer Erde einnehmen. Merkmale von umfassender Bedeutung, die für die Gliederung des ganzen Formenkreises von Wichtigkeit sind, wurden dabei besonders berücksichtigt, daneben stammesgeschichtliche Zusammenhänge, pflanzengeographische, entwicklungsgeschichtliche und biologische Gesichtspunkte. Ferner wurde auf die Behandlung der Nutz- und Medizinalpflanzen, speziell der außereuropäischen, Wert gelegt, dabei aber stets soweit möglich von heimischen Formen ausgegangen und an Bekanntes angeknüpft.

Die Schrift dürfte unter anderem eine Ergänzung bieten zu den Exkursionsfloren, die nur Bestimmungszwecken dienen, außerdem aber auch nur ein klimatisch und pflanzengeographisch enges Gebiet behandeln.

Naturgemäß haftet einer biologischen, insbesondere einer systematisch gehaltenen Schilderung ein Mangel an, wenn der Leser mit dem gegebenen Text nicht die Anschauung des Objekts oder wenigstens die Erinnerung an eine solche verbinden kann. Den wenigsten ist es möglich, die Gegenstände ihres Interesses, soweit es sich um ausländische Pflanzen handelt, in ihrer natürlichen Umgebung, nicht allen, sie etwa in einem größeren botanischen Garten in Kultur zu beobachten. Soweit möglich, wurde daher der Versuch gemacht, für einige schwerer zugängliche Objekte die mangelnde direkte Anschauung durch etwas eingehendere Schilderung zu ersetzen.

München, Juni 1921.

Karl Sueffenguth.

Inhalt.

A. Allgemeiner Teil.

I. Abgrenzung der Monokotylen . . . . 5— 6
II. Charakteristische Merkmale . . . . 7— 15
III. Abstammung der Monokotylen und Verwandtschaftsverhältnisse ihrer Reihen unter sich. . . . . 15— 20
IV. Pflanzengeographische Stellung der Monokotylen . . . . 20— 26

B. Besonderer Teil.

1. Reihe Helobiae . . . . 26— 35
   Butomaceae —, Alismataceae —, Hydrocharitaceae —, Juncaginaceae —, Potamogetonaceae —, Aponogetonaceae —, Najadaceae —, Triuridaceae —.
2. Reihe Liliiflorae . . . . 36— 55
   Liliaceae —, Amaryllidaceae —, Velloziaceae —, Philydraceae —, Pontederiaceae —, Bromeliaceae —, Burmanniaceae —, Taccaceae —, Dioscoreaceae —, Iridaceae —, Juncaceae —, Flagellariaceae —.
3. Reihe Cyperales . . . . 55— 59
   Cyperaceae
4. Reihe Scitamineae . . . . 59— 64
   Musaceae —, Zingiberaceae —, Cannaceae —, Marantaceae —.
5. Reihe Gynandrae . . . . 64— 74
   Orchidaceae —.
6. Reihe Enantioblastae . . . . 74— 76
   Commelinaceae —, Mayacaceae —, Xyridaceae —, Eriocaulaceae —, Restionaceae —, Centrolepidaceae —.
7. Reihe Glumiflorae . . . . 76— 90
   Gramineae —.
8. Reihe Spadiciflorae . . . . 90—106
   Palmae —, Cyclanthaceae —, Pandanaceae —, Sparganiaceae —, Typhaceae —, Araceae —, Lemnaceae —.

Die Abbildungen Nr. 1, 2, 4, 6, 8, 13, 14, 16, 17, 20, 25—28, 32 sind entnommen aus Giesenhagen, Lehrbuch der Botanik, 1920 (Verlag Teubner). — Nr. 3, 9, 11, 15 29, 33 aus Kraepelin, Leitfaden für den botan. Unterricht (Verlag Teubner). — Nr. 5 aus Kraepelin, Einführung in die Biologie. 4. Aufl. 1919 (Verlag Teubner). — Nr. 7, 12 aus Graebner. Lehrb. d. allgem. Pflanzengeographie 1910. — Nr. 10, 19 aus Porsch, Wechselbeziehungen (in „Kultur der Gegenwart" Teil III, Abt. IV$_1$, Verlag Teubner). — Nr. 18, 21 aus Fitting, Jost, Schenk, Karsten, Lehrb. d. Botanik. 14. Aufl. — Nr. 22 aus Goebel, Organographie, 2. Aufl. Nr. 23, 30 aus Hermann u. Stribbe: Pflanzenkunde, 1912; — Nr. 31 aus Waeber: Lehrb. f. d. Unterricht in der Botanik, 1885.

A. Allgemeiner Teil.
I. Abgrenzung der Monokotyledonen.

Bei der Betrachtung einer durch einen gemeinsamen Namen zusammengefaßten Gruppe von Organismen wird es sich in allen Fällen zunächst um folgende zwei Fragen handeln. Einmal: wie läßt sich die zu behandelnde Gruppe für sich abgrenzen; zweitens: in welchen Beziehungen steht sie zu den als verwandt zu betrachtenden Formenkreisen.

Die Lösung der ersten Aufgabe erfolgt im allgemeinen durch eine Aufzählung der wesentlichsten Merkmale. In einer solchen müßte eigentlich die Bedingung erfüllt sein, daß sie nur Merkmale umfaßt, welche sämtlichen Vertretern der zu untersuchenden Formenreihe zukommen, in zweiter Linie aber auch, daß die angeführten Merkmale auch auf die behandelte Gruppe beschränkt sind. Für viele andere Reihen des Pflanzenreichs ist diese theoretische Forderung tatsächlich erfüllbar. Auch bei den einkeimblättrigen Blütenpflanzen oder Monokotyledones ist der äußere Eindruck einer gewissen Einheitlichkeit ohne weiteres gegeben, wenn wir die hauptsächlichsten Vegetationsformen derselben ins Auge fassen.

Die Zwiebelpflanzen, als deren Vertreter wir etwa die Tulpe oder die Hyazinthe betrachten wollen, besitzen ebensowohl wie die Gräser, die Orchideen und viele monokotyle Wasserpflanzen langgestreckte, vielfach undeutlich gestielte Blätter mit mehr oder weniger parallel verlaufenden Nerven. Außerdem kommt ihnen allen, wie ja der Name „Monokotyledonen" oder kurz Monokotyle schon an sich besagt, das gemeinsame Merkmal zu, daß ihr Keimling nur ein einziges Keimblatt statt der zwei der Dikotyledonen aufweist.

Die Annahme, daß eines dieser Merkmale zu einer streng-systematischen Abgrenzung verwendet werden könnte, ist gleichwohl nicht berechtigt. Man kennt nämlich einesteils aus der Klasse der Dikotylen sehr wohl auch Pflanzen mit paralleler Blattnervatur. Es sei hier nur an manche Arten von Eryngium („Mannstreu"), an Bupleurum („Hasenohr"), Thesium („Leinblatt"), sowie an die Epakrideen, australische Verwandte unserer einheimischen Heidekräuter erinnert.

Andernteils sind auch eine ganze Anzahl von Formen unter den in diesem Falle mit Unrecht so genannten „Dikotylen" bekannt geworden, deren Embryo nur einen Samenlappen aufweist, z. B. das Scharbockskraut (Ranunculus Ficaria), die knollentragenden Lerchenspornarten (Corydalis cava, C. solida usw.), eine Anzahl mit unserem Kümmel verwandter Doldengewächse (Umbelliferen), darunter Bunium Bulbocastanum, die Erdkastanie, ferner das Alpenveilchen (Cyclamen), das Fettkraut (Pinguicula).

Umgekehrt gibt es zahlreiche Monokotyle, deren Blatt mehr oder weniger offene Netznervatur besitzt, also ähnlich gebaut ist, wie das der Dikotylen. Die Blattleitbündel verlaufen in diesen Fällen natürlich nicht parallel. Solche Blätter besitzen die Yamswurzeln (Dioscorea), die Stechwinden (Smilax) und manche unserem Aronstab verwandte Gewächse (Arazeen).

Für die Monokotylen unserer heimischen Flora wird sich zwar kaum je ein Zweifel ergeben, daß sie wirklich dieser Gruppe angehören, da sie bereits durch habituelle Merkmale sich von den bei uns vorkommenden Dikotylen wesentlich unterscheiden. Höchstens könnte vielleicht bei geringer Formenkenntnis eine Verwechslung eintreten zwischen den weißblühenden Wasserranunkeln und einigen Froschlöffel-Arten (Alismatazeen). Man darf jedoch auf Grund dieser Feststellung keineswegs die Verallgemeinerung für gültig annehmen, daß dies auch für die außerdeutschen beziehungsweise außereuropäischen Florenbezirke zutreffe. Es gibt z. B. unter den Dioskoreazeen Arten und Gattungen, die man insbesondere in nichtblühendem Zustand ohne Untersuchung des anatomischen Baues schwerlich für Monokotyle halten würde. Hinwiederum sind Eryngien bekannt, die den Gräsern, andere, die gewissen Bromeliazeen der ganzen äußeren Tracht nach außerordentlich nahestehen. Ähnliche Beispiele ließen sich noch mehr nennen, da es sich dabei jedoch meist um Pflanzen handelt, die dem Nichtfachmann kaum je zu Gesicht kommen dürften, so wird es genügen, unsere Betrachtung dahin zusammenzufassen:

Die Abgrenzung der Monokotylen gegen die Dikotylen kann in wirklich allgemeingültiger Weise nicht durch ein einziges Merkmal gegeben werden, sondern muß sich vielmehr erst aus der Untersuchung eines Merkmalskomplexes ergeben. Die Berücksichtigung desselben ermöglicht indes — wenn man von einigen kleineren, nicht einheimischen Gruppen absieht — meist sofort die Entscheidung, ob wir eine monokotyle Pflanze vor uns haben oder nicht.

II. Charakteristische Merkmale.

Die wesentlichsten Einzelmerkmale, aus denen dieser Komplex besteht, die also für die überwiegende Zahl der Monokotylen charakteristisch sind und sie von den anderen Gruppen der Samenpflanzen unterscheiden, sollen im folgenden in Kürze dargelegt werden.

Der Keimling besitzt ein Keimblatt, das sich nicht oberirdisch entfaltet, sondern mit seiner Spitze im Samen stecken bleibt. Gleichzeitig dient es der Aufnahme der dort im Nährgewebe des Samens, dem Endosperm, gespeicherten Reservestoffe, die es in seiner Funktion als Saugorgan der Keimpflanze zuführt. Während die beiden Keimblätter der Dikotylen seitlich entstehen und die eigentliche Keimknospe, die also gipfelständig ist, zwischen sich einschließen, wird das Keimblatt der Monokotylen in den meisten Fällen von vornherein gipfelständig angelegt. Das an der Keimpflanze vorhandene Keimwürzelchen entwickelt sich meist nicht weiter, das heißt, es entsteht keine Hauptwurzel, sondern es wird deren Aufgabe durch neu hervorbrechende Adventivwurzeln übernommen.

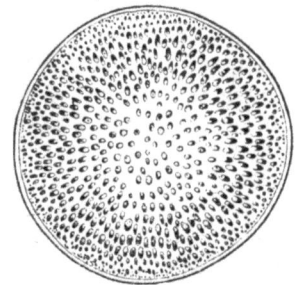

Abb. 1. Querschnitt des Sprosses einer monokotylen Pflanze.

Diese Wurzeln besitzen in den typischen Fällen kein sekundäres Dickenwachstum, es wird also nicht wie bei den Dikotylen in dem radiär gebauten Zentralzylinder zwischen Gefäß- und Siebteilen ein „Kambium", das ist eine Zone von Bildungsgewebe, eingeschaltet, die dann durch ihre neu abgegliederten Zellverbände die Verdickung der Wurzeln herbeiführt und dabei die Wurzelstruktur allmählich in eine stammartige umändert.

Betrachten wir einen Querschnitt durch die Sproßachse einer monokotylen Pflanze (Abb. 1), etwa des Maises, so läßt sich feststellen, daß die Gefäßbündel nicht wie bei den Zweikeimblättrigen oder den Schachtelhalmen in einem Ring liegen, sondern in großer Zahl und scheinbar regellos über den ganzen Querschnitt verteilt sind. Es ist daher auch keine deutliche Sonderung in Rinde, Holz und Mark zu erkennen. Bei stärkerer Vergrößerung nehmen wir außerdem noch wahr, daß zwischen Gefäß- und Siebteil kein Kambium ausgebildet ist. Aus dieser Beobachtung schließen wir, daß monokotyle Achsen von der Art, wie wir sie eben untersuchten, nicht sekundär in die Dicke wachsen können. Auch an massiven Stämmen wie etwa denen der Palmen wird man keinerlei Jahresringe antreffen. Wo tatsächlich doch sekundäres Dickenwachstum beobachtet wird, wie bei den Drachenbäumen (Dracaena), bei Yucca und den Pandanazeen (Schraubenbäumen) ist dasselbe nicht an ein Kambium zwischen Holz und Bast gebunden, sondern an eine Zone eines ganz anders gearteten Bildungsgewebes, welches peripherisch den durch die Leitbündel und das zwischen ihnen liegende Gewebe gebildeten Zylinder umschließt. Aus diesem zylindrischen Mantel von Teilungsgewebe werden nur nach innen zu Stränge — die also Holz und Bast enthalten — neugebildet. Es ist diese aus dem Urmeristem hervorgegangene Vermehrungsschicht also nur einseitig tätig. Gerade darin unterscheidet sie sich eben von dem Kambium der Dikotylen, das nach außen Bast, nach innen Holz erzeugt.

Bei den Palmen kommt es deshalb zu einer Dickenzunahme, weil die vorhandenen Grundgewebszellen sich andauernd vergrößern und die Wandverdickungen verstärkt werden, ohne daß im wesentlichen neue Elemente zur Ausbildung gelangen.

Die Verzweigung ist bei den Monokotylen in der Regel äußerst gering, weil die Achselknospen vieler Blätter nie zur Entwicklung gelangen (so bei Palmen, Zwiebelgewächsen). Eine Verzweigung des Hauptsprosses ist z. B. gegeben am fertilen, oberirdischen Sproß der Spargel, bei baumartigen Gräsern aus der Gruppe der Bambuseen, bei Drachenbäumen (Dracaena-Arten) und einigen Palmen, so der Dum-Palme, Hyphaene thebaica.

Die Blätter sind in der Mehrzahl der Fälle so gebaut, daß sie an der Basis eine große Scheide besitzen und den Stengel umfassen. Die eigentliche Spreite dagegen ist vielfach lang und schmal, oft bandförmig, und ganzrandig. Andere Blattformen sind seltener. Bei den Yamswurzeln (Dioscorea) finden sich herzförmige, deutlich gestielte Blätter, in anderen Ausnahmefällen ist die Spreite zerteilt oder fieder- und fächerförmig (Palmen, manche Arazeen). Die Einschnitte im Palmenblatt beruhen auf Spaltung eines ursprünglich ganzrandigen Blattes. Die Blattnerven verlaufen am häufigsten parallel oder bogenläufig, doch sind auch bei anscheinend ganz ausgeprägtem Parallelverlauf fast stets noch zartere Quernerven, welche die in der Blatt-

Blätter, Blütenbau

längsrichtung verlaufenden Hauptnerven verbinden, vorhanden. Die Blätter stehen meist in Schraubenlinien, die zweizeilige Blattstellung, die am Keimling zu beobachten ist, geht im Lauf der weiteren Entwicklung bald in eine Spirale über. Seltener trifft man quirlige Blattstellung (Elodea, Wasserpest; Polygonatum verticillatum) oder zweizeilige (Schwertlilien und Gräser) und dreizeilige (Zyperazeen). Gegenständige Blattstellung kommt nur bei einigen Dioskoreazeen vor.

Eigentümlich sind die bei Liliazeen (Spargelarten, Mäusedorn Ruscus usw.) auftretenden Scheinblätter, die man als Phyllokladien bezeichnet. Man versteht darunter blattförmig verbreiterte Achsenorgane von begrenztem Wachstum (Kurztriebe), also Gebilde, die Stengelteilen gleichwertig sind und nur äußerlich wie Blätter aussehen. Daß sie tatsächlich so zu beurteilen sind, geht daraus hervor, daß mitten auf der Fläche derselben sich Blüten finden, die von einem Tragblatt gestützt werden. Diese Organe stehen im Dienste der Assimilation, die eigentlichen Blätter sind in solchen Fällen meist zu unscheinbaren Schuppen umgebildet.

Abb. 2. Blütengrundriß einer monokotylen Pflanze.

Der Bau der Blüten ist gewöhnlich folgender: die Blütenorgane stehen in fünf Wirteln oder Kreisen, man nennt daher eine solche Anordnung pentazyklisch. Zwei Kreise treffen auf die Blütenhülle (Perigon), die meist gleichmäßig blumenblattartig gefärbt ist und einen Unterschied zwischen einem äußeren Kreis (Kelch) und einem inneren (Krone) vielfach nur der Stellung, nicht der Form und Farbe nach erkennen läßt. Ebenfalls zwei Kreise treffen auf das Andrözeum, die Staubblätter (Antheren), einer auf das Gynäzeum. Da die Kreise fast stets dreizählig sind, ergibt sich also: drei Perigonblätter im äußersten, drei mit ihnen abwechselnd im nächstinneren Kreis. Dann folgen nach innen zu drei äußere, dann drei innere Antheren, endlich, zu innerst die drei Fruchtblätter, aus denen sich der Fruchtknoten aufbaut. In kürzerer Form, wie sie in den systematischen Werken üblich ist, würde die Blütenformel also lauten: P 3 + 3 (P = Perigon), A 3 + 3 (A = Antheren), G 3 (G = Gynäzeum).

Anstatt drei können in seltenen Fällen in jedem Kreis zwei (z. B. bei Majanthemum, dem Schattenblümchen) oder vier Glieder (Einbeere) vorhanden sein. Das dreizählige Diagramm findet sich überwiegend bei folgenden Familien: Liliazeen, Junkazeen, Bromeliazeen, Amaryllidazeen, Dioskoreazeen, Palmen. Polyandrische Blüten, das heißt solche mit vielen Antheren sind aus mehreren Reihen bekannt (Velloziazeen, einige Gräser usf.).

Wichtig für die stammesgeschichtliche Beurteilung ist das Auftreten zahlreicher Antheren und Fruchtblätter bei den Alismatazeen, deren Blüte infolgedessen denen der Ranunkulazeen (Hahnenfußgewächse) sehr ähnlich erscheint. Vereinzelt begegnet man Blüten, deren sechs Perigonblätter verwachsen sind (so bei Muscari, Polygonatum, Convallaria und anderen Liliifloren), so daß diese Pflanzen den „Sympetalen" unter den Dikotylen zu vergleichen wären.[1]) Dieses stammesgeschichtlich unwesentliche Merkmal — auch die Zusammenfassung der sympetalen Dikotylen ist sicher ganz unnatürlich — kann jedoch hier nicht zur systematischen Gliederung größerer Verbände benutzt werden.

Bei den meisten Monokotylen enthält der Fruchtknoten mehrere Samenanlagen und die Frucht wird als mehrsamige Beere oder Kapsel ausgebildet. Bei anderen wird die Zahl der Samenanlagen bis auf eine reduziert und die Frucht ist eine Nuß oder Steinfrucht (Palmen, Zyperazeen, Gramineen u. a.). Bei den Gräsern liegt die Samenschale der Fruchtschale sehr eng an. Die Samenanlagen sind mit verschwindenden Ausnahmen mit zwei Integumenten versehen und meist umgewendet, anatrop. Atrope, also aufrechte, nicht umgewendete Samenanlagen findet man bei den Enantioblasten. Die Embryosäcke sind in der Regel normal gebaut, enthalten also zwei Synergiden, drei Antipoden, einen Ei- und einen aus der Verschmelzung zweier hervorgegangenen Embryosackkern. Abweichungen finden sich z. B. bei den Arazeen, von denen einige nur vier, andere viele Kerne im Embryosack besitzen, und bei den Gramineen, bei denen die Zahl der Antipoden meist eine größere ist.[2]) Das Endosperm ist vielfach gut entwickelt; schwach ausgebildetes findet sich in den Reihen Helobiae und Gynandrae. Perisperm (aus dem Nuzellus, als dem den Embryosack umgebenden Gewebe stammend) kommt bei Szitamineen und einigen Arazeen vor. Die Embryonen besitzen im Normalfall ungefähr zylin-

---

1) Ein Unterschied besteht allerdings insofern, als hier die Glieder zweier verschiedener Kreise verwachsen, bei den Sympetalen nur die des inneren Kreises unter sich.

2) Bei Sparganium (Igelkolben) vermehrt sich die Zahl der Antipodenzellen nach der Befruchtung auf etwa 150.

drische Gestalt, das eine Ende des Zylinders nimmt das Keimblatt ein, das andere das Keimwürzelchen. Die Keimknospe entsteht am jungen Embryo seitlich und wird von den basalen Flügeln des Keim= blattes zunächst umhüllt, so daß die Höhlung, in der die Keimknospe liegt, nur mit einem mehr oder weniger feinen Spalt nach außen mündet. In selteneren Fällen umschließt das Keimblatt die Knospe nicht ganz, sondern stellt ein mehr blattartiges Gebilde dar (Dioscorea). Bei Gräsern, wo der Embryo dem Nährgewebe des Samens seitlich anliegt, ist die Knospe in eine besonders abgegliederte Scheide, die man als Anhangsorgan des Keimblattes betrachten muß, die soge= nannte Koleoptile eingeschlossen. Gewisse Graskeimlinge von einigen Zentimetern Länge, die noch von der Koleoptile umgeben sind, stellen ein außergewöhnlich günstiges Objekt für das Studium von Krümmungs= bewegungen dar, welche durch Lichtreiz hervorgerufen werden. Es hat sich z. B. gezeigt, daß der Reiz im gipfelständigen Teil der Koleop= tile aufgenommen, die dann erfolgende Krümmung zur Lichtquelle hin aber in der Hauptsache durch eine tiefer gelegene Partie ausge= führt wird. Es liegt also eine typische Reizleitung vor. Der Versuch gelingt sogar dann, wenn man die Spitze der Koleoptile abschneidet und sie dann wieder unter Zwischenschaltung eines mit Gelatine ge= tränkten Stückchens spanischen Rohres aufklebt.

Verschiedene Umstände, so die Innervierung durch zwei symmetrisch gelagerte Leitbündel, machen es wahrscheinlich, daß das eine Keim= blatt der Monokotylen als gleichwertig (homolog) den beiden der Dikotylen aufzufassen ist. Es dürfte also aus der Verwachsung von zweien entstanden sein.

Die Pollenkörner der Monokotylen entwickeln sich in der Mehrzahl als Viertel von kugelförmigen Mutterzellen. Sie entstehen nicht wie bei den Dikotylen aus Verbänden, in denen die vier Pollenkörner den Ecken eines Tetraëders entsprechend angeordnet sind. Eigentümlich ist ferner noch, daß bei manchen Monokotylen aus dem Gewebe, das die Pollenzellen umgibt, der sogenannten „Tapete", plasmatische Be= standteile und noch lebende Kerne zwischen die später locker gelagerten Pollenkörner einwandern. Bei den Dikotylen ist diese Erscheinung bis jetzt nicht nachgewiesen worden.

Unterziehen wir jetzt noch einige vegetative Merkmale einer ver= gleichenden Übersicht: an Seitenzweigen liegt bei Monokotylen das erste Blatt, also dasjenige, welches auf das Tragblatt des Zweiges

Knospen, Zellinhalt

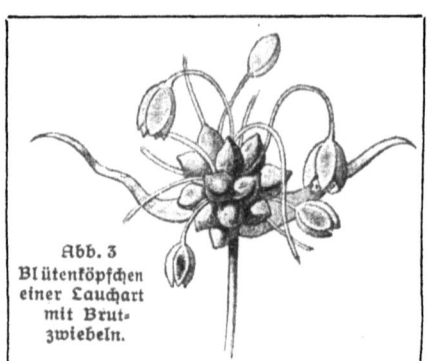

Abb. 3
Blütenköpfchen einer Laucharth mit Brutzwiebeln.

unmittelbar folgt, fast immer auf der der Hauptachse zugewendeten Seite (adaxiale Stellung). Bei den Dikotylen sind in der Regel statt dessen zwei seitliche Blätter zu beobachten. Die Beiknospen, das heißt die in Mehrzahl in einer Blattachsel sitzenden Seitenknospen, sind bei Monokotylen mit Ausnahme der Dioskoreazeen nebeneinander angeordnet (kollateral), die erstangelegte Knospe liegt in der Mitte, wie es dem stengelumfassenden, breiten Blattgrund entspricht. Bei den Dikotylen mit ihren schmalen Blattstielen stehen die Beiknospen dagegen am häufigsten in einer Reihe übereinander (serial), die erstangelegte Knospe sitzt zu unterst. In vielen Fällen wird eine Vermehrung auf vegetativem Weg durch abfallende Brutknospen ermöglicht.

Was die Zellinhaltskörper bei Monokotylen anlangt, so ist in erster Linie das häufige Auftreten von Kalziumoxalat in Kristallform zu erwähnen. Meist sind in besonderen Zellen Bündel von Kristallnadeln, sogenannten Raphiden eingelagert, doch kommen auch größere, gut ausgebildete Einzelkristalle vor. Bei den Arazeen, so der bekannten Aquariumpflanze Pistia stratiotes sind die Raphiden in eine längliche, büchsenförmige Zelle eingeschlossen, deren Seitenwände stärker verdickt sind als die beiden Enden. Wird nun auf eine derartige Zelle ein Druck ausgeübt, so durchstechen die Raphiden die zarteren Enden dieser „Nadelbüchse" und gelangen in die umgebenden Zwischenzellräume. Man hat in derartigen Einrichtungen ein Schutzmittel gegen Schneckenfraß zu erblicken. Im Zellplasma einiger Familien (der Orchideen und Palmen) sind auch Kieselkörper vorhanden, die oft die ganze Zelle ausfüllen. Eigenartige Gebilde mit eingelagerten Fetttröpfchen, die besonders oft im Plasma der Oberhautzellen von Orchideen und Liliazeen vorkommen, hat man als Elaioplasten (Ölkörper) bezeichnet. Schleim findet sich besonders in den Zellen von Pflanzen trockener Standorte, die dadurch befähigt werden, Wasser energisch festzuhalten. Wir treffen Schleim z. B. in

Zellinhalt

den Zellen der Zwiebelgewächse und in denen der Orchideenknollen, außerdem etwa noch in Raphidenzellen an. In letzteren sind die Kristallnadeln darin eingebettet. Sekretbehälter, die Milchsaft enthalten, lassen sich bei vielen Arazeen und gewissen Helobiae nachweisen. Das erste Produkt der Assimilation, das durch die Reduktion der Luftkohlensäure in der grünen Pflanzenzelle entsteht, ist bei Monokotylen nicht selten Zucker statt wie gewöhnlich Stärke (Zuckerpflanzen—Stärkepflanzen). Der Aufbau der Stärke aus Zucker wird in solchen Fällen häufig erst in besonders bestimmten Speicherorganen und dort dann in um so auffallenderem Maße bewerkstelligt. Derartige Speicher für Reservestoffe — es kann sich um Knollen oder andere verdickte, unterirdische Stammformen handeln — sind ja bei den krautigen Monokotylen vielfach zu beobachten.

Stärke findet sich als Reservestoff auch im Nährgewebe vieler Samen — es sei hier nur an die der Getreidearten erinnert. Eine Materialspeicherung in anderer Form bedeutet die starke Verdickung von Zellwänden, wie wir sie etwa im Endosperm der Palmensamen antreffen. Man spricht in diesem Fall von der Einlagerung von Reservezellulose, weil diese Zellwandsubstanz bei der Keimung des Samens wieder für die Ernährung des Keimlings herangezogen wird.

Was die Verwendung monokotyler Pflanzen in der Landwirtschaft und ihre sonstige praktische Bedeutung anlangt, so wird hierüber im speziellen Teil näheres mitgeteilt werden. Für die wissenschaftliche Botanik sind zahlreiche als Untersuchungsobjekte von großem Wert. Insbesondere ist die Größe der Kerne für das Studium der Kern- und Zellteilung, sowie der Befruchtungsvorgänge von großem Vorteil. Besonders günstig sind für diesen Zweck die Liliazeen und Amaryllidazeen. Dazu kommt noch, daß die Zahl der Chromosomen bei vielen Monokotylen eine geringere ist als bei den meisten anderen Pflanzen (in Körperzellen z. B. 12, in Geschlechtszellen 6), ein Umstand, welcher derartige Untersuchungen wesentlich erleichtert. Die Größe der Oberhautzellen ermöglicht den befriedigenden Einblick in den Bau der Spaltöffnungsapparate. Gewisse monokotyle Wasserpflanzen endlich, die wir aus unseren Aquarien kennen, Vallisneria und Elodea, die Wasserpest, liefern in ihren Blattzellen, die bekannte Ampelpflanze Tradescantia in denen ihrer Staubfadenhaare wertvolle Objekte für die Untersuchung der Protoplasmaströmung. —

Was die blütenbiologisch wichtigen Tatsachen anlangt, so sei hier nur in Kürze bemerkt: man findet unter den Monokotylen eine Anzahl Familien, bei denen der Wind die Bestäubung herbeiführt, so vor allem die Gramineen und Zyperazeen, die echten Gräser und die Riedgräser. Ein blühendes Getreidefeld führt uns die Windbestäubung im größten Maßstabe vor Augen. Die Mehrzahl der Gruppen ist indes für Insektenbestäubung eingerichtet. Insbesondere sind bei vielen Orchideen wahrhaft raffinierte Einrichtungen vorhanden, die auf eine Fremdbestäubung durch Kerbtiere abzielen. In den Tropen wird Fremdbestäubung mitunter auch noch durch andere Tiere vermittelt als durch Insekten, nämlich durch kleine Vögel, besonders durch Kolibris, Honigvögel, die von Blüte zu Blüte eilen, um den ausgeschiedenen Nektar zu entnehmen. Derartig „ornithogame" Blüten müssen naturgemäß eine ziemliche Größe besitzen, über ihre Verbreitung bei den Monokotylen finden sich im speziellen Teil einige Angaben. Bestäubung durch Fledermäuse ist selten, sie ist z. B. bei der mit den Schraubenbäumen (Pandanus) verwandten Gattung Freycinetia beobachtet worden. Endlich ist von einigen Arazeen (Calla) angegeben worden, daß hier die Übertragung des Pollens durch Schnecken herbeigeführt werde. In neuerer Zeit hat man diese Angabe allerdings wieder bestritten.

Die große Überzahl der einkeimblättrigen Pflanzen bezieht die organischen Nähr- und Baustoffe mit Hilfe des Chlorophylls aus der Luft. Echt parasitische Lebensweise ist nur für sehr wenige tropische Vertreter der Monokotylen angegeben worden (für einige Corsieae, eine Unterfamilie der Burmanniazeen) und selbst diese Angaben entbehren wohl noch des endgültigen Beweises. Dagegen gibt es eine Anzahl von Saprophyten, das heißt von Pflanzen, die ihre Nährstoffe aus totem, organischem Material, vermoderndem Laub usw. aufnehmen. Unter unseren einheimischen Pflanzen sind uns solche Saprophyten aus der Familie der Orchideen bekannt. Die am häufigsten in unseren Wäldern anzutreffende Pflanze dieser Art ist die Nestwurz, Neottia, die auch durch ihre bräunliche Färbung verrät, daß sie nicht mehr imstande ist, selbst zu assimilieren. Seltenere saprophytische Orchideen sind Epipogium, Limodorum und Coralliorrhiza. In den Tropen kommen noch einige kleine Familien mit saprophytischer Lebensweise vor: die mit den Orchideen verwandten Burmanniazeen und die in der Reihe der Helobiae stehenden Triuridazeen.

Die vorhin genannten, wie auch alle anderen grüngefärbten Orchideen weisen eine weitere charakteristische Eigentümlichkeit auf, nämlich eine sogenannte endotrophe Mykorrhiza, eine innere „Pilzwurzel". In gewissen äußeren Zellpartien ihrer Wurzeln leben stets Fadenpilze, welche vielleicht bei der Aufnahme von Nährsalzen aus dem Boden für ihre Wirtspflanze eine Rolle spielen, während die Pflanze ihrerseits dem Pilz Assimilate liefert, die sie mit Hilfe ihres Gehaltes an grünem Farbstoff hergestellt hat. Während es früher kaum möglich war, tropische Orchideen aus Samen zu ziehen und daher deren Neubeschaffung für wissenschaftliche und gärtnerische Zwecke mit großen Kosten verbunden war, kennt man jetzt Verfahren, den von der Orchidee benötigten Pilz zugleich mit dem Keimling heranzuziehen. Der Pilz dringt mit Hilfe zellwandlösender Enzyme in die Wurzel der Keimpflanze ein und die Arbeitsteilung auf Grund dieser „Symbiose" beginnt.

III. Abstammung der Monokotylen und Verwandtschaftsverhältnisse ihrer Reihen unter sich.

Nachdem wir im vorangehenden Abschnitt eine Anzahl morphologischer und anatomischer Merkmale der einkeimblättrigen Pflanzen, sowie einige biologische Eigentümlichkeiten in ihren Grundzügen betrachtet haben, ist die nächste Frage die nach der Phylogenie, das heißt der Herkunft und stammesgeschichtlichen Ableitung der Monokotylen. Wir müssen uns hierbei nur stets gegenwärtig halten, daß wir uns damit an historische Fragen heranwagen, die mit unseren jetzigen Hilfsmitteln nicht exakt lösbar sind. Die Berechtigung, dahinzielende Untersuchungen anzustellen, besteht aber trotzdem, weil wir bestrebt sein müssen, das System, das wir von den Organismen aufstellen, so anzuordnen, wie wir vermuten, daß es der natürlichen Entwicklungsfolge entspricht. Die Lehre von den vorweltlichen Pflanzen, die Paläobotanik, die für große, jetzt ausgestorbene Reihen der Farnpflanzen und Gymnospermen so viele wertvolle Resultate gezeitigt hat, läßt uns bezüglich unserer Frage durchaus im Unklaren. Denn die ersten und ältesten Reste der Blütenpflanzen, die man in der unteren Kreide gefunden hat, gehören teilweise zu dikotylen, teilweise zu monokotylen Pflanzen, so daß man also nicht urteilen kann, welche von beiden die älteren gewesen sein mögen. Früher glaubte man, Monokotyle und Dikotyle seien als zwei gleichwertige Parallelreihen aus gemeinsamen Vorfahren, den Ahnen der Blütenpflanzen überhaupt hervorgegangen. Neuerdings sieht man auf Grund zahlreicher vergleichend anatomischer und entwicklungsgeschichtlicher Untersuchungen in den Monokotylen Abkömmlinge zweikeimblättriger Pflanzen. Prüft man nämlich die verschiedenen Gruppen der heute lebenden Dikotylen daraufhin, welche etwa mit den Monokotylen verwandt sein könnten, so kommt man zu dem Schluß, daß die Reihe der Polycarpicae (zu denen die Hahnenfußgewächse, die Seerosen, Berberitzen usw. gehören) unstreitig eine Anzahl Merkmale mit den Monokotylen gemeinsam hat. So zeigen zahlreiche Hahnenfußgewächse mehr oder weniger weitgehende Verwachsung der Keimblattstiele, die Feigwurz (Ranunculus Ficaria) und einige andere auch der Keimblätter selbst. Die Nymphaeaceae (Seerosen) und eine Anzahl krautartiger Berberidaceae (Berberitzengewächse) besitzen im unreifen Samen „monokotyle" Embryonen, deren eine Keimblattanlage sich erst später in zwei Keimblätter spaltet. Das sind also Annäherungen an den Bau der Monokotylenkeimlinge. Weiterhin besitzen z. B. gewisse Berberidazeen sowie Nymphäazeen zerstreute Leitbündelanordnung ähnlich der, die man bei typischen Monokotylen antrifft. Die Blüten sind, was Stellung und Zahl der Organe anlangt, bei einigen Untergruppen der genannten Familien (z. B. bei der Nymphäazee Cabomba) nach demselben Grundplan gebaut, der für die Monokotylenblüte charakteristisch ist (Dreizähligkeit in allen fünf Kreisen). Andererseits weist der Blütenbau mancher Helobiae z. B. des Pfeilkrautes, Sagittaria, mit vielen, spiralig angeordneten Fruchtblättern und zahlreichen Antheren, auf eine Verwandtschaft mit den „Vielfrüchtigen", den Polycarpicae (man denke an Ranunculus!) hin. Zahlreiche weitere Übereinstimmungen ergeben sich aus der Vergleichung der Fruchtblätter (die frei, nicht zu einem Fruchtknoten verwachsen, und oberständig sind), der Samenanlagen, der Embryosäcke, der Ausbildung des Samennährgewebes (Endosperm) usw. Man hat daher als Ahnen der einkeimblättrigen Pflanzen die Vorfahren der genannten lebenden Reihe der Polycarpicae angenommen. Insbesondere erscheint diese Annahme für die Helobiae, die an erster Stelle genannte Reihe der Monokotylen, die sich der Hauptsache nach aus Wasserpflanzen zusammensetzt, gut begründet. Allerdings sprechen gewisse Momente dafür, daß auch Glieder anderer Reihen der Einkeimblättrigen mit dikotylen Reihen in Beziehung gebracht werden müssen z. B. die Dioscoreaceae (Namswurzelgewächse). Dioscorea hat den Leitbündelverlauf einer dikotylen Pflanze und Keimlinge, deren Keimblatt wahrscheinlich durch Verwachsung zweier entstanden ist; zu diesen und anderen „Dikotylen"= Merkmalen tritt der Umstand, daß die Gattung auch in der ganzen Tracht sehr dikotylenähnlich ist (Schlingpflanze, Blätter mit deutlich abgegliedertem Blattstiel, offener Netznervatur usw.). In Berück= sichtigung dieses und einiger ähnlicher Fälle müssen wir damit rechnen, daß die Monokotylen keine einheitliche Gruppe darstellen, sondern von verschiedenen Ästen des Stammbaumes der Dikotylen ihren Ursprung genommen haben, wobei noch die Frage frei bleibt, wieweit außer den Polycarpicae noch andere Reihen beteiligt sind. Jedenfalls repräsentieren die Monokotylen eine der phylogenetisch jüngsten Gruppen des Pflanzenreichs.

Hinsichtlich der praktischen, systematischen Gliederung folgen wir am besten der folgenden Einteilung, die sich durch übersichtliche, klare Abgrenzung auszeichnet. Danach zerfallen die Monokotylen in folgende acht Reihen:

1. **Helobiae.** Sie setzen sich aus Wasser= und Sumpfpflanzen zu= sammen, deren Blütenhülle häufig in Kelch und Krone geschieden ist. Staubblätter sind vielfach mehr als sechs vorhanden, Fruchtblätter oft sechs in zwei dreizähligen Kreisen, in anderen Fällen weniger, in wieder anderen sehr viele. Letzterenfalls sind sie oft spiralig ange= ordnet. Der Keimling, der nur von einem sehr dürftigen Nährgewebe umschlossen wird, ist verhältnismäßig groß, oft u=förmig gebogen, am Wurzelende verdickt. Die Reihe besitzt teilweise Formen mit ober= ständigem Fruchtknoten und bedeutender Zahl der die Blüte aufbauen= den Organe. Die Deutung solcher Blüten als primitiv ist durch die Anordnung ihrer Organe in vielen Quirlen (bzw. in einer Spirale bei Fruchtblättern) und wegen des Vorhandenseins einer ziemlich langen kegelförmigen Blütenachse gerechtfertigt. Andererseits schließt die Reihe Familien in sich mit Blüten von geringer Organzahl und unter= ständigem Fruchtknoten, die als mehr oder weniger abgeleitet be= ziehungsweise rückgebildet gelten müssen.

2. Die **Liliiflorae** umfassen morphologisch sehr verschieden gestaltete Formen=, Zwiebel= und Rhizompflanzen, Sukkulenten, Schlingpflanzen, baumartige Pflanzen von palmähnlichem Habitus und grasartige Gewächse. Kelch und Krone sind meist gleichgefärbt und gleichge=

staltet, die Blütenhülle wird daher als Perigon oder, weil sie sich nicht aus einem, sondern aus zwei Kreisen zusammensetzt, auch als Pseudoperigon bezeichnet. Die Blüte ist in den meisten Fällen strahligsymmetrisch, stimmt mit dem typischen Monokotylendiagramm überein oder kann leicht von demselben abgeleitet werden. Der Fruchtknoten ist ober= oder unterständig. Von den zwei Antherenkreisen kann der eine fehlen und zwar ist dies meist der innere, seltener der äußere.

Die Reihe ist wahrscheinlich keine einheitliche im Sinne der Abstammungslehre. Ob sie sich teilweise von den Helobiae ableiten läßt, kann in Ermangelung von Zwischenformen nicht mit Sicherheit angenommen werden.

3. Die **Cyperales** (Riedgräser) haben eingeschlechtige oder zwitterige Blüten. Die Blütenhülle fehlt entweder vollständig oder ist rückgebildet, niemals kronblattartig. Antheren sind meist drei vorhanden. Die Frucht (eine Nuß) weist eine grundständige, umgewendete Samenanlage auf. Der Embryo wird von Endosperm umschlossen. Habitus stets grasähnlich. Die Cyperales können mit den Iuncaceae, einer Familie der Liliifloren, in Beziehung gebracht und als Abkömmlinge von Liliifloren angesehen werden. Von den Gramineen (echten Gräsern) ist die Reihe neuerdings mit Recht abgetrennt worden.

4. Die **Scitamineae** sind krautartige Pflanzen mit oberständigen, asymmetrisch gebauten Blüten, deren Staubblattkreise meist unvollständig und umgebildet sind. Sie sind aus den Vorfahren der Gruppe Amaryllidazeen-Iridazeen (aus der Reihe der Liliifloren) hervorgegangen zu denken.

5. **Gynandrae** (Orchideen) krautige Pflanzen, deren Blüten sich wie die der vorhergehenden Reihe von denen der Liliifloren ableiten lassen. Staubblätter sind fast immer nur in Ein- oder Zweizahl vorhanden, sie sind außerdem mit dem Fruchtknoten verwachsen. Die eiweißlosen Samen sind äußerst zahlreich und sehr klein. Sie enthalten einen wenig entwickelten Embryo. Verwandtschaftlich steht die Reihe wohl den Burmanniazeen, einer kleinen Familie der Liliifloren am nächsten.

6. Als **Enantioblastae** hat man einen Kreis von Pflanzen zusammengefaßt, deren stammesgeschichtliche Zusammengehörigkeit zwar nicht zweifellos feststeht und die in Bau und Aussehen bedeutende Unterschiede erkennen lassen (krautartige und grasartige Typen), die sich aber fast sämtlich durch unterständige Blüten und geradläufige

(atrope) Samenanlagen auszeichnen. Das Endosperm ist mehlig. Die Embryoentwicklung läßt mitunter Annäherung an dikotyle Typen (Embryo von Capsella, Hirtentäschelkraut) erkennen. Die Herkunft dieser Reihe ist kaum zu erschließen. Vielleicht leitet sie sich direkt von Dikotylen ab.

7. Die **Glumiflorae** („Spelzenblütige", echte Gräser) besitzen unscheinbares, nicht gefärbtes Perianth. Die Blüten sind mehr oder weniger rückgebildet, vor allem was die Zahl der Antheren und Fruchtblätter anlangt. Sie stehen nie einzeln, sondern sind zu reichblütigen Inflorezenzen vereinigt. Die äußeren Perianthblätter, das Tragblatt der Einzelblüte und Tragblatt und Vorblatt des Einzelblütenstandes („Ährchens") sind als Spelzen entwickelt. Die Frucht ist eine Schließfrucht (Karyopse) mit einer Samenanlage. Der Embryo liegt dem Endosperm seitlich an. Die Reihe ist mit der vorhergehenden in Beziehung zu bringen.

8. **Spadiciflorae.** Die Blüten stehen meist in reichblütigen, mitunter kolbenartigen (spadix = Kolben, entspricht einer Ähre mit verdickter, fleischiger Achse) Inflorezenzen. Die Zahl der Glieder in den Einzelkreisen der Blüte wechselt, die Blütenhülle ist nicht buntfarbig. Die Inflorezenz wird von einem gemeinsamen Tragblatt gestützt, der sogenannten Spatha. Es gehören hierher Bäume (Palmen), Epiphyten und Kräuter (z. B. Arazeen).

Über die Stammesgeschichte der Reihe läßt sich zur Zeit kein sicheres Urteil fällen. Übereinstimmungen gewisser Arazeen mit Pfeffergewächsen (Piperaceae), also einer Reihe der Dikotylen, die vor allem aus der Vergleichung der habituellen Merkmale sich ergeben, haben manche Autoren veranlaßt, beide Familien als verwandt zu betrachten.

Soweit unsere jetzige Kenntnis die Beurteilung der natürlichen Verwandtschaft zuläßt, müssen die aufgeführten acht Reihen folgendermaßen gruppiert werden:

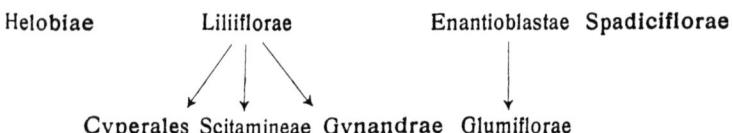

Helobiae　　Liliiflorae　　　　　　Enantioblastae　Spadiciflorae

Cyperales　Scitamineae　Gynandrae　Glumiflorae

Das heißt, die in der oberen Zeile stehenden vier Reihen sind als stammesgeschichtlich älter, ursprünglicher anzusehen, die Cyperales,

Scitamineae, Gynandrae sind als Abkömmlinge ausgestorbener Liliifloren, die Glumiflorae als Nachkommen ausgestorbener Enantioblasten zu betrachten.

Von vielen Systematikern wird außerdem angenommen, daß Enantioblastae und Spadiciflorae ebenfalls von Vorfahren der Liliifloren abstammen.

IV. Pflanzengeographische Stellung der Monokotylen.

Um zu einer Vorstellung zu gelangen, in welchem Maße die Monokotylen in der Vegetation der verschiedenen Erdteile und Länder hervortreten und in welcher Art sie das Landschaftsbild beeinflussen, wollen wir die Einzelgebiete in Kürze überblicken:[1])

In der arktischen Flora dringen Gramineen und Zyperazeen in hohe Breiten vor, wie diese Pflanzen überhaupt mit die äußersten Vorposten der Blütenpflanzen stellen. Die Gramineen stimmen im allgemeinen hinsichtlich des Vorkommens usw. mit denen der nördlichgemäßigten Waldgebiete überein, dagegen sind die Zyperazeen, besonders in der Gattung Carex so formenreich, daß beinahe der zehnte Teil aller arktischen Gefäßpflanzen aus ihnen besteht. — In den Waldgebieten der östlichen Teile des eurasiatischen Kontinents treten neben den obengenannten Gräsern die Rohrgräser in ausgedehnten Schilfbeständen hervor. — In Mitteleuropa treten von Monokotylen bekanntermaßen ebenfalls nur echte Gräser und Riedgräser formationsbildend auf, diese aber in größtem Maßstabe. Die verschiedenen Arten der Wiese, die man früher nach ihrer örtlichen Lage und Natur bezeichnete, z. B. Waldwiese, Ried, Moorwiese, Matte, sind solche Formationen. Jetzt benennt man sie meist nach den Pflanzen, die den wesentlichen Bestandteil derselben bilden, z. B. Karizetum (Carex-Bestand), Molinietum (Molinia-Bestand), Seslerietum (Blaugrashalde) u. s. w. Außerdem sind hier anzuführen die Schilfbestände (Phragmitetum, von Phragmites = Schilfrohr), die unsere Gewässer umsäumen und hauptsächlich Verlandungszonen charakterisieren.

Im südlichen Mittelmeergebiet besiedelt an manchen Stellen die Zwergpalme (Chamaerops humilis) mit Ausschluß fast jeder anderen Vegetation weite Strecken. Die Dattelpalme und andere Palmen

---

1) Über die Stellung der im folgenden genannten Gattungen usw. im System und andere Einzelheiten vergl. den speziellen Teil.

sind nur durch Kultur in diese Gebiete gelangt. An warmen Felsklüften begegnet man auch monokotylen Sukkulenten (Agave americana, Aloë vulgaris), die aber beide nicht einheimisch sind. Erstere Pflanze stammt aus Amerika, und zwar aus Mexiko, und wurde erst im 16. Jahrhundert ins Mittelmeergebiet verpflanzt, letztere aus Afrika. Die Einzeichnung von Agaven in klassische Landschaften, die beispielsweise Preller in seinen Bildern zur Odyssee vorgenommen hat, stellt also einen allerdings verzeihlichen Anachronismus dar. Einige Schlingpflanzen (immergrüne Stechwinden, die Dioskoreazee Tamus) weisen bereits auf die gegen die Tropen hin zunehmende Zahl der Lianen hin. Auch das Rohrgras Südeuropas, Arundo Donax, erinnert in seinem Wuchs an tropische Gräser, nämlich an die Bambuseen. Im trockenen Klima der dürren Hochflächen Spaniens besiedelt das Espartogras (Stipa tenacissima) in großen, steifen Rasen weite Flächen. An Schönheit und Bedeutung der Liliazeen-Formen übertrifft die Mediterranflora das nördliche Europa bei weitem. Die Asphodill-(Asphodelus-) Matten Attikas machten schon auf die alten Griechen einen tiefen Eindruck. Sofort nach Frühlingsbeginn ist die Blütezeit zahlreicher Narzissen, Tulpen, Hyazinthen, Crocus-Arten und Orchideen, die, aus unterirdischen Speicherorganen schöpfend, in kürzester Zeit ihre Blütenpracht entfalten können. — In den Steppen Osteuropas, Zentral- und Ostasiens sind Gräser mit starren, eingerollten Blättern, in meist hohen Rasen verbreitet, vor allem Stipa-Arten. Überall, wo der Boden überschwemmt war oder sumpfig ist, bedeckt ihn das Schilfrohr (Phragmites communis) in weiten Flächen. Im Frühjahr tragen Zwiebelgewächse (Liliazeen, z. B. Tulpen) und Iris, die in großem Maßstab verbreitet sind, vielfach sehr zum Schmuck der Landschaft bei. — Im chinesisch-japanischen Gebiet treten uns unter den Monokotylen bereits tropische Formen entgegen: Bambusgräser und die Hanfpalme (Trachycarpus excelsa, die ziemlich weit nach Norden geht, etwa bis zum 36^0 nördlicher Breite). Die Palmen im allgemeinen sind hier, wie überhaupt in den Tropen — mit Ausnahme der Wachspalmen Südamerikas — auf die Ebenen und niedrigeren Höhenzüge beschränkt. Im Himalaya erreicht von den Palmen eine Rotang-Art (Kletterpalme) die größte Höhe.

Das indische Monsungebiet enthält seinem enormen Formenreichtum entsprechend zahlreiche Monokotyle, die den Landschaftscharakter beeinflussen. Vor allem sind Palmen mit ihrer Krone großer

Fächer- oder Fiederblätter die bedeutendste Erscheinung der Tropenlandschaft: an den Meeresküsten z. B. die Kokospalmen, auf dürren Flächen die Palmyrapalmen (Borassus flabelliformis) usw. Im ganzen kommen über 300 Arten in diesem Gebiet vor. Dazu kommen Palmlianen: die Rotangpalmen des Urwalds und Dschungels. Ihre dornigen Ranken sind es, welche letztere Dickichte so undurchdringlich machen. An Flußufern treten die raschwachsenden Bambusgräser massenhaft auf mit bis zu 30 m hohen, schlanken Stämmen. Den dürren Sandboden oder die Felsen der Küsten bewohnen Schraubenbäume (Pandanus), eigentümlich durch ihre Stützwurzeln. Der gleichmäßigen Tropenwärme und den intensiven Regenzeiten entspricht das Vorkommen von Musazeen (Bananengewächse), die auch in größtem Maßstabe kultiviert werden, und Zingiberazeen (Ingwergewächse). An Flußufern treten Arazeen mit kolossalen Laubrosetten gesellig auf. Vielfach vorhandene monokotyle Lianen, so außer Rotang Frenzinetien, kletternde Bambuseen, Stechwinden (Smilazeen), dann die Unzahl der auf Bäumen lebenden Epiphyten aus den Familien der Orchideen und Arazeen tragen das ihrige dazu bei, jeden im Urwald vorhandenen leeren Raum auszufüllen. Der Artenzahl nach bilden die Orchideen in dem besprochenen Gebiet den 15. Teil der Gesamtflora. In Savannen und Waldblößen ist Imperata arundinacea, ein hohes Gras, fast die einzige Komponente der Vegetation (Alang-Alang-Fluren). —
In der Sahara ist die Dattelpalme der einzige Baum, der dort seine ursprüngliche Heimat hat. Ihre Existenz ist an das Vorkommen von Grundwasser (in Oasen) gebunden. Die Gräser stimmen einigermaßen mit denen der asiatischen Steppen überein. Aristida pungens, eine Verwandte unserer Stipa-Arten, ist als Futtergras wichtig (liefert Kamelfutter), außerdem kommen noch andere Federgräser vor, die gegen Trockenheit geschützt sind.
Im Sudan bildet die reiche Entwicklung der Gramineenform, und zwar nicht nur der Individuenzahl, sondern auch der Artenzahl nach den hervorstechendsten Charakterzug der Flora. In Abessinien z. B. machen die Gramineen 12% der gesamten Blütenpflanzen aus. Besonders treten Panizeen und Andropogoneen hervor, darunter sehr große Formen mit hohlem Halm (bis zu 6 m Höhe). Am Viktoriasee und weißen Nil ist das Papyrusgras weit verbreitet, dazu kommen Palmen (Hyphaene thebaica, die Dumpalme usw.). Die Ölpalme, Elaeis guineensis bewohnt den Westen und Süden des tropischen

Afrika, Pandanus (Schraubenbaum) die Westküste, Drachenbäume (Dracaena) Oberguinea. Das afrikanische Klima bedingt die Armut an feuchtigkeitsliebenden Scitamineen und Arazeen, es begünstigt das Auftreten von Zwiebelgewächsen. So zieren Amaryllidazeen in Nubien und Abessinien das Land zu Anfang der Regenzeit. — Das Klima der Kalahari ist ähnlich dem der Sahara, die Vegetation ist nicht so einförmig, doch treten außer einigen Zwiebelgewächsen (Amaryllis) und Steppengräsern keine monokotylen Pflanzen besonders hervor. Am Kap begegnen uns infolge der unregelmäßigen Bewässerung weniger Bäume, als kleinere Sträucher. Auffallende Erscheinungen sind die Aloë-Arten (auch solche mit holzigem Stamm kommen vor) und der „Elefantenfuß" (Testudinaria), ein Yamswurzelgewächs mit riesiger Knolle. Nirgends sind die Zwiebelgewächse großartiger als hier entwickelt (800 Arten, neben Liliazeen und Orchidazeen viele Schwertliliengewächse). Kein Land der Erde hat, ganz besonders zu Anfang des 19. Jahrhunderts, den europäischen Gärten eine solche Menge von monokotylen Ziergewächsen geliefert. Jetzt sind viele derselben unserer Kultur wieder verloren gegangen. Das Palmiettschilf, die Junkazee Prionium, die der Tracht nach an eine Bromeliazee erinnert, kommt in so dichten Verbänden vor, daß sie über dem Wasserspiegel eine dichte Decke bildet und so das gänzliche Austrocknen der Wasserläufe verzögert, ev. sogar verhindert.

Der Wasserarmut des südwestlichen Australiens entsprechen die eigentümlichen Grasbäume (Xanthorrhoea, Kingia), seltsame Pflanzengestalten mit niedrigem holzigem Stamm, auf dessen Gipfel ein gewaltiges Büschel grober Grasblätter steht. In den wasserlosen Gegenden Südaustraliens sind mehrere Arten der Gattung Triodia, eigentümliche Gräser mit harten, stacheligen Blättern, ebenso verbreitet als berüchtigt. Sie bedecken oft weithin und ausschließlich Wüsten und Steppen. In Reisebeschreibungen wird diese Grasform meist als Spinifex bezeichnet, jedoch mit Unrecht. Die Gattung Spinifex im wissenschaftlichen Sinne gehört zu einer ganz anderen Gruppe der Gramineen, den Paniceae (Hirsegräser), Triodia dagegen zu den Festuceae. Die Vegetation der tropischen Regionen des Erdteils erinnert an die des indischen Monsungebietes.

Die Waldgebiete Nordamerikas ähneln im allgemeinen in ihrer Pflanzendecke jener der östlichen Halbkugel sehr. In den südlichen Staaten begegnen uns an Monokotylen einige Palmen und die Baum-

lilien (Yucca), die eigentümlichste Pflanzenform der südlichen Laub=
holzzone. In Südkarolina erreichen die Stämme dieser Gewächse eine
Höhe von etwa 3—4 m. Ebendort finden sich stammlose Zwerg=
palmen (z. B. Sabal Palmetto). Die hochwüchsigen Bambuseen, die
im östlichen Asien so weit nach Norden gehen, scheinen in Nord=
amerika nirgends die Wendekreise zu überschreiten. An ihrer Stelle
besiedeln andere Gräser (Arundinaria) die Bachufer usw., bilden aber
auch in Wäldern dichte Gebüsche, die im Winter grün bleiben, und
zwar noch in Gegenden, wo immergrüne Laubhölzer nicht mehr
vorhanden sind.

Im Prärieen=Gebiet besiedeln vornehmlich Gräser den Boden
aus der bei uns nicht vertretenen Unterfamilie der Chlorideen (Boute-
loua), dann aber auch Sesleria und Festuca. In den südlichen Prä=
rieen treten Agaven auf, die nach vielen Jahren vegetativen Wachs=
tums zur Regenzeit erblühen, um dann abzusterben. Dann finden sich
baumartige Liliaceen: Yucca=Arten mit schwertförmigen Blättern
("spanish bayonet") und das an australische Grasbäume erinnernde
Dasylirion, Pflanzen, die weitgehende Anpassungen an das trockene
Klima zeigen.

„In den mexikanischen Anden tritt die Physiognomie aller
Breitengrade in der Stufenfolge ihrer Regionen eng zusammen"
(Humboldt). In feuchten Wäldern, wie in Regionen kürzerer Regen=
zeit wachsen Bromeliazeen, von denen viele als Epiphyten durch ihre
farbigen Blüten eine Zierde der Bäume bilden. Größere Palmen
bewohnen die Niederungen, kleinere (Chamaedorea) die Bergwälder.
In trockneren Gegenden ist die Gattung Fourcroya anzutreffen (meist
niedrig, bromeliazeenähnlich, F. longaeva jedoch bis 14 m hoch),
Agave und Dasylirion. Bambus umsäumt in den tropischen Zonen
die Stromufer des Urwalds neben dem amerikanischen Pisang (Heli-
conia), zahlreiche Arazeen wachsen dort als Epiphyten, von Orchi=
deen hauptsächlich Epidendreen, Malaxideen, Vandeen. Smilaxarten
(Sarsaparille!) und Vanille kommen als monokotyle Schlingpflanzen
dazu. In den Savannen sind an Gräsern vor allem die Panizeen
(Paspalum) vertreten. In Westindien, das sehr viel Kulturland
umfaßt, sind Panicum=Arten in die Savannen für Weidezwecke ein=
geführt, ebenso ist Bambusa nicht ursprünglich einheimisch, wohl aber
andere Gattungen der Bambuseen, die teilweise als Lianen das Geäst
der Bäume durchziehen. Die Zahl der Palmen ist nicht so groß, wie

auf dem Festland. An Felsküsten begegnet man Zwergpalmen (Sabal, Copernicia), den Schmuck der Städte bildet die stolze Königspalme (Oreodoxa).

In der Urwaldzone Südamerikas, nördlich des Äquators, haben wir etwa 60 Palmenarten, darunter Fächerpalmen (Mauritia), Helikonien, Smilazeen als Lianen, Orchideen und Bromeliazeen als Epiphyten. Neu kommt hinzu z. B. die Elfenbeinpalme (Phytelephas) und die an Zwergpalmen erinnernde Zyklanthazee Carludovica. Die Savannen sind reich an rauhhaarigen Zyperazeen (Kyllingia) und Fächerpalmen (Copernicia). Im Frühling erscheinen Xyridazeen, Amaryllidazeen, Orchidazeen (Habenaria). In größeren Höhen wachsen eigentümliche monokotyle „Bäume": Barbacenia.

Im äquatorialen Brasilien, der Hylaea Humboldts, meist Urwaldgebiet, treten die gleichen Formen: schöne Palmen (darunter Astrokaryen mit dornigem Blütenstandshüllblatt), Helikonien und andere Scitamineen, Bambuseen, Arazeen, Orchideen u. a. in üppigster Entwicklung hervor. Die Flußufer besiedelt ein hohes Rohrgras: Arundo saccharoides.

Für das übrige Brasilien sind an Palmen die Kokoineen zu nennen, Verwandte der Kokospalme und Palmlianen aus der Gattung Desmoncus, dann Pisanggewächse und Bambuseen wie für die nördlichere Zone. Wo in größeren Höhen Savannenklima herrscht, kommen Velloziazeen gesellig vor (Barbacenia, Vellozia), von niedrigem Wuchs bis zu 3 m Höhe, oft fußdick, mit einer starren Blattrosette am Gipfel. Bromeliazeen wachsen am Boden der Kampos und in Bäumen. Savannengräser stellen die Gruppen der Stipeen und Panizeen, deren Standorte häufig Eriokaulazeen teilen. In den waldarmen Regionen der tropischen Anden Südamerikas trifft man einige Liliifloren (Pancratium, Alstroemeria), an Steppengräsern Stipaarten und Poa, eine hohe Palme: Ceroxylon andicola. Bambuseen kommen dort noch in Höhen von über 3500 m vor.

Im „uferlosen Meer von Gräsern", dem Pampasgebiet wechseln starre und weiche Typen, höhere und niedere Rasen miteinander ab. Das Landschaftsbild erinnert mehr an die europäische Steppe als an tropische Savannen. Die Zahl der Orchideen, Bromeliazeen (Tillandsien) ist gering, nur kleinere Palmen und eine Scitaminee kommen noch vor. Im chilenischen Übergangsgebiet, das an sich baumarm ist, haben wir nur noch eine Palme und eine Bambusee. Auf dürrstem

Boden finden wir Puya, eine Bromeliazee, welche hier die Stelle der baumartigen Liliazeen vertritt. Die Steppengräser gehören zu den Gattungen Stipa, Avena, Poa und ihren nächstverwandten. Im antarktischen Waldgebiet sind noch kleinere Bambuseen im Unterholz vertreten. Bemerkenswert sind zwei Gattungen aus der Gruppe Liliaceae-Luzuriagoideae (siehe diese): Lapageria und Luzuriaga. Auf die Monokotylen-Vegetation der ozeanischen Inseln einzugehen, würde zu sehr ins einzelne führen.

Eine kurze Zusammenstellung möge das zahlenmäßige Verhältnis der Monokotylen zu den Dikotylen und Gymnospermen beleuchten. Sie sagt natürlich nur über die Formenzahl etwas aus, nicht über das tatsächliche Mengenverhältnis der drei Gruppen, das aus der Individuenzahl hervorgehen würde.

	Zahl der Familien	Zahl der Gattungen	Zahl der Arten
Monokotyle	43	1800	cr. 30 000
Dikotyle	230	8150	cr. 130 000
Gymnospermen	7	48	cr. 600

Die in der letzten Spalte eingesetzten Zahlen sind das Ergebnis einer an Hand der modernen Literatur vorgenommenen sorgfältigen Schätzung, nicht das einer genauen Zählung. Eine solche wurde vor etwa fünfzehn Jahren zum letztenmal durchgeführt. Seitdem sind aber wieder tausende von neuen Arten bekannt geworden. Unter den Monokotylen stehen der Artenzahl nach die Orchideen an erster Stelle (es werden neuerdings cr. 15 000 Arten angegeben). Es folgen die Gramineen mit mindestens 4000, die Zyperazeen und Liliazeen mit je mindestens 2600, dann die Palmen mit über 1200 Arten.

B. Besonderer Teil.

1. Reihe: Helobiae.

Die Reihe der Helobiae setzt sich ausschließlich aus Wasser- und Sumpfpflanzen zusammen. Die Blüten sind meist strahlig gebaut, ihr Perigon ist häufig in Kelch und Krone geschieden, der Fruchtknoten bei einem Teil der Reihe ober-, bei dem andern unterständig. Die Zahl der Glieder im Andrözeum und Gynözeum schwankt je nach der Untergruppe zwischen eins und sehr vielen. Bei der Mehrzahl der Familien sind die Fruchtblätter frei (apokarp) oder besitzen wenigstens freie Griffel. Die Frucht ist demnach eine Sammelfrucht mit

1. Reihe: Helobiae

balgfrucht- oder nußähnlichen Einzelfrüchten. Sind zahlreiche Fruchtblätter in einer Blüte vorhanden wie bei den Alismataceae, so stehen dieselben häufig nicht in Wirteln, sondern sind spiralig angeordnet. Im reifen Samen ist fast kein Endosperm vorhanden, also kein eigenes, mit Reservestoffen ausgestattetes Nährgewebe für den Keimling. Dementsprechend ist dieser selbst groß, am Wurzelende vielfach auffallend verdickt. Die Reihe der Helobiae hat ein besonderes Interesse für die stammesgeschichtliche Ableitung der Monokotylen im allgemeinen, da man bei ihnen eine Anzahl von Merkmalen beobachtet, die uns auch bei den Polycarpicae entgegentreten. (Zu dieser Reihe der zweikeimblättrigen Samenpflanzen gehören unter anderem die Ranunkelgewächse, die Seerosen, die Berberitze. Näheres zu ersehen aus E. Janchen: Zweikeimblättrige Blütenpflanzen I AluG.) Einesteils spricht z. B. das Vorkommen vieler spiralig angeordneter freier Fruchtblätter bei den Alismataceae (siehe unten) ebenso für den Zusammenhang zwischen dieser Gruppe und den Ranunkulazeen, wie die zerstreute, monokotylenähnliche Leitbündelanordnung bei einigen der letzteren. Die Butomaceae dagegen scheinen mit den Nymphäazeen, zu denen die Seerose z. B. gehört, in näherer Verwandtschaft zu stehen. Denn diese besitzen teilweise ebenfalls zerstreute Leitbündelanordnung und ähnlichen Blütenbau, nämlich zwei dreigliedrige Kreise von Perigonblättern, Cabomba, eine tropische Nymphäazee, drei Antherenpaare und drei Fruchtblätter. Die Früchte sind in beiden Fällen Balgkapseln, die Keimblätter der Embryonen der Nymphäazeen anfangs verwachsen —, diese daher zunächst einkeimblättrig. Man muß sich zwar beieiner vergleichenden Gegenüberstellung dieser Art stets der Tatsache bewußt bleiben, daß die Anpassung an das Leben im Wasser, die ja bei den genannten Formenreihen vorliegt und gleiche äußere Bedingungen mit sich bringt, auch zu morphologisch-gleichem Aufbau geführt haben kann, der demnach unter Umständen einen durch die Lebensbedingungen veranlaßten Parallelismus darstellt. Doch gehen manche der hier nur in ganz groben Umrissen angedeuteten Übereinstimmungen so ins einzelne, daß heute die Mehrzahl der Forscher in ihnen den Beweis für eine tatsächliche Verwandtschaft zwischen den Vorfahren der Helobiae (monokotyl) und denen der Polycarpicae (dikotyl) erblickt. Daß überdies Wasserpflanzen einen stammesgeschichtlich älteren Typus länger bewahren und daher den Gewächsen langvergangener Epochen näher stehen können als

Landpflanzen, wird durch die Überlegung wahrscheinlich, daß sie an ihren vielfach über die ganze Erde verteilten Standorten durch klimatische Änderungen innerhalb langer Erdperioden weniger elementar beeinflußt werden als Landpflanzen. — Entsprechend ihrer mutmaßlichen Verwandtschaft mit der schon öfters genannten tropischen Unterfamilie der Seerosengewächse, den Cabomboideen, ist die Familie der **Butomaceae** an erster Stelle zu nennen. Sie besitzt strahlig gebaute, zwitterige Blüten, deren Hülle zumeist in Kelch und Krone gegliedert ist. Die Zahl der Staubblätter beträgt bei der bei uns vorkommenden Gattung Butomus (Schwanenblume, Wasserliesch) neun. Die Blüte besitzt zwei dreigliedrige Perigonblattkreise, im äußeren Antherenkreis sind drei Paare, im innern drei einzelne Staubblätter vorhanden, das oberständige Gynäzeum ist aus sechs Fruchtblättern zusammengesetzt. Bei den Gattungen des tropischen Amerika Hydrocleis und Limnocharis sind die Staubblätter in vielgliedrigen Wirteln und mehreren alternierenden Kreisen angeordnet. Dabei ist häufig, wie bei den Seerosengewächsen, die Beobachtung zu machen, daß die äußeren Kreise steril (staminodial) sind, also keinen Pollen erzeugen.

Die Früchte stellen sich als Balgkapseln dar. Die Innenfläche derselben bedecken zahlreiche Samenanlagen. Dieses Merkmal trennt die Butomazeen vor allem von der nächstfolgenden Familie. Für den Keimling trifft zu, was oben bei der Übersicht der ganzen Reihe gesagt wurde, er kann gerade (Butomus) oder gekrümmt sein. Die hierher gehörenden Pflanzen sind meist ausdauernde Sumpf- oder Wassergewächse mit linealen oder ei- bis nierenförmigen Blättern. Die Blüten stehen einzeln in den Blattachseln oder sind wie bei Butomus zu doldenähnlichen Blütenständen verbunden. Butomus umbellatus ist eine die gemäßigten Zonen von Europa und Asien bewohnende Sumpfpflanze mit linealen Blättern und rosa gefärbter, nicht in Kelch und Krone geschiedener Blütenhülle. Hydrocleis nymphoides, welche bei uns in Aquarien vielfach unter dem unrichtigen Namen Limnocharis Humboldtii kultiviert wird, besitzt ei-nierenförmige Blätter und große, einzelstehende, gelbe Blüten. Sie erinnert in der Tracht etwas an gewisse Nymphäazeen.

Im Gegensatz zur vorigen Familie besitzt die der **Alismataceae** (Froschlöffelgewächse, etwa 50 Arten) habituelle Ähnlichkeiten mit den Ranunkulazeen (Hahnenfußgewächsen), außerdem sind Übereinstimmungen im Blüten- und Fruchtblattbau zwischen beiden Gruppen

vorhanden. Auch hier sind die dreizähligen, zwitterigen oder einge=
schlechtigen Blüten strahlig. Die Blüte läßt stets Kelch und Krone
unterscheiden. Die Staubblätter stehen — häufig sind es sehr viele —
in drei=, beziehungsweise sechszähligen Quirlen und öffnen sich nach
außen. Die Fruchtblätter sind meist frei und umschließen nur eine
einzige, am Grund an der Bauchnaht ansetzende umgewendete Samen=
anlage. Sind sie in größerer Zahl vorhanden, so stehen sie meist in
spiraliger Anordnung. Ein eigentlicher Griffel fehlt, die Früchte sind
Schließfrüchte. Der Same umschließt einen gekrümmten Embryo, dessen
Wurzelende stark verdickt ist. Nährgewebe (Endosperm) fehlt. Auch
hier handelt es sich meist um ausdauernde Wasser=
oder Sumpfpflanzen mit knollig verdicktem oder
in anderen Fällen kriechendem Wurzelstock. Die
Blätter sind lineal, eiförmig oder pfeilförmig, mit·
gitterartig angeordneten Leitbündeln versehen. An
der Innenseite ihrer Basis sind vielfach Anhangs=
organe vorhanden, sogenannte Intravaginal=
schuppen. In den vegetativen Teilen finden sich
Milchsaftbehälter. Eigentümlich ist die starke Beein=
flussung, welche die Wuchsform dieser Pflanzen
durch die Art ihres Standortes, das heißt also durch

Abb. 4. Blütengrundriß von Alisma plantago.

größere oder geringere Wasserzufuhr erfährt. Es ist daher oft nicht leicht,
Standortabänderungen als zu einer bestimmten Art gehörig zu erkennen.
— Die Blüten stehen in dolden= oder quirlähnlichen Infloreszenzen.
    Die bekannteste Gattung ist Sagittaria, das Pfeilkraut, mit tief=
pfeilförmigen Blättern. Diese Wasserpflanze vermehrt sich vielfach
vegetativ dadurch, daß Ausläufer an ihrer Spitze zu kräftigen Knollen
anschwellen. Der stärkehaltigen Knollen halber werden einige Arten
in China, Ostrußland und im westlichen Nordamerika kultiviert, doch
muß ihnen vor dem Genuß erst ein scharfer Stoff durch Abgießen des
Kochwassers entzogen werden. In tiefem Wasser bildet die Pflanze
keine pfeilförmigen, sondern bandförmige Blätter aus, ähnlich wie
solche an der jugendlichen Pflanze anzutreffen sind. Sagittaria ist
daher ein gutes Beispiel für die Tatsache, daß das Leben im Wasser
die Jugendform erhält, beziehungsweise wieder hervorruft. — Die
bekannteste und formenreichste Art der Gattung Alisma (Abb. 4),
A. plantago-aquatica (Froschlöffel) ist über die ganze nördliche Erd=
hälfte bis nach Australien verbreitet.

Die nächstanzuführende Familie der **Hydrocharitaceae,** mit etwa 60 Arten, unterscheidet sich von den vorhergenannten Gruppen vornehmlich durch den unterständigen, einfächrigen Fruchtknoten, der sich aus zwei bis fünfzehn verwachsenen Fruchtblättern zusammensetzt. Sie umfaßt ausschließlich schwimmende oder im Wasser untergetaucht lebende, krautige Pflanzen. Die strahligen Blüten sind getrenntgeschlechtig, die Pflanzen gewöhnlich zweihäusig. Es lassen sich im Perianth Kelch und Krone unterscheiden, seltener fehlt das Perianth. Staubblätter sind drei bis fünfzehn vorhanden, sie stehen wie die anderen Organe in dreizähligen Quirlen. Die Samenanlagen sind wandständig, die Frucht, die meist unregelmäßig zerfällt, beerenartig. Dem Samen fehlt das Endosperm, der Keimling ist bei den meisten Gattungen des Süßwassers gerade gestreckt, bei denen des Salzwassers und bei der Gattung Stratiotes gekrümmt. Wie die Blätter der Alismatazeen und anderer Familien der Helobiae besitzen auch die Blätter dieser meist ausdauernden Gewächse innenseits an der Basis Scheidenschuppen. Die einzeln stehenden oder rispig angeordneten Blüten sind vor dem Aufblühen in eine aus ein oder zwei Hüllblättern bestehende Hülle eingeschlossen. Die Bestäubung erfolgt auf verschiedenem Weg. Die Gattungen Stratiotes und Hydrocharis, die ihre Blüten über das Wasser erheben, werden von Insekten bestäubt. Bei anderen, untergetauchten Formen (Vallisneria, Elodea, Hydrilla) erreichen die weiblichen Blüten zur Zeit der Bestäubungsfähigkeit die Wasseroberfläche, die männlichen lösen sich zur gleichen Zeit los, steigen an die Wasseroberfläche empor, öffnen sich dort und werden schwimmend durch den Wind zu den weiblichen Blüten gebracht. Bei Halophila wird dagegen der fadenförmige Pollen unter Wasser entleert und erreicht im Wasser schwebend die Narbe. Vegetative Vermehrung durch Bildung von Ausläufern ist vielfach zu beobachten, besondern schön bei Stratiotes. Hier sitzen häufig um eine Mutterpflanze mehrere kleine im Kreis angeordnet in einiger Entfernung herum, hängen aber mit jener noch durch Ausläufer zusammen. Bei Hydrocharis brechen die Knospen an den Ausläuferenden im Herbst ab, verharren während des Winters am Grunde des Wassers und steigen erst im Frühjahr wieder an die Oberfläche empor (Abb. 5).

Man unterscheidet vier Unterfamilien, von denen zwei nahezu ausschließlich als Bewohner des Salzwassers in tropischen Meeren vorkommen.

Die **Halophiloideae** (Seegräser), deren artenreichste Gattung Halophila ist, sind im indischen Ozean und in der Südsee weitverbreitet. Der Pollen ist fadenförmig, ein Perianth ist nicht vorhanden.

Ebenso bewohnen die **Thalassioideae** die Küsten des stillen und indischen Ozeans.

Die beiden anderen Untergruppen gehören dem Süßwasser an und sind auch bei uns durch einige Gattungen vertreten.

So gehört zu den **Stratiotoideae**, mit 6—15 Fruchtblättern, Stratiotes aloides, die Wasserschere, eine in Europa und Nordasien weitverbreitete Schwimmpflanze. In Nordeuropa kommen nur weibliche Pflanzen vor.

Abb. 5.
Hydrocharis morsus ranae mit Winterknospen.

Äußerlich gleicht das Gewächs infolge der starr aufwärts gerichteten linealen Blätter einer Bromeliazee, etwa einer kleinen Ananaspflanze. Hydrocharis morsus ranae (Froschbiß) ist habituell durch die nierenförmigen, schwimmenden Blätter stark von der vorigen Gattung verschieden (Abb. 5).

Die **Vallisneriodeae**, mit 2—5 Fruchtblättern, haben ihren Namen von der, bei uns häufig in Aquarien gezogenen Gattung Vallisneria. Ihr natürliches Verbreitungsgebiet erstreckt sich über viele wärmere Gegenden der gemäßigten und tropischen Zonen beider Hemisphären. Die Blätter sind grasähnlich, bandförmig. Ihre Zellen stellen eines der geeignetsten Objekte dar für die Beobachtung der rotierenden Plasmaströmung. Die weiblichen Blüten sitzen an schraubig gewundenen Stielen. Nach der Befruchtung rollen sich diese in engen Spiralen auf und ziehen die Frucht auf den Grund des Wassers, wo sie dann auch reift. Über die Art der Bestäubung siehe oben. An einigen Orten ist die Pflanze im Wasser warmer Quellen (bis zu 42^0) beobachtet

worden. Elodea canadensis, die Wasserpest, wurde so genannt wegen
der erstaunlichen Schnelligkeit, mit der sie sich verbreitet. Jetzt bei
uns fast in allen Wasserläufen anzutreffen, stammt die Pflanze ur=
sprünglich aus Nordamerika und wurde erst um das Jahr 1836 in
Irland eingeschleppt. Sie hat sich, von verschiedenen Ausgangspunkten
aus, über Europa verbreitet und zwar teilweise in einer Weise, daß
Schiffahrt und Fischerei in den von ihr besiedelten Gewässern be=
hindert wurden. In neuerer Zeit ist dieser Übelstand jedoch wieder
zurückgegangen. Auf dem europäischen Festlande trifft man nur weib=
liche Exemplare. Die aus dem Wasser gefischten Pflanzenmassen können
als Gründünger Verwendung finden.

Die **Juncaginaceae** (=Scheuchzeriaceae+Lilaeaceae) sind größ=
tenteils an feuchten Standorten, nur selten unter Wasser wachsende
Pflanzen. Sie stehen den Alismatazeen nahe. Doch ist die Blütenhülle,
die sich aus zwei dreigliedrigen Wirteln aufbaut, kelchartig, nicht
korollinisch gefärbt. Außerdem stehen die Blüten auf den blattlosen
Schäften in Trauben oder Ähren. Sie sind zwitterig, mit sechs, sich
nach außen öffnenden Staubblättern und drei oder sechs Fruchtblättern
ausgestattet. Die Fruchtblätter enthalten eine, seltener zwei aufrecht
stehende, umgewendete Samenanlagen. Ein eigentlicher Griffel fehlt
wie bei fast sämtlichen Helobiae. Die Narben sind mit langen Haaren
ausgestattet, die zum Auffangen des Pollens bei der Übertragung
durch den Wind dienen. Auch hier fällt, wie so häufig, Anemogamie
(Windbestäubung) mit unansehnlicher Blütenfarbe zusammen. Die
nüßchenartigen Früchte werden vielfach durch das Wasser verbreitet.
Die Blätter sind grasähnlich, scheidig, grundständig, spiralig ange=
ordnet und besitzen auf der der Achse zugekehrten Seite der Ansatz=
stelle Scheidenschuppen. Bei uns kommt vor: Scheuchzeria (Blumen=
binse), mit Balgfrüchten, allgemein in tiefen Sümpfen der nördlich=
gemäßigten und kalten Zone verbreitet. Bei der Gattung Triglochin
(Dreizack) ist die von unten her einsetzende Loslösung der drei Teil=
früchte von einer Mittelsäule eigentümlich, außerdem die Verbindung
der Antheren mit den vor ihnen stehenden Perigonblättern. Den am
meisten rückgebildeten Typus stellt die südamerikanisch=andine Gattung
Lilaea dar, in deren Blüten alle Organe nur in Einzahl vorhanden sind.
Die Pflanze ist außerdem interessant, weil sie viererlei Blüten besitzt.
Die unteren Blüten der kolbenartigen Ähre sind nämlich weiblich,
die mittleren zwitterig, die oberen männlich. Außerdem ist dann noch

Potamogetonazeen

eine vierte Blütenform vorhanden. Je zwei Blüten sitzen nämlich zu beiden Seiten der Basis des Blütenschaftes unmittelbar der Grundachse an. Während die oberen Blüten mit Griffeln von normaler Länge ausgestattet sind, sind die dieser Basalblüten außerordentlich verlängert, sie erreichen eine Länge von 10—20 cm.

Zu den **Potamogetonaceae** (Laichkräutern) gehören fast durchweg in ruhigem Wasser, und zwar im Süßwasser oder im Meer lebende Pflanzen, die entweder ganz untergetaucht vegetieren oder Schwimmblätter an der Oberfläche des Wassers ausbreiten. Die Blätter sind bei vielen grasartig, bei manchen haben die gestielten Schwimmblätter elliptische Spreiten, die untergetauchten längliche. Die hier zu beobachtende Erscheinung der Verschiedenheit zwischen Schwimm- und Wasserblättern (Heterophyllie) tritt uns bekanntlich auch bei anderen, besonders dikotylen Wasserpflanzen, z. B. Wasserranunkeln, und dort noch auffallender entgegen. Die Blüten stehen einzeln endständig oder in endständigen, vielblütigen Ähren, die über das Wasser emporragen. Sie sind eingeschlechtig oder zwitterig, das Perianth ist nie korollinisch. Es sind meist vier Perigonblätter, vier Antheren und vier freie Fruchtblätter vorhanden. Die Früchtchen sind nuß- oder steinfruchtartig. Der durch das dickangeschwollene Wurzelende auffällige Keimling ist hakig gekrümmt, das erste Blatt entspringt aus einer Art Tasche an der Außenseite der Krümmung. Endosperm fehlt. Bei den Potamogetonazeen, deren Blütenähren über den Wasserspiegel emporragen, findet die Pollenübertragung mit Hilfe des Windes statt. Die Gattung Potamogeton z. B. ist proterogyn, das heißt die weiblichen Organe (Narben) werden vor den Staubblättern geschlechtsreif. Nach der Befruchtung werden die Blütenstände unter das Wasser zurückgezogen. Bei den marinen Formen, deren Blüten sich unter Wasser entwickeln, wird die Bestäubung durch die Wasserbewegung bewirkt. Die Pollenkörner, die bei manchen sehr langgestreckt-fadenförmig sind, schweben im Wasser umher, bis sie von den langen Narben aufgefischt werden. Zu den Gattungen mit ährenförmigem Blütenstand und vierblättrigem Perianth gehört vor allem die in allen Erdteilen verbreitete, etwa 60 Arten umfassende Gattung Potamogeton. Sie tritt meist im Süßwasser, seltener im Brackwasser auf. Auffällig ist häufig der Belag von kohlensaurem Kalk, der den Blattspreiten anhaftet. Derartig mit Kalkkrusten bedeckte Potamogeton-Bestände werden in manchen Gegenden, wo sie massenhaft genug auftreten, aus dem Wasser gefischt und als Dünger verwendet. Die Laichkräuter kommen sowohl in ganz flachem Wasser vor, wie auch in Tiefen bis zu sechs und acht Metern. — Ährige Blütenstände besitzt auch Zostera (Seegras), hier sind sie aber in den Scheiden der Laubblätter eingeschlossen. Zostera marina bewohnt die Meere der gemäßigten Zonen, am weitesten ist sie auf der nördlichen Halbkugel verbreitet. Die Blätter dieser untergetaucht lebenden Pflanze sind lang-lineal, die Blüten durch Rückbildung sehr vereinfacht. Getrocknet wird die Pflanze unter dem Namen „Seegras" als Polstermaterial verwendet, zum Ersatz des teureren Roßhaares. Die größten Mengen von Seegras werden in den Niederlanden gesammelt. In neuerer Zeit wird das Seegras auch zur Herstellung von Straßenpflaster benutzt, indem Würfel, die aus gepreßtem Seegras und Meeresalgen bestehen und mit einem Drahtnetz umgeben sind, in siedendes Pech getaucht werden. Baltimore z. B. besitzt ein derartiges Straßenpflaster, das sich durch seine Geräuschlosigkeit auszeichnen soll. — An der Ostsee findet man in den Seegrasmassen, welche an stürmischen Tagen an den Strand gespült werden, nicht selten Bernstein.

Aus der Gruppe mit einzelstehenden Blüten ist zu erwähnen die Gattung Zannichellia mit der einzigen Art Z. palustris. Ebenfalls untergetaucht, von ähnlichem Habitus wie Zostera, also grasartig, ist die Gattung in Süß- und Brackwasser über weite Teile der Erde verbreitet. Die unverzweigten Wurzeln der Pflanze wachsen nicht gerade nach abwärts, sondern sind schraubig gewunden. Das Gewächs ist daher nur unter Mitnahme einer größeren Masse Schlamm aus dem Boden zu entfernen. — Andere Gattungen dieser „Seegräser" gehören vorwiegend den tropischen Meeren an.

Die etwa 20 Arten umfassende Familie der **Aponogetonaceae**, mit der einzigen Gattung Aponogeton (22 Arten), ist auf das Süßwasser der altweltlichen Tropen beschränkt. Die Pflanzen stecken mit einem knolligen Rhizom im Schlammgrund, die langgestielten Blätter schwimmen entweder auf dem Wasser oder sind untergetaucht. Den letzteren Fall bietet uns die in Madagaskar vorkommende Art A. fenestralis (fenestra = Fenster), so genannt, weil das Blatt sehr regelmäßig gitterartig durchbrochen ist (Abb. 6). Das grüne Blattgewebe ist hier bis auf die dem Gefäßbündelnetz unmittelbar anliegenden Teile vollständig verschwunden. Die Blüten stehen in vielblütigen ährenförmigen, oft gabelig geteilten Infloreszenzen, die sich über die Wasseroberfläche erheben. Das ein= bis dreiblättrige Perianth ist lebhaft gefärbt (weiß, rosa, gelb), Antheren sind meist sechs, bei A. distachyus in größerer Zahl vorhanden. Die Blätter lassen wie die einiger anderer Wasserpflanzen auf der Ober= seite sehr eigentümliche Gruppen plasmareicher kleiner Zellen erkennen, welche als Organe, die der Wasserausscheidung dienen, anzusprechen sind.

Die **Najadaceae**, mit der einzigen, etwas über 30 Arten umfassenden Gattung Najas sind meist zarte, einjährige, untergetauchte Kräuter des Süßwassers mit gegenständigen gezähnten Blät= tern. Sie kommen in allen Erdteilen vor, wenn auch in größerer Verbreitung in den wärmeren Zonen. Die Blüten sind achselständig, einge= schlechtig. Die männlichen enthalten nur ein Staubblatt, das in einigen Fällen den Pollen in e i n e m Mittelfach enthält, statt in vier seit= lichen. Eine solche Anthere erinnert lebhaft an die Mikrosporangien gewisser Wasserfarne, kommt jedoch durch Rückbildung zustande und ist keineswegs als ursprünglich (primitiv) an= zusprechen. Umgeben wird die männliche Blüte meist von zwei becherförmigen Hüllen. Die weiblichen Blüten bestehen nur aus einem flaschenförmigen Fruchtknoten mit 2 bis 5 Narbenstrahlen. Bei uns kommen, wiewohl nicht häufig, drei Arten von Najas vor. Die Bestäubung der ein= oder zweihäusigen Pflanzen findet stets unter Wasser statt.

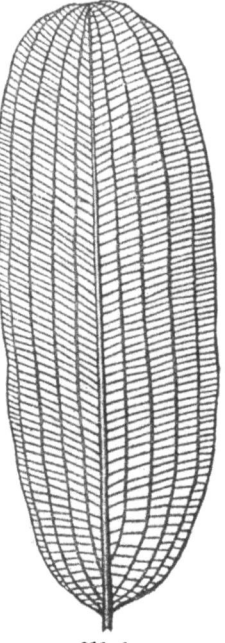

Abb. 6.
Gitterförmiges Blatt von Aponogeton fenestralis.

Im Anschluß an die Helobiae wird an dieser Stelle meist noch die kleine Familie der **Triuridaceae** genannt. Es sind dies chloro= phyllose Humusbewohner, also Saprophyten, die aus den Tropen der alten und neuen Welt, besonders aus Neuguinea und Brasilien be= kannt geworden sind.

2. Reihe. Liliiflorae.

Wie man geneigt ist, in den Pflanzen dieser Reihe den monokotylen Typus am ausgeprägtesten verkörpert zu sehen, so gelten auch ihre Blüten als typisch für die Einkeimblättrigen überhaupt. Es handelt sich in der Regel um strahlig gebaute Zwitterblüten, deren Organe in fünf alternierenden dreizähligen Kreisen angeordnet sind. Die Blütenhülle, die meist nicht in Kelch und Krone geschieden, sondern gleichfarbig korollinisch gefärbt ist, wird als Perigon oder auch, da sie nicht aus einem, sondern aus zwei Kreisen besteht, als Pseudoperigon bezeichnet. (Blütengrundriß siehe allgemeiner Teil.) Der Fruchtknoten ist dreifächerig und hat meist zwei Reihen Samenanlagen im innern Winkel jedes Faches. Samennährgewebe (Endosperm) ist stets vorhanden, es kann fleischig, knorpelig oder mehlig sein. Die Samenanlagen sind fast stets anatrop (umgewendet). Nicht immer ist das Androeceum vollständig, z. B. sind bei den Iridazeen (Schwertliliengewächsen) nur die drei äußeren Staubblätter entwickelt. Sie stehen demnach vor den drei Griffelästen. In einzelnen Fällen kann auch der äußere Kreis fehlen (Burmanniaceae zum Teil). Auch sonst sind einige Ausnahmen hinsichtlich des Blütenbaues erwähnenswert: manche Amaryllidaceae, Velloziaceae und Smilaceae (Stechwinden) haben viel männige Blüten. Bei Majanthemum (Schattenblümchen) sind zweigliederige, bei der bekannten Zimmerpflanze Aspidistra und der Einbeere, Paris viergliederige statt dreizählige Wirtel in der Blüte vorhanden. Eine beträchtliche Anzahl von Formen ist „sympetal", d. h. die Perigonblätter sind untereinander verwachsen (z. B. bei Maiglöckchen, und Aloë). Während man aber bei der Gliederung der Dikotylen die Verwachsenblättrigkeit der Blumenkrone mit großem Vorteil systematisch verwertet zur Trennung von Sympetalen und Choripetalen, kann im vorliegenden Falle eine derartige Verwendung nicht in Frage kommen. Hinsichtlich der Stellung des fast stets aus drei Fruchtblättern verwachsenen Fruchtknotens ergeben sich innerhalb der Liliifloren zwei Reihen. Oberständigen Fruchtknoten besitzen u. a. die Liliaceae, ein Teil der Bromeliaceae, unterständigen die Amaryllidaceae, Iridaceae, Dioscoreaceae und der Rest der Bromeliaceae.

Der Mehrzahl der strahlig, also allseitig symmetrisch gebauten Blüten stehen einige dorsiventrale Formen gegenüber, bei denen der untere, abwärtsgewendete Teil gefördert, d. h. stärker entwickelt ist

Liliazeen

als die obere (Rücken=)Seite 3. B. bei Pontederia, Gladiolus (Siegwurz).
— Die Blüten der Liliifloren stehen entweder einzeln, end= oder achsel=
ständig, oder sind zu meist trauben= oder doldenförmigen Blütenständen
vereinigt.

Was den Aufbau der Sproßachse anlangt, so entspricht der Leit=
bündelverlauf entweder, und das gilt besonders für jene Formen, die
mit Zwiebeln, Rhizomen usw. ausgestattet sind, dem im allgemeinen
Teil erörterten Palmschema, oder aber, so besonders bei blätterreichen
Stengeln dem der Commelinaceae. — Der Habitus der hierher ge=
hörenden Pflanzen ist sehr verschieden: Die wesentlichsten Typen dürften
durch zwiebeltragende Gewächse (Tulpe), wurzelstockbildende (Salomons=
siegel), sukkulente (Agave), schlingende (Stechwinden, Spargelarten),
palmartige (Drachenbäume), grasartige (Juncazeen) gegeben sein.
Dazu kommen noch schwimmende Wasserpflanzen (Pontederia). Die
Blätter sind mit Ausnahme derer von Yamswurzeln (Dioscoreaceae)
und Stechwinden (Smilaceae) einfach, langgestreckt, parallel= oder
bogignervig und ganzrandig.

Die Bestäubung erfolgt bei den ja meist durch große und schöngefärbte
und oft auch wohlriechende (Hyacinthe!) Blüten ausgezeichneten Formen
durch Insekten. Der Nektar wird meist in den Furchen zwischen je zwei
Fruchtblättern ausgeschieden. — Die erste und größte Familie ist die der
Liliaceae, die sich aus mehrjährigen meist krautigen Pflanzen mit
unterirdischen Stammbildungen zusammensetzt. Bäume und Sträucher
sind seltener. Der Blütenbau entspricht dem Plan, der für die Reihe
oben angegeben wurde: zwei meist gleichfarbig bunte, seltener grün
gefärbte Quirle im Perigon, die Perigonblätter in vielen Fällen ± mit=
einander verwachsen. Der oberständige Fruchtknoten wird von drei
Fruchtblättern gebildet. Zumeist ist er dreifächerig und die Samenanlagen
stehen an den Innenwinkeln der Fächer, selten sind wandständige Samen=
leisten in einem einfächerigen Fruchtknoten entwickelt. Die Früchte sind
bei den Unterfamilien verschieden ausgebildet: bei den Melanthioideae
kapselartig und scheidewandspaltig, bei anderen fachspaltig, bei den
Asparagoideae (Smilacoideae) beerenartig. Die parallelnervigen
Blätter sind bei der Mehrzahl der Unterfamilien spiralig gestellt und
am Grunde scheidig entwickelt. Alle drei Hauptformen der unterirdischen
Organe, kriechender Wurzelstock, Zwiebel, Zwiebelknolle sind, wie die
anatomische Untersuchung ergibt, Sproß=Umbildungen, keine Wurzel=
formen. Bei der Zwiebel sind nur die Sproßinternodien zwischen den

einzelnen Blättern sehr stark verkürzt, die Blätter selbst fleischig. In ihren Achseln entstehen vielfach eine oder mehrere Brutzwiebeln, die der vegetativen Fortpflanzung dienen, indem sie später von der Mutterzwiebel frei werden. Die Zwiebelknolle stellt ein stark vergrößertes, fleischig angeschwollenes Internodium dar, das nur von den vertrockneten Resten einiger Blattscheiden umgeben wird. Alle diese fleischigen Gebilde sind Speicherorgane, in denen Reservestoffe abgelagert werden. Die Wurzelstöcke (Rhizome) gewisser Gattungen wie Salomonssiegel, Einbeere, wachsen an ihrem vorderen Ende unbegrenzt fort, indem sie dort jedes Jahr einen neuen Trieb bilden. Am rückwärtigen Ende stirbt das Rhizon successiv ab. Derartigen Pflanzen naht sich anscheinend weder Alter noch natürlicher Tod, sie sind in gewissem Sinne unsterblich. Dabei ist allerdings zu bedenken, daß die Pflanze kein Individuum darstellt, wie etwa ein höheres Tier.

Die 1. Unterfamilie **Melanthioideae** ist gekennzeichnet durch endständige Blüten oder Blütenstände, die aus einem Wurzelstock oder einer Zwiebelknolle hervorgehen, außerdem durch Kapselfrüchte, die in den Nähten (scheidewandspaltig) aufspringen. Der bekannteste Vertreter ist Colchicum autumnale, die Herbstzeitlose, die im größten Teil Europas, mit Ausnahme des östlichen und nördlichen Teils auf Wiesen vorkommt. Die Blüten erscheinen im Herbst, die zugehörigen Früchte und Blätter im nächsten Frühjahr. Dieses Vorauseilen der Blütenbildung gab den mittelalterlichen Scholastikern Veranlassung vom „filius ante patrem" (Sohn vor dem Vater) zu sprechen. Die dicke Knolle enthält ebenso wie die Samen ein sehr stark giftig wirkendes Alkaloid, das Colchicin. Zum Arzneigebrauch gegen Gicht und Wassersucht werden die Samen verwendet. Ebenfalls sehr giftig ist der Germer, Veratrum, besonders der weiße, V. album, der in Gebirgsgegenden sowie den nördlichen Teilen von Europa und Asien heimisch ist und früher als „weiße Nießwurz" offizinell war. Von sehr starker Wirkung in allen Teilen ist auch Sabadilla officinalis, eine Pflanze, welche früher den Apotheken Semen Sabadillae (Läusesamen) lieferte, jetzt seltener innerlich, häufiger als Bestandteil von Salben gegen Läuse angewandt wird. Von unserer einheimischen Flora gehört noch Tofieldia, eine in der gemäßigten und arktischen Zone verbreitete Gattung mit reitenden Blättern, hierher. (Über reitende Blätter bei Iris vergleiche Iridaceae).

2. Unterfamilie **Herrerioideae.** Hierher gehört die südamerikanische

Herreria, deren unterirdische Knolle einen windenden Stengel entwickelt. An seinen Ästen stehen die Blätter in Büscheln, die Blütenstände seitlich in großer Zahl. Die Kapsel ist wandspaltig.

3. Unterfamilie **Asphodeloideae**. Dem Rhizom (seltner einer Knolle oder Zwiebel) sitzt ein Schopf grundständiger Blätter auf. Die Blütenstände sind endständig, traubig, oft rispig; die Antheren öffnen sich nach innen, die Frucht ist gewöhnlich kapselartig. Die Pflanze, nach der die Unterfamilie ihren Namen hat, Asphodelus, ist hauptsächlich im Mittelmeergebiet verbreitet. Die Phantasie der alten Griechen ließ auf den Gefilden der Unterwelt Asphodill erblühen, daher galt ihnen diese Pflanze als Symbol der Vergessenheit im Jenseits. Die bei uns in zwei Arten vertretne Gattung Anthericum hat ihr Verbreitungszentrum im Kapland. Viel kultiviert werden noch Hemerocallis (Taglilie) flava mit gelben, H. fulva mit orangeroten Blüten und als Ampelpflanze Chlorophytum comosum mit weißen Blütentrauben. Hosta-Arten, mit dekorativen Blättern und violetten Blütenständen sind unter dem Namen Funckia häufig in Hausgärten anzutreffen. Phormium tenax (der neuseeländische Flachs) liefert in seinen Blättern feste Fasern, die in der Textilindustrie Verwendung finden. Xanthorrhoea hastilis ist der bekannte Grasbaum Ost-Australiens mit einem kurzen, dicken Stamm und über 1 m langen grasartigen Blättern. Der Blütenstand tritt bis 2 m über den Blattschopf hervor. Das gelbe Harz mancher Arten wird zu Lacken verarbeitet. Handelte es sich bisher schon um xerophile Pflanzen, so tritt dies habituell noch stärker bei den mehr oder weniger sukkulent gebauten Aloë-Arten und Verwandten hervor, mit ihren dick-fleischigen, bläulichen Blättern. Die hochstämmigen Aloë-Arten bilden keine Gebüsche wie andere, gesellig lebende Pflanzen. Sie stehen einzeln in dürren Ebenen und geben dadurch Tropengegenden oft einen eigenen, melancholischen Charakter. Auch das Entwicklungszentrum dieser Gruppe liegt im östlichen Teile des Kaplandes und besitzt Ausstrahlungen nach Madagaskar, Abessinien, Sokotra und ins Nigergebiet. Offizinell ist unter dem Namen „Aloë" der eingedickte Saft gewisser Arten. Der wirksame Bestandteil, ein Harz, ist in großen, den Siebteil begleitenden Zellen enthalten. Eremurus, Kniphofia und Tritoma-Arten sind wegen ihrer dicht-buschigen, oft ansehnlichen und lebhaftgefärbten Blütenstände ebenfalls als Ziergewächse geschätzt. Ihrer Form nach können diese Inflorezenzen am ehesten verglichen werden mit einer Bürste, wie man sie zum Reinigen von Lampenzylindern verwendet.

Liliazeen

4. Unterfamilie **Allioideae**. Diese Gruppe ist ausgezeichnet durch terminale, doldenähnliche Blütenstände, die durch zwei Hüllblätter gestützt werden, außerdem durch typisch entwickelte Zwiebeln oder kurze Rhizome. Die größte Gattung: Allium (Lauch) mit ca. 300 Arten ist über die ganze nördlich gemäßigte Zone verteilt, besonders reich in Mittelasien entwickelt. Viele Arten werden besonders im Orient als Gemüse oder wegen ihres Gehaltes an flüchtigen, scharf riechenden Ölen als Gewürze kultiviert. Bei uns sind für den Küchengebrauch von Wichtigkeit: Allium cepa, die Sommerzwiebel, gewöhnliche Küchenzwiebel mit am Grunde blasig aufgetriebnen Blättern. Ihre Heimat ist höchstwahrscheinlich der südwestliche Teil Zentralasiens. Allium fistulosum, die aus Süd-Sibirien stammende Winter- oder Heckezwiebel, Schnittzwiebel, unterscheidet sich durch gleichförmig röhrige Blätter. Manche Arten z. B. der Sektion Porrum besitzen Staubblätter mit einem zahnartigen Auswuchs rechts und links am Filament. Hierher gehört z. B. der Knoblauch, Allium sativum mit langgeschnäbelten Blütenstands-Hüllblättern. Eine Varietät dieser Art, bekannt unter dem Namen Rocambolle, liefert in den Brutzwiebelchen, welche, der vegetativen Vermehrung dienend, im Blütenstand auftreten, die sogenannten Perlzwiebeln. Dem als Suppengewürz gebräuchlichen Porree (Allium porrum) fehlen derartige Brutzwiebeln in dem kugelförmigen Blütenstand. Die Pflanze enthält nur wenig scharf schmeckendes Öl; sie stellt eine Kulturform des in den Mittelmeerländern heimischen A. ampeloprasum dar. Andere kultivierte Arten gehören zur Sektion Schoenoprasum, die charakterisiert ist einmal durch röhrig hohle Blätter, außerdem aber dadurch, daß wenigstens die drei äußeren Antheren keine Zähne der oben beschriebenen Art aufweisen. Allium schoenoprasum (Schnittlauch) mit violetter Blüte ist in der nördlich gemäßigten Zone in verschiedenen Formen verbreitet. Allium ascalonicum, die Schalotte, die vermutlich aus Kleinasien, jedenfalls aus Vorderasien stammt, entwickelt bei uns ihre weißlich grünen Blüten nur selten. Allium ursinum, bei uns in Laub, besonders in Auwäldern verbreitet, wird, wenn es sich in Anlagen ausbreitet, mitunter durch seinen auffallenden Geruch unangenehm bemerkbar. Allium victorialis galt in früheren Zeiten als geeignet, den Träger des Wurzelstockes unverwundbar zu machen, daher der Name Allermannsharnisch. Von anderen Gattungen sind anzuführen: Gagea, das gelbblühende Frühlingssternchen und Agapanthus, eine häufig gezogne Zierpflanze vom Kap, mit schönen blauen, in großen Dolden angeordneten Blüten.

Liliazeen 41

5. Unterfamilie **Lilioideae**. Diese Gruppe besitzt ebenfalls Zwiebeln, aus denen der endständige Blütenschaft mit einer Einzelblüte oder einer traubigen Infloreszenz entspringt. Die Kapsel ist fachspaltig, die Antheren öffnen sich stets nach innen. Die bemerkenswertesten Gattungen sind Lilium (Lilie), Fritillaria (Kaiserkrone), beide in den gemäßigten Zonen der nördlichen Halbkugel vertreten, Tulipa (Tulpe) in Europa und Asien, Scilla (desgleichen und in Afrika), Ornithogalum (ebenso), Muscari (der Hauptsache nach mediterran), Hyacinthus (Südost-Europa, Kleinasien). Die weiße Lilie (Lilium candidum), schon seit uralten Zeiten bei uns in Gärten gepflanzt, stammt aus dem Mittelmeergebiet; die Feuerlilie (Lilium bulbiferum) mit Brutzwiebeln in den Blattachseln, findet sich in manchen Gegenden Deutschlands in Getreidefeldern. Bei der Türkenbundlilie (Lilium Martagon) und verwandten Arten sind die Perigonblätter stark zurückgerollt. Andere häufig als Zierpflanzen gezogene Lilium-Arten (L. auratum, die Goldbandlilie, tigrinum usw.) stammen durchwegs aus Ostasien. Die Kaiserkrone Fritillaria imperialis hat ihre Heimat im Gebiet zwischen Persien und dem Himalaya. Erstmals bei uns eingeführt wurde die Pflanze im Jahre 1570 aus Persien über Konstantinopel. Die Pflanze ist giftig, ihre Zwiebeln können indes ebenso wie die der Lilien nach dem Kochen genossen werden. Der an der Spitze der Sproßachse stehende Blattschopf gilt als Beispiel für unregelmäßige, nicht wie gewöhnlich einer bestimmten Schraubenlinie folgende Blattstellung. Das Verbreitungszentrum der Gattung Tulipa liegt in Zentralasien, wo sich auch T. Gesneriana, eine der Stammpflanzen unserer außerordentlich vielgestaltigen und vielfarbigen Gartentulpen findet. In Deutschland ist nur die gelbblühende T. silvestris einheimisch. Früher vor allem in Weinbergen häufig, geht diese schöne Blume durch die intensivere Bodenbearbeitung jetzt stark in ihrer Verbreitung zurück. Offizinell und giftig sind die Grundachsen von Urginea maritima, der am Mittelmeer häufigen „Meerzwiebel". (Harntreibendes Mittel). Die sehr artenreiche Gattung Scilla (Meerzwiebel) stellt außer mehreren Ziergewächsen für die gemäßigte Zone der alten Welt einige der allererſten Frühlingsblüher (bei uns Scilla bifolia), deren Blüten sich durch prachtvoll blaue Färbung auszeichnen. Ornithogalum (Vogelmilch) tritt hie und da im Rasen und auf Äckern als Unkraut auf. Die Ausgangsform unserer Gartenhyazinthen ist Hyacinthus orientalis, die aus dem östlichen Mittelmeergebiet stammt. Ebenso liegt das Verbreitungsgebiet

Abb. 7. Drachenbaum (Dracaena draco)

der Gattung Muscari (Trauben- oder Bisamhyazinthe) im Mittelmeergebiet.

6. Unterfamilie **Dracaenoideae**. Im Gegensatz zu den vorhergehenden Gruppen besitzen die Dracaenoideen nur selten Rhizome, meist dagegen aufrechte Stämme, mit Blattschöpfen an der Spitze. Die Früchte sind kapsel- oder beerenartig entwickelt. Dracaena- (Drachenblut-Baum-) Arten erreichen gewaltige Dimensionen (Abb. 7). Das bekannteste Beispiel war der berühmte Baum von Teneriffa, eine der gewaltigsten Pflanzengestalten der Erde überhaupt, der im Jahre 1867 infolge eines Sturms zugrunde ging. Humboldt hat sein Alter — allerdings wohl zu hoch — auf 6000 Jahre geschätzt. Kleinere Dracaenen werden als dekorative Blattpflanzen kultiviert; sie stammen vornehmlich von der Westküste Afrikas. Die habituell ähnlichen Cordyline-Arten, von

denen ebenfalls mehrere, z. B. C. rubra, kultiviert werden, unterscheiden sich von der vorigen, kapseltragenden Gattung durch die Beerenfrucht. Endlich werden bei uns noch Yucca-Arten (aus den Vereinigten Staaten stammend), mit großen weißen Blütentrauben, gezogen. Dasylirion, mit einer Unzahl sehr langlinealer Blätter auf einem kurzen Stamm, ausgesprochen xerophil gebaut, in der Tracht an die australischen Grasbäume erinnernd, stammt aus Mexiko.

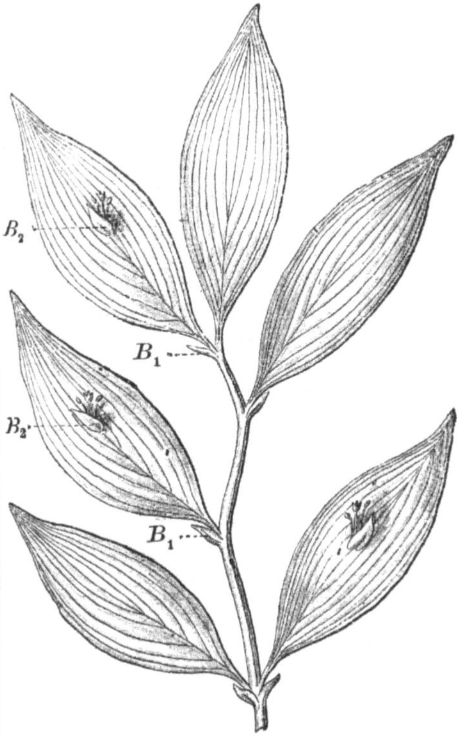

7. Unterfamilie **Asparagoideae**.
Der kriechende oder gestauchte Wurzelstock erzeugt meist verzweigte oberirdische,

Abb. 8. Zweig von Rascus hypoglossum ($^2/_3$ nat. Größe). In den Achseln schuppenförmiger Blätter B_1 stehen Flachsprosse (Phyllokladien). Einige derselben tragen in der Mitte ein kleines Blatt B_2, in dessen Achsel ein Blütenstand steht.

bei manchen Arten kletternde Stengel. Mehrere Gattungen zeichnen sich durch reduzierte Laubblätter, in deren Achseln blattähnliche Sprosse mit Blattfunktion, sogenannte Phyllokladien, auftreten, die ganze Gruppe durch Beerenfrüchte aus. Asparagus officinalis, der Spargel, besitzt nadelförmige Phyllokladien, dagegen nur als kleine, unansehnliche Schuppen entwickelte Blätter und erbsengroße Beeren. Die Heimat der Pflanze ist Europa und das Mittelmeergebiet, sie befindet sich seit dem Altertum in Kultur. Lanzettliche oder eiförmige, lederartig-harte Phylloklabien hat die mediterrane Gattung Ruscus. Daß es sich bei den Phyllokladien tatsächlich um Sproßumformungen handelt, geht daraus hervor, daß die Blüten, gestützt von einer kleinen Schuppe, einem rück= gebildeten wirklichen Blatt, aus ihrer Mitte hervorbrechen, also scheinbar blattbürtig sind (Abb. 8). Wird die genannte Schuppe größer und blatt= ähnlich, so scheint ein Blatt aus dem andern hervorzugehen. Myrsiphyl‑ lum asparagoides, die Spargelmyrte, zumeist Medeola genannt, stammt aus Südafrika. Die phyllokladientragenden Zweige liefern insbesondere für Tafeldekorationen wertvolles Schnittgrün. Majanthemum (Schatten= blümchen, zweiblättriges Maiglöckchen), eine nördlich außertropische Gattung ist eine der wenigen Liliazeen mit zweigliedrigen Wirteln in der Blüte. Aspidistra elatior, unsere bekannteste, aus Japan stammende Zimmer=Blattpflanze, entwickelt vierzählige, bräunlich=fleischige Blüten dicht über dem Boden. Darüber erheben sich die großen, eilanzettlichen Blätter. Aspidistra eignet sich deswegen so gut zur Zimmerkultur, weil ihr Lichtbedarf infolge sehr träger Atmung außerordentlich gering ist. Als Blütenbestäuber sind Schnecken genannt worden.

Ebenfalls vierzählige Blüten besitzt Paris, die Einbeere unserer Laub= wälder, deren stahlblaue Beeren giftig sind. Polygonatum (Salomons= siegel) mit zweizeilig gestellten Laubblättern, in deren Achseln ein- bis mehrblütige Inflorezenzen stehen, und Convallaria majalis (Mai= glöckchen), beide nördlich extratropischen Gattungen angehörend, zählen wiederum zu den Zierden unsers Laubwalds.

Von der 8. Unterfamilie, den **Ophiopogonoideae** ist Sanseviera zu erwähnen, deren Arten teilweise als Faserpflanzen geschätzt werden. Das Rhizom trägt einen Büschel von Grundblättern.

Eine weitere 9. Unterfamilie, die der **Luzuriagoideae,** ist durch aufrechte oder kletternde, verzweigte Stengel ausgezeichnet. Die hierher gehörigen Sträucher besitzen beerenartige Früchte mit kugeligen Samen. Am bekanntesten ist als Zierpflanze Lapageria rosea aus Chile mit prachtvoll rosa gefärbten, etwas fleischigen Blüten. Eine andere, eben= falls aus Chile stammende Pflanze, Philesia, hartlaubig, mit gelber Rinde, ist eine der wenigen Monokotylen, die selbst der mit der all‑ gemeinen botanischen Systematik Vertraute zunächst nicht als solche erkennen wird.

Die 10. Unterfamilie, die der **Smilacoideae** (Stechwinden), um= faßt kletternde Sträucher mit mehr oder weniger spießförmigen, meist deutlich netzig generoten Blättern, unscheinbaren gelblichen oder grünlichen Blüten und Beerenfrüchten. Das Aufwärtsklimmen wird diesen Pflanzen durch fadenförmige Ranken am Blattstiel (Nebenblatt- oder Blattscheidenranken) ermöglicht.

Die wichtigste und größte Gattung, Smilax, ist in den Tropen beider Erdhälften verbreitet, in Europa kommt nur eine einzige Art vor, S. aspera. Die etwa federkieldicken Wurzeln zentralamerikanischer Arten kommen für Arzneizwecke als „Radix Sarsaparillae" in den Handel.

Im Tertiär war Smilax auch in Nordeuropa verbreitet, wie aus gut erhaltenen Funden in Bernstein erschlossen werden kann. —

Die nächste große Familie der Liliifloren, die **Amaryllidaceae** stehen den Liliazeen sehr nahe hinsichtlich der äußeren morphologischen Verhältnisse, des Blüten- und Fruchtbaues. Sie unterscheiden sich von ihnen wesentlich durch den unterständigen Fruchtknoten. Das Perigon ist meist bunt gefärbt, neben strahligen Blüten kommen schwach dorsiventral gebaute vor. Die meist ansehnlichen Blüten treten selten einzeln auf, meist stehen sie in traubigen, rispigen oder zymösen Infloreszenzen. Die Bestäubung wird wohl stets von Insekten vermittelt, worauf auch Farbe, Größe und Wohlgeruch der meisten Blüten, außerdem reichliche Honigabsonderung in denselben hinweisen. Man unterscheidet zwei Hauptgruppen:

1. **Amaryllidoideae.** Zwiebelgewächse mit einer endständigen Einzelblüte oder einem doldenartigen Blütenstand auf blattlosem Schaft. Hierher gehören an einheimischen Gewächsen: Galanthus nivalis (Schneeglöckchen), mit inneren kürzeren, Leucojum vernum (Frühlingsknotenblume), mit 6 gleichförmigen Perigonblättern. Die Zwiebeln beider Arten sind giftig. Die bekannteste, in vielen Formen gezogene Kulturpflanze aus dieser Unterfamilie ist die Narzisse, Narcissus poëticus, die weiße, die schon in der Westschweiz sich in außerordentlicher Menge wild vorfindet, N. pseudonarcissus, die gelbe Narzisse, auch „Märzbecher" genannt. N. tazetta, die Tazette, N. jonquilla, die Jonquille. Diese wie andere Gattungen sind durch den Besitz einer „Nebenkrone", die der Perigonröhre innen ansitzt, ausgezeichnet. Außerdem werden z. B. noch kultiviert: Clivia mit auffallend zweizeilig gestellten Blättern und orangegelben Blüten, Amaryllis Belladonna, die einzige Art der Gattung, vom Kap, Crinum (Afrika), Hippeastrum- (tropisches und subtropisches Amerika) und Haemanthus-Arten (Afrika), von denen viele stark giftig sind.

Die Erdwurzeln mancher Amaryllidazeen so von Klivia-, Krinum-,

Amaryllidazeen

Abb. 9. Agaven. Rechts blühende Pflanzen.

Haemanthusarten und einiger Liliazeen (Aspidiftra usw.), weisen eine Eigentümlichkeit auf, die uns sonst nur bei den Luftwurzeln der Orchideen entgegentritt, nämlich eine mehrschichtige, aus Zellen ohne lebenden Inhalt bestehende Epidermis, ein sogenanntes Velamen.

Offenbar stellt diese Wurzelhülle, die besonders Vertretern der Kapflora eigen ist, eine Anpassung im Dienste der Wasserökonomie dar. Die Wasseraufnahme an solchen Wurzeln findet durch das Velamen hindurch statt.

2. **Agavoideae.** Die Grundachse — keine Zwiebel! — wird hier von einer Rosette großer, fleischiger Blätter, aus denen der Blütenschaft hervortritt, gekrönt. Ausgesprochen Trockenheit-liebende Pflanzen, mehr oder weniger sukkulent von teilweise mächtigen Ausmaßen. Die nur in Amerika ursprünglich einheimische Gattung Agave weist über 50 Arten auf. Jetzt sind einige Agaven, besonders A. americana, im Mittelmeergebiet weit verbreitet. Diese Pflanze wird oft fälschlich als „hundertjährige Aloë" bezeichnet. Agave rigida liefert „Sisalhanf". In Zentralamerika sind manche Arten wichtige Nutzpflanzen, da ihre jungen Blätter als Gemüse Verwendung finden. Außerdem bereiten die Mexikaner ihr Nationalgetränk, die „Pulque", aus dem Saft, der aus der Schnittwunde der entfernten Blütenstandsknospe durch den Wurzeldruck hervorgepreßt wird. Der Saft wird vergoren; eine kräftige Pflanze soll innerhalb der 3—4 Monate währenden Blutungsperiode bis zu 1000 Liter dieses Getränkes liefern (Abb. 9).

Verwandt mit Agave ist Fourcroya, deren Blütenstände eine Höhe von 10 m erreichen können. Manche Arten werden als Faserpflanzen geschätzt (Mauritiushanf). Bei Fourcroyen, wie auch manchen Agaven treten im Blütenstand vielfach Brutzwiebeln statt der Blüten auf, bei Nerine sind sogar die Samenanlagen innerhalb des Fruchtknotens vielfach zu solchen Bulbillen umgebildet. Polianthes tuberosa, die Tuberose, die aus Zentralamerika stammt, ist wegen ihres Duftes als Zierpflanze geschätzt. In Südfrankreich wird sie zur Parfümgewinnung im Großen kultiviert.

3. **Hypoxideae**, die letzte, bedeutend kleinere Unterfamilie, ist bemerkenswert durch zwei Gattungen: Alstroemeria und Curculigo. Letztere, aus Malesien stammend, häufig kultiviert, wird oft fälschlich für eine Palme gehalten. Alstroemeria hat eigentümlich gedrehte Blätter, indem die Unterseite, auf der auch das Assimilationsparenchym entwickelt ist, sich nach oben wendet.

Die **Velloziaceae**, deren Heimat Brasilien, Südafrika und Madagaskar ist, sind von den Amaryllidazeen vornehmlich durch ihre polyandrischen Blüten (Vermehrung der Staubblätter, die in Büscheln vor den Perigonblättern stehen) verschieden. Die lederartigen, oft umgerollten Blätter, sowie das überall stark entwickelte Sklerenchym, lassen auf Anpassung an sehr trockene Standorte schließen. Der Stamm ist bei manchen verzweigt und öfters baumförmig. Viele Velloziazeen enthalten derartig viel Harz, daß ihre Stämme als Fackeln dienen können.

Eine vielfach bei uns in Aquarien gezogene, mit schwimmender Blattrosette und schönem, blauviolettem Blütenstand ausgestattete Wasserpflanze, Eichhornia crassipes, gehört zur Familie der **Pontederiaceae**. Diese Gruppe umfaßt nur Wasserpflanzen, die entweder, wie Eichhornia, schwimmende Blattrosetten tragen, im Wasser fluten oder am Grunde angeheftet sind. Die Blüten sind dorsiventral, die untere von der Achse abgewendete Seite gefördert. Häufig finden sich weniger als 6 Staubblätter. Das Endosperm ist mehlig. Bei den Pontederiazeen ist eine sonst bei Monokotylen nicht zu beobachtende Erscheinung anzutreffen, nämlich die der Heterostylie. Ähnlich wie bei vielen Primeln (Schlüsselblumenarten), bei Pulmonaria (Lungenkraut), Forsythia und zahlreichen anderen Dikotyledonen lassen sich zwei Arten von Blüten durch die verschiedene Griffellänge unterscheiden. Die Familie ist in den Tropen und Subtropen

48 Bromeliazeen

Abb. 10. Epiphytische Bromeliazee (Nidularium fulgens).

beider Hemisphären verbreitet. In den Südstaaten Nordamerikas, sowie in Zentralamerika werden diese Gewächse durch ihr massenhaftes Auftreten in den Flüssen vielfach der Schiffahrt lästig, indem sie den Gang der Dampferschrauben behindern. Der Name E. crassipes rührt daher, weil der Grund der Blattstiele eine dick aufgetriebene, mit lufterfüllten Hohlräumen durchzogene Gewebepartie darstellt. Diese Vorrichtung ist geeignet, die Pflanze über Wasser zu halten, fungiert also gewissermaßen als Schwimmblase.

Bromeliaceae. Diese in ihrer Verbreitung auf das tropische und subtropische Amerika beschränkten, besonders in Kolumbien und Brasilien üppig entwickelten Pflanzen lassen sich ihrem Standort und Vorkommen nach in epiphytische und terrestrische gliedern, also Arten, die auf Bäumen, andere, die auf Fels oder Erde wachsen. Die bekanntesten Formen besitzen keinen entwickelten Stamm, sondern eine grundständige Rosette zusammengedrängter, dicker, häufig bestachelter Blätter. Die Inflorescenzen sind meist endständig, ährig, traubig oder rispig. Die an sich farbigen Blüten werden häufig durch gut entwickelte, ebenfalls schön gefärbte Deckblätter gestützt. Da Deckblätter und Blüten meist verschiedene Farbe besitzen, kommen sehr auffallende mehrfarbige Inflorescenzen zustande (z. B. gelb und rot, grün, blau und rot gefärbte usw.). Biologisch betrachtet kann das farbige Deckblatt dieser Blüten als extrafloraler Schauapparat gedeutet werden. Bei anderen Formen sind wiederum diejenigen Laubblätter der Rosette, die den Blütenstand umschließen, buntfarbig.

Die Blüten sind meist zwitterig und radiär, ebenso wie die der Liliazeen gebaut, die Blütenhüllblätter häufig in Kelch und Krone geschieden.

Die Stellung des Fruchtknotens ist verschieden, bei einem Teil der Familie ist er ober-, bei dem anderen unterständig. Die Frucht ist eine Beere oder Kapsel mit stets mehligem Endosperm.

Außer durch ihr eigentümliches Äußere — aus unserer heimischen Flora kann nur die Wasserschere, Stratiotes aloides, der Tracht nach einigermaßen mit den Bromeliazeen verglichen werden — ist die artenreiche Familie bemerkenswert durch eine Anzahl ökologischer Besonderheiten. Bei vielen sind z. B. die derben, fleischigen Blätter mit Schuppenhaaren bedeckt, deren Basalzellen dazu geeignet sind, von außen an sie gelangendes Wasser aufzunehmen und in das Blattinnere überzuleiten. Bei Trockenheit schrumpfen diese Zellen zusammen, die Scheibe der stärker behäuteten Endzellen der Schuppe senkt sich in die Vertiefung, in der das Haar sitzt, herab und verschließt diese deckelartig. Wie man sich leicht denken kann, wird auf diese Weise die Wasserverdunstung des Blattes bedeutend herabgesetzt. Die beschriebene Art der Wasseraufnahme ist für die epiphytischen und die auf steilen Felsen wachsenden Formen von größter Bedeutung, da sie ihrer Unterlage nur in sehr beschränktem Maße Wasser entziehen können. Außerdem sind die Wurzeln bei diesen Pflanzen nur sehr schwach entwickelt und dienen der Hauptsache nach der Befestigung, nicht der Wasseraufnahme. Andererseits schaffen sich viele Bromeliazeen selbst ein Wasserreservoir, indem die aufgerichteten jüngeren Blätter fest aneinander schließen und in der Mitte der Rosette über dem Vegetationspunkt eine Vertiefung freilassen, in der sich Wasser, eventuell auch Humus sammeln kann. Diese Wasserbecken sind so regelmäßig vorhanden, daß man in ihnen stets die gleichen, für sie charakteristischen Tier- und Pflanzenformen antrifft (Utrikularien, Moskitolarven, Algen). Die Übertragung des Blütenstaubes erfolgt durch Insekten und Kolibris, die Samenverbreitung bei den kapselfrüchtigen durch den Wind mittels Flugeinrichtungen (Flügeln, Haarschöpfen) an den Samen.

Die weitest verbreitete Bromeliazee ist Tillandsia usneoides (von Karolina bis Argentinien vorkommend), die in der Tracht an unsere Bartflechte (Usnea barbata) erinnert und wie diese in wirren, hier aber oft 2—3 m langen Schöpfen von den Baumästen herabhängt. In erwachsenem Zustand ist die Pflanze wurzellos und hält sich mittels gekrümmter Sproßenden an der Unterlage fest. Sie wird viel verwendet als Pack- und Stopfmaterial, letzterenfalls als Ersatz für das teurere Roßhaar. Die kunstvollen, sackförmigen Nester der Webervögel bestehen großenteils aus Tillandsien.

Wegen ihrer Frucht wichtig ist die Ananaspflanze (Ananas sativus), die in Zentralamerika und den westindischen Inseln heimisch ist, jetzt aber auch sonst in vielen Tropengegenden kultiviert wird. Eine Ana-

Abb. 11. Ananasfrucht.

nas stellt keine Einzelfrucht dar — worunter man ein Gebilde versteht, das aus einer Einzelblüte hervorgeht — sondern einen Fruchtstand, der sich aus einem ganzen Blütenstand entwickelt hat.

Die Früchte der Kulturrassen enthalten keine keimfähigen Samen, vielmehr müssen die Pflanzen vegetativ vermehrt werden. Für diesen Zweck verwendet man den Blattschopf, der dem Fruchtstand aufsitzt oder Seitentriebe.

Viele Arten von Billbergia, Aechmea, Pitcairnia, Vriesea, Puya werden wegen ihrer mehrfarbigen Blütenstände und Blätter (die 3. B. grün und violett gefärbt sind) bei uns in Gewächshäusern kultiviert. Die gerade aufstrebenden, dichten Blütenstände der in den Anden Bolivias heimischen, mit Puya verwandten Gattung Pourretia erreichen eine Höhe von 8 m. Die Pflanze gehört daher zu den sonderbarsten, welche man überhaupt kennt.

Burmanniaceae. Dem Habitus nach kann diese kleine Familie am ehesten mit gewissen Orchideen unseres Waldbodens verglichen werden. Es sind Formen bekannt, die ihre organischen Baustoffe mit Hilfe von Blattgrün selbst gewinnen, und saprophytische ("Moderzehrer"). Von einigen wird angegeben, daß sie parasitisch leben. Es wären diese Fälle die einzigen von Parasitismus unter den Monokotylen. Die Familie ist in ihrer Verbreitung auf die Tropen und Subtropen beschränkt. Gewisse Merkmale (3. B. Samenbau, Samenanheftung, Wurzelstockbau) lassen eine tatsächliche Verwandtschaft mit den Orchideen nicht ausgeschlossen erscheinen.

Taccaceae. Bezüglich des äußeren Aufbaues der vegetativen Organe erinnert diese Familie an gewisse Arazeen, bezüglich ihrer Blüten entfernt an die dikotyle Familie der Aristolochiazeen, mit denen auch noch einige andere Übereinstimmungen vorhanden sind. Das Verbreitungsgebiet der Taccazeen fällt in die Tropen der alten und neuen

Welt, vornehmlich sind sie in Malesien und Südchina vertreten. Die Blätter sind häufig fiederteilig gegliedert, auf blattlosem Blütenschaft steht eine traubige oder doldenartige Infloreszenz.

Ökonomische Bedeutung hat nur Tacca pinnatifida, welche die Bewohner Ostasiens und Polynesiens ihrer stärkereichen Knolle halber kultivieren. Im Handel führt das aus den Knollen erhaltene Stärkemehl den Namen Arrow-root von Tahiti.

Die **Dioscoreaceae** stellen krautartige Gewächse mit fast stets windendem Stengel und starker, mehr breit als lang gestalteter, basaler Knolle dar. In der Tracht erinnern manche Arten an die Stechwinden (vergl. unter Liliaceae-Smilacoideae). Die oft pfeilförmigen Blätter sind deutlich gestielt und besitzen mehr oder weniger offene Netznervatur. Durch dieses Merkmal wie durch die flache Kotylspreite, die Anordnung der Leitbündel in einem Kreis und deren gabelige Verzweigung weichen die Dioskoreazeen von den meisten übrigen Monokotylen stark ab.

Der Bau der radiären, unscheinbar gelb oder grünlich gefärbten Blüten entspricht meist dem normalen Monokotylen-Diagramm. Häufig sind die Blüten getrenntgeschlechtig. Sie stehen in traubigen oder rispigen Infloreszenzen beisammen. Der Fruchtknoten ist unterständig, die Frucht eine Kapsel oder Beere, die Samen besitzen flügelartige Anhänge. Manche Arten entwickeln in den Blattachseln Brutknöllchen.

In Deutschland kommt nur vor Tamus communis, die Schmeerwurz, eine Pflanze, deren Hauptverbreitungsgebiet nach West- und Südeuropa fällt. Die größte, in den Tropen in sehr zahlreichen Arten auftretende Gattung ist Dioscorea.

Dioscorea batatas, alata, sativa und andere werden in den Tropen, besonders in Ostasien, an Stelle der dort ausartenden Kartoffel ihrer Knollen halber angebaut (Namswurzel, chinesische Kartoffel). Doch sind diese erst nach dem Auswaschen eines Bitterstoffes genießbar. Testudinaria elephantipes — Elephantenfuß wegen ihrer mächtigen, rissig gefelderten Knolle genannt — liefert in ihrer Heimat, dem Kapland, das „Hottentottenbrot"; bei uns wird die Pflanze hier und da als Kuriosität kultiviert. (Abb. 12.)

Oben, gelegentlich der Charakterisierung der Liliifloren im allgemeinen, wurde erwähnt, daß in der Blüte ein Antheren-Wirtel ausfallen kann.

Ebenso wie bei der kleinen australischen Familie der Haemodoraceae, ist dies bei der größeren der

Iridazeen

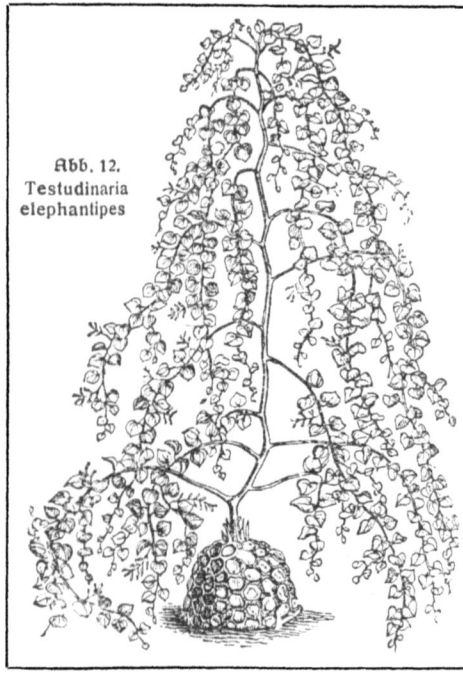

Abb. 12. Testudinaria elephantipes

Iridaceae stets der äußere. Es handelt sich bei den „Schwertliliengewächsen" um krautige Pflanzen mit Rhizomen (Iris), Knollen (Gladiolus) oder Zwiebeln, die schmale, grasähnliche oder sogenannte „reitende" Blätter besitzen. Die letzteren sind so entstanden zu denken, daß die beiden breiten Seiten des Blattes nebst dem verbindenden unteren Kiel der Unterseite eines normal gebauten Blattes entsprechen, der sehr schmale obere Kiel der Oberseite eines solchen gleichkommt. Die Blüten sind strahlig (Crocus) oder dorsiventral (Gladiolus), die drei Antheren öffnen sich stets nach außen. Der unterständige Fruchtknoten ist vollkommen dreifächerig, die Samenanlagen sind an innenwinkelständigen Plazenten angeheftet. Die Kapselfrucht öffnet sich fachspaltig. Die Blüten stehen entweder einzeln oder in traubigen oder rispigen Infloreszenzen. Für Iris, die Schwertlilie, charakteristisch ist der als „Fächel" zu bezeichnende Blütenstand. Der Griffel jedes Fruchtblattes läuft bei Iris in zwei Äste aus, die sterile Griffelanhänge darstellen, die eigentliche Narbe, das heißt die Stelle, auf der die Pollenkörner auskeimen, liegt als häutiger Vorsprung auf der Unterseite des Griffelendes. Dadurch, daß die Antheren nach außen, beziehungsweise unten zu aufspringen, ist Selbstbestäubung

Abb. 13. Grundriß der Iris-Blüte. Der äußere Antheren-Wirtel fehlt.

unmöglich gemacht. Die Fremdbestäubung der großen, auffällig gefärbten, honigreichen Blüten findet durch größere Hautflügler (Hummeln) statt.

Man unterscheidet bei den Iridazeen folgende Unterfamilien:

1. **Crocoideae.** Die Blüten stehen einzeln, die Blätter sind spiralig angeordnet und sitzen einer knolligen Grundachse auf. Hierher gehört vor allem Crocus (Safran), eine der ersten Zierden unserer Gärten im Frühjahr. Die Gattung, die etwa 65 Arten umfaßt, ist besonders im Mittelmeergebiet verbreitet. Der Fruchtknoten befindet sich bei dieser Pflanze infolge der starken Verkürzung der Sproßachse unter der Erde. Die sehr langen Griffel sind tütenförmig eingerollt. Die gelben Narben von Crocus sativus liefern den als unschädliches Färbemittel geschätzten Safran.

2. Bei den **Iridoideae** stehen die ebenso, wie bei der vorigen Gruppe strahlig gebauten Blüten in zymösen Inflorezenzen ("Fächeln"). Die wichtigste Gattung, deren Verbreitungszentrum wiederum ins Mittelmeergebiet fällt, ist Iris. Die äußeren Perianthblätter sind hier umgerollt, bei vielen Arten oberseits gebärtet, das heißt mit bürstenartig zusammengedrängten Haaren versehen. Die Wurzelstöcke mehrerer Arten gelangen als "Veilchenwurzel" in den Handel. Diese Teile enthalten den gleichen Riechstoff wie die Veilchen und dienen hauptsächlich zur Herstellung des Veilchenparfüms. Dankbare Zierpflanzen sind Iris germanica, florentina, sambucina, pumila, xiphioides und Kaempferi. Die Pfauenlilie (Tigerlilie), Tigridia pavonia stammt aus Zentralamerika (Abb. 13). — Die aus Amerika stammende Gattung Sisyrinchium angustifolium, mit lila Blüten, hat sich in Australien, Irland und einzelnen Hafenorten Deutschlands (Hamburg, am Rhein), außerdem stellenweise in Niederösterreich, Tirol, Böhmen, Kroatien usw. eingebürgert.

3. **Ixioideae.** Die Inflorezenzen sind ähnlich gebaut wie bei der vorhergehenden Gruppe, die Einzelblüten aber fast stets dorsiventral. Aus unserer einheimischen Flora gehört nur Gladiolus, die Siegwurz, hierher. Gladiolus communis stellt eine Zierde unserer Moorwiesen dar, von anderen Arten werden zahlreiche Bastarde mit den verschiedenfarbigsten Blüten in Gärten gezogen, die ganze Gattung umfaßt ungefähr 100 Arten.

Die Knollen von Gladiolus, hauptsächlich die von G. communis und paluster, standen ehedem im Rufe ihren Träger hieb-, stich- und schußfest zu machen. Die Pflanze nannte man "runder Allermannsharnisch" oder „weibliche Siegwurz", im Gegensatz zum „langen Allermannsharnisch", der „männlichen Siegwurz" (Allium victorialis), der man ähnliche Wirkungen zuschrieb. — Kultiviert werden besonders südafrikanische Arten von Gladiolus, wie G. psittacinus, sowie deren Bastarde. Auch zwei weitere bekannte Zierpflanzen aus dieser Unterfamilie, Freesia refracta (Maiblume vom Kap) und Tritonia crocosmiaeflora stammen aus Südafrika.

Wenden wir uns nun der letzten größeren Familie der Liliifloren zu, die, in ihrem Äußeren grasähnlich, zu der Reihe der Cyperales überleitet, den

Juncaceae (Binsengewächse). Sie stellen, was Stengel und Blätter betrifft grasartige, vielfach an feuchten Standorten in rasigen Verbänden lebende Pflanzen dar. Nicht nur in der Tracht, auch in der Art der Bestäubung weichen sie von den übrigen Liliifloren ab. Während wir es bei diesen bisher fast ausschließlich mit Pflanzen zu tun hatten, die durch Insekten bestäubt werden, sind die Juncaceen, worauf schon die langen, papillösen Narben und das unscheinbare, meist grün oder braun gefärbte Perianth hinweisen, windblütig. Nur bei einigen Arten, welche, wie Luzula nivea, weiße oder, wie Luzula purpurea, purpurrote Blütenhüllblätter besitzen, vermutet man, daß sie durch Insekten bestäubt werden. Unsere einheimischen Luzula-Arten stellen außerdem ein Beispiel für „Proterogynie" dar, d. h. zuerst gelangen in ihren Blüten die Fruchtblätter zur fertigen Ausbildung, dann erst die Staubblätter. (Bei vielen anderen Pflanzen öffnen sich zuerst die Antheren, später erst werden die Narben empfängnisfähig). Manche Arten sind kleistogam, ihre Blüte öffnet sich überhaupt nicht, sondern die Bestäubung findet mit eigenem Pollen im Innern derselben statt. Die Blüten sind nach dem Monokotylentypus radiär gebaut, entweder mit sechs Staubblättern oder nur mit dreien, wenn drei innere ausfallen. Die Pollenkörner bleiben zu je vieren vereint. Die drei Fruchtblätter tragen an winkelständigen Samenleisten meist eine große Anzahl kleiner Samen. Die Art des Blütenstandsaufbaues wechselt. Man kennt köpfchen-, dolden- und rispenähnliche, stets zymös gebaute Infloreszenzen. Die Blütenstände der Gattung Juncus gelten als Beispiel für die „Sichel", werden in den Bestimmungsbüchern jedoch meist als Spirren bezeichnet. Sehr lange, vielblütige Sicheln finden sich bei Juncus bufonius. Durch Geradestreckung des Sympodiums wird jedoch der Eindruck einer einseitswendigen Ähre erweckt. Die beiden wichtigsten Gattungen sind Juncus

(Binse) mit vielsamigen, Luzula (Hainbinse) mit einsamigen Fruchtknotenfächern. Juncus ist in etwa 210 Arten in allen Erdteilen verbreitet und tritt besonders in der Arktis, sowie in höheren Gebirgen auffallend hervor. Unsere häufigsten Arten sind der unscheinbare J. bufonius und die größeren Arten J. effusus, conglomeratus, glaucus und articulatus. Mitunter findet man Laubknospen von Juncus in eigentümlich gedrängte, büschelartige Sproßverbände umgewandelt. Diese Anomalie stellt eine Gallbildung dar, die durch den Stich von Livia juncorum (Blattfloh), hervorgerufen wird. Prionium serratum (Südafrika), das Palmiettschilf ist eine der wenigen Juncazeen mit verholztem, 1—2 m hohem Stamm, dem ein Schopf gesägter Blätter aufsitzt. — Den Juncazeen sind noch anzuschließen die **Flagellariaceae** mit verlängerten, mitunter mit Hilfe der Ranken, in welche die lanzettlichen Blätter auslaufen, klimmenden Stengeln. Sie treten als Charakterpflanzen der Küste auf und zwar sowohl am indischen wie am stillen Ozean (Afrika, Asien, Malesien).

3. Reihe. Cyperales.

Die Reihe der Ried= oder Sauergräser (Seggen), die ungefähr 2600 Arten umfaßt, ist durch ihre meist dreikantigen, nicht knotig gegliederten, noch hohlen Halme, sowie durch die meist geschlossenen Blattscheiden gekennzeichnet und dadurch von den eigentlichen Glumifloren (Gramineen, Süßgräsern), mit denen sie im Habitus einigermaßen übereinstimmen, zu unterscheiden. An die Blüte der echten Gräser erinnert auch die zwitterige oder getrennt=geschlechtliche, immer unscheinbare Blüte, deren Perianth vollständig fehlt oder rückgebildet, also nie korollinisch ist. Es finden sich hier nicht, wie bei den Gräsern mehrere Spelzen, nur ein spelzenartig ausgebildetes Tragblatt ist vorhanden. Manchmal findet sich statt eines Perianths ein Kranz von Haargebilden, die z. B. bei der Gattung Eriophorum (Wollgras) als weißer Haarschopf nach dem Verblühen sehr auffällig hervortreten.

Staubblätter sind in der Regel drei vorhanden, der Fruchtknoten ist oberständig, einfächerig, aber mit zwei bis drei Griffeln versehen, die auf seine ursprüngliche Zusammensetzung aus drei Fruchtblättern hindeuten. Die eine umgewendete Samenanlage ist grundständig, die Frucht nußartig. Der Keimling liegt in einem mehligen, reichlich entwickelten Endosperm. Bei einzelnen Gattungen, so Eriophorum und Cyperus tritt schon innerhalb des Samens am Embryo eine eigen=

tümliche Umlagerung der Organe ein. Während nämlich ursprünglich wie bei allen Monokotylen-Embryonen das Keimwürzelchen am unteren Teil des Embryos, die Keimknospe seitlich sich entwickelt, verschieben sich hier diese Organe in der Weise, daß schließlich die von einer Scheide umgebene Keimknospe dem Keimblatt um $180°$ gegenüberliegt, während das Würzelchen in Seitenlage gerät.

Die Reihe umfaßt nur die Familie der Cyperaceae. Früher vereinigte man sie mit den Gramineen in der Gruppe der Glumifloren. Da aber mehrere Merkmale für die nähere Verwandschaft mit den grasähnlichen Familien der Liliifloren (Juncazeen, Flagellariazeen) sprechen, werden sie neuerdings als eigne Reihe behandelt.

Die **Cypereaceae** sind krautige, meist ausdauernde Pflanzen von rasenartigem Wuchs, mit kriechenden Rhizomen. Die Blätter sind am Blütenschaft in gewundenen Dreier-Zeilen angeordnet. Die Blüten stehen in ährchenähnlichen Teilinfloreszenzen, die ihrerseits zu rispen-, ähren- oder köpfchenförmigen Gesamtständen zusammenschließen.

Während bei den Gramineen der ökonomische Wert außerordentlich groß ist (Getreide- und Futtergräser), sind die Cyperazeen praktisch nicht von Bedeutung. Sie sind schlechte Futtergräser und zeigen einen sauren (humussäure-haltigen) Boden an. Solche saure Wiesen können durch Entwässern, wodurch die Riedgräser zurückgehen, die Süßgräser aber die Oberhand bekommen, verbessert werden. Die Cyperazeen sind über alle Zonen verbreitet, besonders treten sie an feuchten Standorten der gemäßigten und kalten Erdgürtel sowie in höheren Gebirgsländern hervor.

Die Systematik der Reihe ist infolge der geringen habituellen, in die Augen fallenden Unterschiede sehr schwierig. Neuerdings wird auch der anatomische Bau bei der Bestimmung berücksichtigt.

Besonders eigentümlich ist die Pollenentwicklung, die sich von der aller sonst bekannten Angiospermen unterscheidet. Während nämlich sonst infolge der Reduktionsteilung vier Pollenkörner aus einer Pollenmutterzelle hervorgehen, verläuft der Prozeß bei den Cyperazeen so, daß innerhalb dieser Zelle nur vier Kerne entstehen, von denen drei wieder degenerieren, also verschwinden und die Mutterzelle direkt zum Pollenkorn wird.

Man unterscheidet drei Unterfamilien, die sich durch die Beschaffenheit der Blüten voneinander abgrenzen lassen:

1. die **Scirpoideae** mit zwittrigen Blüten in reichblütigen Ährchen,

zu denen unter anderem die früher unter Cyperus und Scirpus zusammengefaßten Gattungen gehören. Die Gattung Cyperus (etwa 400 Arten) im alten Sinn hat ihr Hauptverbreitungsgebiet in den Tropen, wo sie in Wasserläufen, Seen und an den Ufern derselben oft weite Flächen bedeckt. Früher war Chlorocyperus (Cyperus) Papyrus, die 2—4 $^1/_2$ m hohe, mit graziösen, schopfigen Blatt- und Blütenständen gezierte Papierstaude von besonderer Bedeutung, denn sie lieferte den alten Ägyptern, Griechen und Römern das Papier. Vor dem unseren hatte das Papier der Alten den Vorzug größerer Dauerhaftigkeit. Die in Herkulanum gefundenen Papyrusrollen sind noch heute nach geeigneter Vorbereitung entzifferbar. Die Halme wurden gespalten und die unter der Rinde liegenden Lamellen mittels Kleister miteinander verklebt und gepreßt.

Im ganzen tropischen Afrika bildet das Papyrusgras vielfach ungeheure Dickichte. Es kommt auch noch in Syrien vor, ob aber die in Sizilien vorhandenen Bestände derselben Art angehören, erscheint fraglich, obwohl meist angenommen wird, daß es dort von früheren Kulturen her sich ausgebreitet habe.

Chlorocyperus (Cyperus) esculentus wird wegen der stärkehaltigen, eßbaren Wurzelknollen („Erdmandeln") besonders in Nordafrika angebaut. Wegen des angenehm süßlichen Geschmackes finden diese Knöllchen auch als Kaffee-Surrogat Verwendung.

Die Gattung Scirpus (Binse) ist ebenfalls sehr weit verbreitet, auch in der Arktis.[1]) Die größeren Arten (S. maritimus, silvaticus, lacustris x.) sind wegen der Zähigkeit ihrer Halme als Flechtmaterial geeignet. Man verfertigt besonders Matten, aber auch Körbe und Hüte daraus. Die in der Textilindustrie viel verwendete „Torffaser" besteht im Wesentlichen aus den Bastbündeln von Eriophorum-Arten und anderen Cyperazeen. Die Wollhaare von Eriophorum dienen auch als Stopfmaterial für Polster.

2. Die **Rhynchosporoideae** besitzen ebenfalls zwittrige oder eingeschlechtige Blüten, die jedoch in armblütigen Scheinährchen stehen. Von unseren einheimischen Gattungen gehören hierher das Wollgras, Eriophorum, das mit seinen weißwolligen Fruchtständen eine Zierde unserer Moorwiesen bildet. Der einem Perianth entsprechende Haar-

---

1) Neuerdings hat man die alte Gattung Scirpus als Scirpeae zur Tribus erhoben nnd in zahlreiche neue Gattungen zergliedert. Die angeführten drei Arten wären dann zu bezeichnen als Scirpus silvaticus, Bolboschoenus maritimus, Schoenoplectus lacustris.

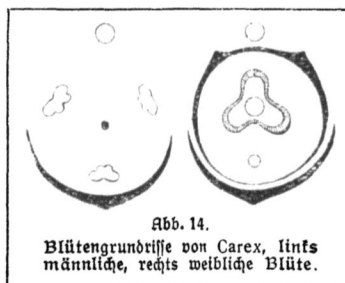

Abb. 14.
Blütengrundrisse von Carex, links männliche, rechts weibliche Blüte.

kranz der Einzelblüte wächst erst bei der Fruchtreife heran und fungiert gleichzeitig als Flugapparat für die Früchte. Schoenoplectus (Isolepis) gracilis, eine der wenigen als Zierpflanzen gezogenen Cyperazeen, bildet freudig grüne, feine Rasen. Ebenfalls in Mooren und Riedwiesen kommen bei uns vor die Gattungen Schoenus, Cladium und Rhynchospora. Letztere ist hauptsächlich in den Tropen verbreitet, bei uns besitzt sie nur zwei Vertreter.

3. Die **Caricoideae** endlich besitzen eingeschlechtige Blüten. Die größte Gattung, die fast 1000 Arten umfaßt, ist Carex. Sie ist in den extratropischen Gebieten der ganzen Erde vertreten und bildet vielfach einen wesentlichen Bestandteil wiesenartiger Formationen. Zur Blüte ist zu bemerken, daß der Schlauch, welcher die weibliche Blüte von Carex umgibt (vgl. Abb. 14), nicht etwa einen Teil der Frucht darstellt. Er muß vielmehr als das zweikielige Vorblatt eines Sprosses gelten, dessen einziges Seitenorgan die Blüte selbst ist, oder anders ausgedrückt: in der Achsel jedes Deckblattes sitzt ein kleiner Zweig (a der Abb. 14), der nur ein Blatt trägt (den Schlauch oder Utriculus). Dieses schließt sich scheidenförmig um den Zweig zusammen, ganz ähnlich wie die Scheide der gewöhnlichen Laubblätter und bildet einen krugförmigen Behälter (Abb. 14).

Carex arenaria hat eine gewisse Bedeutung für die Festigung von Dämmen und Hängen aus lockerem Sand. In Holland z. B. wird diese Art zur Befestigung der Deiche sorgfältig angepflanzt. Carex brizoides wird in manchen Teilen Süddeutschlands als Seegras-Ersatz verwendet. In Sümpfen und Mooren bilden die größeren Arten, wie Carex stricta, jetzt meist C. elata genannt, hochgewölbte Polster, sogenannte Bülten, mit deren Hilfe derartiges Gelände oft allein passierbar wird.

Im allgemeinen findet bei den Cyperazeen Windbestäubung statt. Eine Ausnahme stellen Formen dar mit auffallend gefärbten und kopfig-gehäuften Ährchen wie Carex baldensis, bei der der Pollen durch Mücken und Käfer übertragen wird.

In anderen Fällen sind bei Cyperazeen kleistogame Blüten, das heißt solche, bei denen Selbstbefruchtung eintritt, ohne daß die Blüte zur Entfaltung gelangt, beobachtet worden.

4. Reihe. Scitamineae.

Die Ordnung der Scitamineen (Gewürzlilien, Blütenschilfe) ist in der deutschen Flora nicht vertreten, sondern gehört den Tropen an. Sie umfaßt Stauden von teilweise bedeutenden Ausmaßen, in manchen Fällen auch baumähnlich gegliederte Gewächse. A. von Humboldt urteilte über ihre Wuchsform und Bedeutung: „An der Spitze eines niedrigen, aber saftreichen, fast krautartigen Stammes erheben sich locker gewebte, zartgestreifte, seidenartig glänzende Blätter. Sie sind der Schmuck feuchter Gegenden, auf ihrer Frucht beruht die Nahrung fast aller Bewohner des heißen Erdgürtels". — Die Blüten sind nie strahlig= symmetrisch gebaut, sondern zygomorph oder ganz asymmetrisch; das Perianth besteht aus sechs Blättern, die entweder alle blumenblatt= artig entwickelt sind, oder die äußeren sind kelchartig, die inneren korollinisch. Staubblätter sind der Anlage nach sechs vorhanden, in zwei Kreisen angeordnet, doch meist nur einige davon, vielfach nur ein einziges oder die eine Hälfte desselben fertil, die anderen stellen korollinische Staminodien dar. Der Fruchtknoten ist stets unterständig, ein= bis drei= fächrig. Die Samen weisen eine Wucherung am Samen= stiel, dem Funiculus, auf, einen sogenannten Arillus. Außerdem be= sitzen die Samen als Nährgewebe ein Perisperm d. h. die Zellschichten, die dem Keimling die Nährstoffe liefern, gehen aus den den Embryosack umgebenden Zellschichten der Samenanlage, nicht wie beim Endosperm aus dem Embryosack selbst hervor.

Die Vertreter der ersten Familie, der **Musaceae** (Pisang=Gewächse) fallen durch ihre baumähnliche Wuchsform auf. In Wirklichkeit bleibt der Stamm meist krautig, erreicht aber durch den engen Zusammen= schluß der Blattscheiden ansehnliche Höhe. Die Blätter selbst sind mächtig entwickelt, so daß diese Pflanzen, besonders die Gattung Musa neben den Palmen zu den imposantesten Dekorationspflanzen unserer Gärten zählen. Das häufig zu beobachtende Zerreißen der Blattfläche in fie= derige Einzelstreifen ist eine Folge des Fehlens von Randversteifung. Es geschieht durch den Wind und zwar auch in der Heimat dieser Gewächse und stellt keine eigentliche Schädigung im biologischen Sinne dar.

Die Blüten sind zwitterig oder eingeschlechtig, zygomorph, die Perianthblätter alle kronblattartig, entweder alle sechs Staubblätter fertil oder nur fünf entwickelt, dann das hintere unpaare des inneren Kreises fehlend oder staminodial. Der Fruchtknoten ist dreifächrig, mit einer oder zahlreichen Samenanlagen in jedem Fache, die Frucht beeren- oder kapselartig. Die Gesamtblütenstände sind oft ansehnlich. Die Einzelblütenstände werden von ziemlich großen, oft auffallend gefärbten, spathaähnlichen Hochblättern gestützt. Die Bestäubung erfolgt durch Insekten oder Vögel, besonders die Blüten von Ravenala und Strelitzia weisen weitgehende Anpassungen an Vogelbesuch auf.

Die wichtigste Gattung ist Musa (Pisang) mit den Arten sapientum Obstbanane, paradisiaca Mehlbanane, ensete und textilis. Musa sapientum und parasidiaca (mit zahlreichen Varietäten) haben zentnerschwere Fruchtstände. Die bekannten gurkenförmigen, ähnlich wie Birnen schmeckenden Früchte bilden das Hauptnahrungsmittel vieler Tropenländer, so des südlichen Asiens, der Inseln des indischen Archipels und des großen Ozeans, des tropischen Afrika und Amerika. Der Anbau macht wenig Mühe und ist außerordentlich ertragreich. Nach Humboldt kann ein mit Bananen bepflanzter Morgen 50 Menschen ernähren, derselbe Raum mit Weizen besät in gewöhnlichen Jahren nur drei. Die unreifen Früchte dieser und anderer Arten liefern Stärke, die Spitzen des Blütenkolbens und junge Sprosse Gemüse, aus den reifen Früchten werden auch geistige Getränke hergestellt. Die Kulturbananen sind sämtlich samenlos (so auch alle im Handel erhältlichen), eine Eigenschaft, die ja für eine Eßfrucht besonders erwünscht ist. Die Vermehrung der Pflanze erfolgt ausschließlich auf vegetativem Weg, nämlich durch Wurzelsprosse. Trotzdem es also in der sicher seit Jahrtausenden gepflogenen Kultur zu keiner geschlechtlichen Fortpflanzung kam, ist irgend ein Anzeichen von Degeneration bei diesen Pflanzen nicht zu bemerken. Näheres hierüber in Küster „Vermehrung und Sexualität bei den Pflanzen". ANuG Nr. 112. Musa sapientum und vor allem textilis liefern in den Fasern der Blattscheiden und Blätter einen ausgezeichneten Textilstoff, der an Zähigkeit den Hanf übertreffen soll, aber schwerer zu verarbeiten ist. U. a. werden Schiffstaue, aber auch z. B. vorzügliche Gletscherseile daraus gefertigt („Manilahanf"). — Musa Ensete aus Abessinien, deren „Stamm" bis $1/2$ m Durchmesser erreicht, ist als imposante Zierpflanze wertvoll, besonders deshalb, weil sie im Sommer bei uns im Freien aushält. — Die Bananen sind durchgehends der alten Welt eigen; da samenlose Sorten bereits von den Entdeckern Amerikas bei den dortigen Eingeborenen in Kultur vorgefunden wurden, hat man geschlossen, daß diese Pflanzen schon vor dem 15. Jahrhundert von den Ureinwohnern aus der alten Welt in die neue verpflanzt wurden.

Von anderen Musazeen ist Ravenala (aus Madagaskar) mit hohem Stamm und langgestielten, großen Schaufelblättern bei zweizeiliger Blattstellung oftmals als „Baum der Reisenden" beschrieben worden. Der Name rührt daher, weil in den Blattscheiden sich

Abb. 15. Banane, Musa sapientum.

Wasser ansammelt, das in Ermangelung von anderem als Trinkwasser dienen kann. Sehr auffallend ist der prachtvoll himmelblaue Mantel (Arillus) der Samen. —

Die **Zingiberaceae** (Ingwer-Gewächse) umfassen Kräuter mit hochscheidigen Blättern und unterirdischer, knolliger oder kriechender Grundachse. Letztere enthält vielfach stark aromatische Sekrete (ätherische Öle). Die Blüten stehen in Ähren, bisweilen sind sie köpfchenartig zusammengedrängt. Die Einzelblüten sind dorsiventral, der Kelch drei-zählig, unscheinbar, die Krone meist auffallend gefärbt. Mehrere Staubblätter sind zu blumenblattähnlichen Gebilden umgewandelt, so die zwei verwachsenen unteren des inneren Kreises, welche ein so=

genanntes Labellum bilden, das also morphologisch ein ganz anderes Gebilde darstellt als das ebenso bezeichnete Organ der Orchideen. Fruchtbar ist nur das eine obere Staubblatt des inneren Kreises, zwischen dessen beiden Pollensäcken der Griffel in einem röhrenförmigen Einschnitt verläuft. Der Fruchtknoten ist unterständig, die Frucht eine Kapsel, das Perisperm mehlig. Bei manchen sind zwei Arten von „Sprossen" ausgebildet, nämlich blütentragende, kurze d. h. niedrige Sprosse mit reduzierten Blättern und sterile, viel höhere, die jedoch trotz ihrer Länge fast nur aus den Scheiden der ungeteilten Blätter bestehen. Die Pflanzen sind der Hauptsache nach im tropischen Asien einheimisch (ca. 900 Arten).

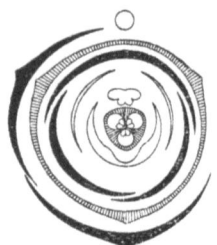

Abb. 16. Grundriß der Zingibera-Blüte. Die fruchtbare Anthere über, das Labellum (weiß) unter dem Fruchtknoten. Innerer Perigonkreis schwarz, äußerer schraffiert.

Der Fruchtknoten ist bei den Hedychieae und Zingibereae dreifächerig, bei den Globbeae einfächerig. Die Blätter stehen fast immer zweizeilig. Zu den Zingiberazeen gehört eine Reihe offizinell wichtiger Pflanzen: Zingiber officinale (Ingwer), in Ostindien einheimisch, liefert Rhizoma Zingiberis (Wurzelstock), das als Heilmittel gegen Schwäche der Verdauungsorgane und Blähungen dient. In England wird noch jetzt und bei uns wurde früher Ingwer gewissen Sorten von Bier zugesetzt. Die Kardamomen (Früchte von Elettaria Cardamomum, die auch das Kardamom-Öl liefert und in Malabar einheimisch ist) und Zittwer (Wurzelstock von Curcuma Zedoaria) dienten früher mehr als jetzt als Gewürze, — Kardamomen sind noch als Zutat zu Pfefferkuchen gebräuchlich — in der Heilkunde finden sie wie auch das Rhizom von Alpinia officinarum, Galgant, als Magenmittel Verwendung. Aus Curcuma longa, einer Pflanze des südöstlichen Asiens, wird der Curcuma-Farbstoff gewonnen. Das damit gefärbte Curcuma-Papier wird in der Chemie zum Nachweis alkalischer Reaktion benutzt.

Von den Globbeae besitzen manche Brutzwiebelchen anstelle der Blüten, die Blüten anderer erinnern an die der Orchideen.

Die Familie der **Cannaceae** wird durch die einzige Gattung Canna (Blumenrohr) repräsentiert, die der Hauptsache nach in Südamerika einheimisch ist. Es unterscheidet sich diese Familie von der vorigen, der sie im allgemeinen ähnelt, vor allem durch den Bau der höchst asymmetrischen Blüte.

Marantazeen

Die Staubblätter sind alle kronblattartig mit Ausnahme eines einzigen, von dem aber auch nur die eine Hälfte einen Pollensack trägt, während die andere ebenfalls blumenblattähnlich sich entwickelt. Canna indica (Heimat im tropischen und subtropischen Amerika, nicht etwa in Indien!) wird in zahlreichen Rassen und Formen kultiviert, andere Arten wie C. edulis besitzen stärkereiche Knollen, deren Mehl als „Arrow-root" von Queensland in den Handel gelangt. — Die sehr harten Samen weisen eigentümlicherweise deutliche Spaltöffnungen auf.

Abb. 17. Zingiber officinale, Ingwer.

Die **Marantaceae** sind krautartige Pflanzen mit zweireihig gestellten, gestielten, unsymmetrischen Blättern. Die Blüten stehen zu je zwei zusammen und ordnen sich zu verschiedenartigen, häufig dickkolbigen Blütenständen. Sie sind ohne jede Symmetrieebene, zwitterig. Auch hier ist vom Androeceum nur eine halbe Anthere fertil, und zwar gehört sie der Stellung nach dem inneren Kreis an, die übrigen drei bis vier sind petaloid. Eine der letzteren, das sogenannte Kapuzenblatt, umhüllt den Griffel in der Knospenlage zunächst vollkommen. Der Fruchtknoten ist ein- bis dreifächerig, besitzt jedoch in jedem Fach

Marantazeen, 5. Reihe: Gynandrae

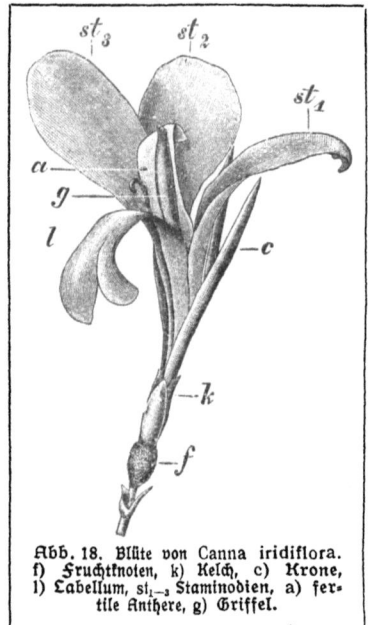

Abb. 18. Blüte von Canna iridiflora.
f) Fruchtknoten, k) Kelch, c) Krone, l) Labellum, st$_{1-3}$ Staminodien, a) fertile Anthere, g) Griffel.

nur eine Samenanlage (die Cannazeen viele!). Die Früchte sind Kapseln, Beeren oder Nüsse.

Die Befruchtung wird in sehr eigentümlicher Weise durch Insekten vermittelt. Wie oben betont, ist der Griffel zunächst von einem petaloiden Staubblatt eingehüllt. Die fertile halbe Anthere entleert ihren Pollen in diese Hülle, und zwar wird derselbe auf die sattelförmige Oberseite des hakenartig umgebogenen Griffels aufgelagert. Der Griffel selbst wird dadurch, daß er stärker in die Länge zu wachsen sucht als seine Umhüllung, stark gespannt. Berührt nun ein Insekt die Blüte, so schnellt der Griffel aus seiner Hülle heraus nach oben und schleudert dabei den aufgelagerten Pollen nach vorn aus. Eine am Vorderende des Griffelhakens über die Narbe gelegene Drüse streift gleichzeitig am Körper des Insekts entlang und vermittelt auf diese Weise, wenn dort sich Pollen von einer früher besuchten Blüte vorfinden, die Fremdbestäubung. Der Mechanismus kann nur einmal in Tätigkeit treten.

Die Marantazeen sind Tropenbewohner. Calathea zebrina (aus der hauptsächlich im tropischen Amerika heimischen, etwa 175 Arten umfassenden Gattung Calathea) und einige Maranta-Arten, z. B. M. bicolor, werden wegen ihrer verschiedenfarbigen Blätter bei uns in Warmhäusern gezogen. Wichtiger ist M. arundinacea, aus deren Wurzelstöcken das westindische „Arrow-Root" (Stärkemehl) gewonnen wird.

5. Reihe Gynandrae.

Diese sehr einheitliche und von den übrigen Monokotylen gut abgrenzbare Ordnung schließt nur eine einzige Familie in sich, die der **Orchidaceae**, zu deutsch Knabenkräuter oder Kuckucksblumen, die in-

Orchideen 65

dessen aus verschiedenen Gründen ganz besonderes Interesse verdient. Einmal zeichnet sie sich aus durch ihre enorme Artenzahl, die sie zu einer der größten Familien der Angiospermen macht. Es werden heute annähernd 15000, von Spezialisten, die die Arten sehr weitgehend teilen, nahe an 20000 Arten angegeben, dabei werden jährlich noch stets einige hundert neue beschrieben. Diese Tatsachen lassen es begreiflich finden, daß die Bestimmung der tropischen Arten eine schwierige Aufgabe für den Systematiker darstellt. Zahllose Arten zeichnen sich durch die Pracht ihrer Blüten aus, in denen die Natur in vielseitiger Schöpferkraft Farbe, Phantasie der Gestaltung und Duft zu wahren Wunderwerken vereinigt hat. Um einen Einblick zu gewinnen, was die Orchideen in manchen Gebieten der Tropen bedeuten, können wir auf die Worte Alexander von Humboldts, der vor mehr als hundert Jahren das Orinokogebiet bereiste, zurückgreifen: „Orchideen beleben den vom Lichte verkohlten Stamm der Tropenbäume und die ödesten Felsenritzen. Die vielfarbigen Blüten gleichen bald geflügelten Insekten, bald den Vögeln, welche der Duft der Honiggefäße anlockt. Das Leben eines Malers wäre nicht hinlänglich, um, auch nur einen beschränkten Raum durchmusternd, die prachtvollen Orchideen abzubilden, welche die tief ausgefurchten Gebirgstäler der peruanischen Andeskette zieren."

Die Familie bietet außerdem eine große Zahl von Beispielen für ungewöhnliche, teilweise raffinierte Anpassungen an Insektenbestäubung.

Die Orchidazeen sind durchwegs krautige, perennierende Gewächse. Die hauptsächlichsten Verbreitungsgebiete der Familie liegen in den Tropen. Ein Teil der Arten, so alle in Deutschland vorkommenden, besiedelt den Erdboden und zwar vornehmlich humösen Boden, ein anderer aber lebt epiphytisch auf Bäumen oder in Felsspalten, wo sich die Pflanzen mit ihren Luftwurzeln festhalten. Unsere deutschen Orchideen finden sich in größter Artenzahl und Üppigkeit auf Kalkboden.

Einigen Orchideen fehlt der Chlorophyll-Farbstoff, so unseren heimischen Gattungen Neottia (Nestwurz), Limodorum (Dingel) und Epipogium (Widerbart). Diese Formen sind somit hinsichtlich ihrer Baustoffe auf den Gehalt ihres Nährbodens (Humus) an organischem Material angewiesen. Bei den chlorophyllfreien Formen wird die Nährstoffaufnahme ausschließlich, bei den grüngefärbten, soweit es sich um die Aufnahme der Nährsalze aus dem Boden handelt, durch die „Pilzwurzel", eine sogenannte Mykorrhiza, ermöglicht. Es hat sich

66 Orchideen, vegetative Organe

Abb. 19. Epiphytische Orchidee (Lycaste) mit wasserspeichernden Luftknollen.

nämlich gezeigt, daß in den Wurzelzellen aller Orchideen stets sehr einfach gebaute Fadenpilze vorkommen, diese Pflanzen also in Symbiose mit Pilzen leben. Wie wichtig die Symbionten für die Ernährung der Orchideen sind, geht daraus hervor, daß ihre Keimlinge nur weiterwachsen können, wenn im Nährboden gleichzeitig solche Pilze wuchern.

Viele tropische Arten besitzen Luftwurzeln, deren äußere farblose, in ihren toten Zellen in trockenem Zustand nur Luft enthaltende Schichten dem kapillaren Festhalten von Regenwasser dienen, ein Umstand der z. B. für die auf Bäumen lebenden Formen insofern wesentlich ist, weil diese nur wenig Feuchtigkeit aus ihrem Substrat gewinnen können. Von der Wurzelhülle aus wird das Wasser dann nach innen übermittelt.

Bisweilen verbreitern sich bei epiphytischen Gattungen die Luftwurzeln bandförmig und schmiegen sich ihrem Substrat, etwa der Rinde eines Baumes, eng an. Es kommt dann mitunter so weit (Taeniophyllum Zollingeri), daß die Blätter nur noch als Schuppen ausgebildet werden, während die bandartig verbreiterten, chlorophyllreichen Luftwurzeln die Assimilation der Luftkohlensäure übernehmen.

Behälter, die der Wasserspeicherung dienen, stellen die unteren, knollig verdickten Sproßteile („Pseudobulben") vieler tropischer Arten dar, die oft mehrere Jahre noch ihre Funktion ausüben, nachdem die ursprünglich aufsitzenden Laubblätter abgefallen sind (Abb. 19). Bei vielen Erdorchideen finden sich Wurzelknollen, in welchen Nährstoffe gespeichert werden, die zum Aufbau des im nächsten Jahre austreibenden Sprosses Verwendung finden. Andere, so Coralliorrhiza (Korallenwurz), besitzen einen korallenartig im Humus sich verzweigenden Wurzelstock (Rhizom),

aber keine eigentlichen Wurzeln. Von der Nest=
wurz (Neottia) ist noch
hervorzuheben, daß aus
ihren Wurzelvegetations=
punkten direkt Sprosse her=
vorgehen können.

Die Mannigfaltigkeit
der Blüten ist bei Orchi=
deen eine außerordentliche.
Viele derselben sind phan=
tastisch geformt, erinnern

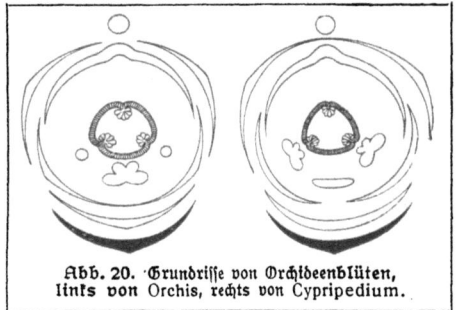

Abb. 20. Grundrisse von Orchideenblüten, links von Orchis, rechts von Cypripedium.

z. B. in Bau und Färbung an Schmetterlinge oder andere Insekten, so
die der einheimischen Ophrys aranifera, der „Spinnen"=Ophrys, von
Ophrys muscifera, der Fliegenophrys. — Angeordnet sind die Blüten
der Orchideen meist in Trauben oder Rispen, manchmal auch in Ähren.
Die Anordnung der Einzelorgane in der Blüte geht stets auf das all=
gemeine Monokotylen=Diagramm $P\,3+3$, $A\,3+3$, $G\,3$ zurück, weist
aber bei fast allen Gattungen Abänderungen folgender Art auf (Abb. 20):

Von den sechs kronblattartig ausgebildeten Blütenhüllblättern ist das
hintere des inneren Kreises als Lippe „Labellum" gestaltet und trägt
häufig einen als Honigbehälter dienenden Sporn. Von den Antheren
ist bei der größten auch danach benannten Gruppe der Monandrae
(„Einmännigen") nur die vordere des äußeren Kreises normal ent=
wickelt, bei der in unserer Flora durch Cypripedium (Frauenschuh)
vertretenen der Pleonandrae („Mehrmännigen") meist nur das vordere
Paar des inneren Staubblattkreises. Das Staubblatt bzw. die Staub=
blätter und die Narbe sitzen zusammen an der Spitze eines „Säulchens".
Von dieser Eigentümlichkeit rührt der Name der ganzen Ordnung
„Gynandrae" her, der bedeuten soll, daß männliche und weibliche
Organe auf einem Träger sich vereinigt finden.

Will man eine normale Orchideen=Blüte mit dem nebengezeichneten
Blütengrundriß vergleichen, so ist es erforderlich, dieselbe gegenüber
der Stellung im Blütenstand um $180°$ zu drehen, sie also so zu be=
trachten, daß die als Anflugstelle für Insekten dienende Lippe nach
oben liegt. Das hängt damit zusammen, daß bei fast allen einheimi=
schen Arten die Blüte durch eine während der Entwickelung erfolgende
Drehung um $180°$ in die umgekehrte Lage gelangt ist, wie man sie

5*

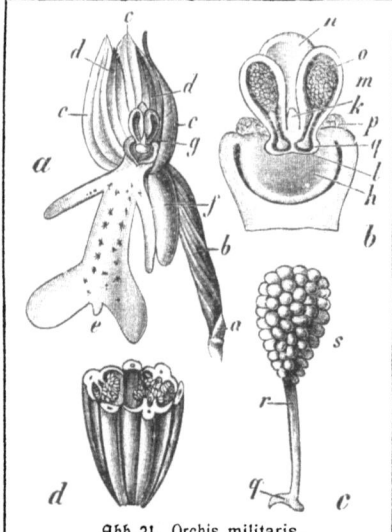

Abb. 21. Orchis militaris.
a) Eine von einem kleinen Tragblatt a) gestützte Blüte, b) der gedrehte Fruchtknoten, c) die äußeren, d) die beiden oberen inneren Perigonblätter, e) Labellum mit dem Sporn f.
b) Dieselbe nach Entfernung des Perigons mit Ausnahme des oberen Teils des Labellums, h) Narbe, m) Fach der Anthere, o) Pollinium, q) Klebmasse, p) Staminodium.
c) Einzelnes Pollinium, r) Stielchen, s) Pollen. d) Frucht im Querschnitt.

sonst bei Monokotylen findet. Die Drehung ist auch am Fruchtknoten der fertigen Blüte noch leicht zu erkennen. Bei einigen (Microstylis) unterbleibt die „Resupination", bei anderen wird die Blüte durch Zurückbiegen an ihren Stengel überkippt, wodurch sie gleichfalls in umgekehrte Lage gerät, bei manchen tropischen Arten tritt auch eine Drehung von $360°$ ein.

Der Inhalt der zwei Antherenfächer ist entweder pulverig und besteht dann aus Zellverbänden zu je vier Zellen, sogenannten Pollentetraden, oder die Pollenkörner sind insgesamt in jedem Fache zu „Pollinien" verklebt. Diese keulenförmig gestalteten Pollenmassen werden durch Öffnung der Anthere frei. Sie laufen in einen bei den Basitonae (vgl. im folgenden) nach unten, bei den Acrotonae nach oben gehenden Stiel aus, der am Ende sich zu einer klebrigen Platte verbreitert. Diese Platte dient dazu, das ganze Pollinium, das dabei aus dem Antherenfach herausgezogen wird, auf dem Kopf eines die Blüte besuchenden Insekts anzuheften. Das Tier bestäubt eventuell mit dem angehefteten Pollinium eine andere Blüte. Doch muß darauf hingewiesen werden, daß in vielen Fällen die außerordentlich weitgehenden Anpassungen der Orchideenblüten an Insektenbestäubung durchaus unsicher funktionieren und die meisten tropischen Orchideen sich vegetativ weit erfolgreicher fortpflanzen als durch Samen. Selbstbestäubung ist meist unwirksam, in manchen Fällen (Oncidium-Arten) sogar schädlich. Die Narbe bleibt oft monatelang, soferne sie nicht bestäubt wird, empfängnisfähig. In unseren Gewächshäusern muß künstliche Bestäubung die natürliche ersehen. Letztere erfolgt im Freien, wie erwähnt, durch Insekten, mitunter wohl auch durch kleine Vögel. Besonders wichtig ist die künstliche Bestäubung für die Kultur von Vanilla planifolia, der Vanille=Pflanze, deren unreife Früchte die Vanille des Handels darstellen. Nur in dem eigentlichen Vaterlande der Pflanze, in Mexiko, erübrigt sich künstliche Bestäubung, weil dort die entsprechenden Insekten vorhanden sind, sonst muß mit der Hand bestäubt werden oder man muß Bienen ansiedeln, die dann die Bestäubung übernehmen.

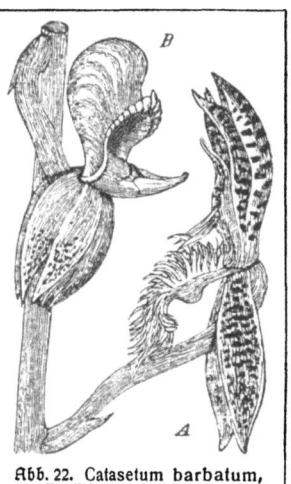

Abb. 22. Catasetum barbatum, A männliche, B weibliche Blüte.

Sehr eigentümlich ist die Erscheinung, daß an der gleichen Pflanze oder auch an verschiedenen derselben Art mehrere Blütenformen auftreten, männliche, weibliche und zwitterige, die sich auch im Aufbau der Blütenhülle auffallend unterscheiden (Abb. 22).

Wie bei gewissen Schmetterlingen, bei denen die Weibchen anders aussehen als die Männchen, die beiden Geschlechter früher als zwei Arten beschrieben wurden, so hat man, wenn die verschiedenen Blüten auf verschiedene Pflanzen verteilt waren, auch hier früher geglaubt, mehrere Arten auseinanderhalten zu müssen.

Der Fruchtknoten der Orchideen ist stets unterständig, fast immer einfächerig, die Frucht kapselartig. An drei wandständigen Samenleisten sitzen die winzig kleinen Samen in ungeheurer Zahl. Sie sind wohl die kleinsten aller Blütenpflanzen=Samen, demzufolge ist auch ihr Gewicht ein außerordentlich geringes, so daß sie mit Leichtigkeit durch den Wind verbreitet werden können. Das Samengewicht beträgt z. B. bei Dendrobium antennatum im Durchschnitt nur 0,00565 Milligramm! Bei manchen Arten dienen der Samenausstreuung noch besondere Spiralschleuderzellen, die ähnlich gebaut sind wie die Elateren in den Sporenkapseln der Lebermoose und sich wie diese je nach dem Feuchtigkeitsgrad der Luft strecken oder aufrollen. Der Samen um=

Orchideen (Pleonandrae)

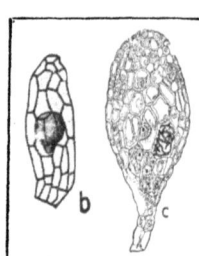

Abb. 23. b) Orchideen-Same, im Innern der Embryo. c) Junger Keimling mit Pilzfäden in einem Teil der Zellen (Beginn der Pilzwurzel-Bildung).

schließt einen wenig gegliederten, oft nur aus wenigen Zellen zusammengesetzten, rundlichen Embryo ohne jegliches umgebende Nährgewebe (Abb. 23).

Auch an den Vorgang der Befruchtung selbst knüpfen sich bei den Orchideen Besonderheiten. In vielen Fällen sind die Samenanlagen noch lange nicht so weit entwickelt, um empfängnisfähig zu sein, ja kaum angelegt, während die Narbe schon bestäubt wurde. Bis aber der gekeimte Pollenschlauch von der Narbe aus in den Fruchtknoten hinuntergelangt ist, sind Wochen vergangen und bis dahin sind dann auch die Samenanlagen befruchtungsfähig. Die Orchideen sind eine der wenigen Familien, bei denen man künstlich Gattungen miteinander kreuzen kann und dabei lebensfähige Bastarde erhält. In einem besonders interessanten Fall, bei Zygopetalum Mackayi, hat man die Erfahrung gemacht, daß die Nachkommen, und zwar auch die der zweiten Generation, immer dem als Mutterpflanze benützten Zygopetalum gleichen, wenn man auch mit Pollen verschiedener anderer Gattungen, z. B. Odontoglossum, Calanthe usw., bestäubt hat. Dieser Fall erklärt sich aber dahin, daß tatsächlich überhaupt keine echte Befruchtung eingetreten ist, der fremde Pollen nur als auslösender Reiz wirkte und die Keimlinge auf ungeschlechtlichen Weg entstanden sind, daher auch der Pflanze, die sie hervorbrachte, in allen Stücken gleichen müssen.

Von den Systematikern wird die große Familie in zwei Untergruppen gegliedert; die erste ist die der

Pleonandrae (= Mehrmännige), die ihren Namen daher hat, weil ihre Vertreter mehr als ein fruchtbares Staubblatt besitzen. Hierher zählen die in Malesien heimischen Apostasieae mit fast strahlig gebauten Blüten und zwei bis drei fruchtbaren Antheren, die Cypripedieae mit zygomorphen Blüten. Letztere Untergruppe ist bei uns durch die Gattung Cypripedium (Frauenschuh) vertreten. Das auffallende Schildchen, daß bei dieser Gattung die obere Öffnung des Schuhes teilweise überdeckt, ist ein umgewandeltes, steriles Staubblatt, ein sogenanntes „Staminodium". Die Blüten werden durch Grabbienen befruchtet. Diese Tiere dringen durch die vordere Öffnung in den „Schuh" (der dem

Labellum der übrigen Orchideen entspricht) ein, kriechen unter der Narbe, die sie mit dem Rücken berühren, durch und gewinnen rechts oder links des Staminodiums unter Anstreifen an die Antheren mühsam den Ausgang. Der Pollen ist bei Cypripedium nicht zu Pollinien verbunden, er zerfällt wie bei den gewöhnlichen Blütenpflanzen, alle drei Narbenlappen sind belegungsfähig. Tropische Arten der verwandten Gattung Paphiopedium (indo=malayisch) zählen zu den schönsten Blütenpflanzen unserer Gewächshäuser.

Die zweite, weitaus größere Untergruppe der
Monandrae („Einmännigen") ist gekennzeichnet durch das einzige Staubblatt. Hierher gehören die sämtlichen übrigen, einheimischen Orchideen. Man unterscheidet hier wiederum je nach der Ausbildung der Pollenmassen, der Pollinien, zwei Untergruppen. Bei der ersten kleineren, den
Basitonae, besitzen die Pollinien an der Basis ein Stielchen, also an der Seite, wo die Antheren selbst angeheftet sind. Die Gruppe der Basitonae, die für uns hauptsächlich in Betracht kommt, weil sie die meisten, erdbewohnenden europäischen und mediterranen Gattungen umfaßt, ist die der Ophryeae. Zu diesen gehört vor allem die Gattung Orchis mit mehr als 70 Arten. Knollen von einigen derselben, so die von O. morio, militaris, mascula, ustulata finden unter dem Namen Tubera Salep medizinische Verwendung. Die Knollen der genannten Arten sind ungeteilt, andere z. B. von O. latifolia und maculata handförmig geteilt. Die Gattung Ophrys mit ihren merkwürdigen insektenähnlichen Blüten (nicht ganz 30 Arten) wurde bereits eingangs erwähnt. Außerdem sind hier zu nennen die einheimischen Gattungen Aceras, Loroglossum(=Himantoglossum), Anacamptis, Chamaeorchis, Herminium, Coeloglossum, Nigritella, Gymnadenia, Planthera und die im Mittelmeergebiet häufige Serapias. — Den Basitonae stehen gegenüber die
Acrotonae, deren Pollinien entweder überhaupt keine Stielchen besitzen, so daß sie als wachsartige oder pulverige Massen einfach aus den Antherenfächern herausfallen, oder es entwickeln sich die Stielchen an ihrer oberen, der Antherenspitze zugewandten Seite. Diese Abteilung umfaßt die überwiegende Mehrzahl der prachtvoll blühenden tropischen Gattungen, insbesondere der epiphytischen. Die merkwürdige Bestäubungsvermittelung der an erster Stelle anzuführenden Gattung Pterostylis wird durch die beigegebene Abbildung (24) näher erläutert.

Orchideen (Monandrae)

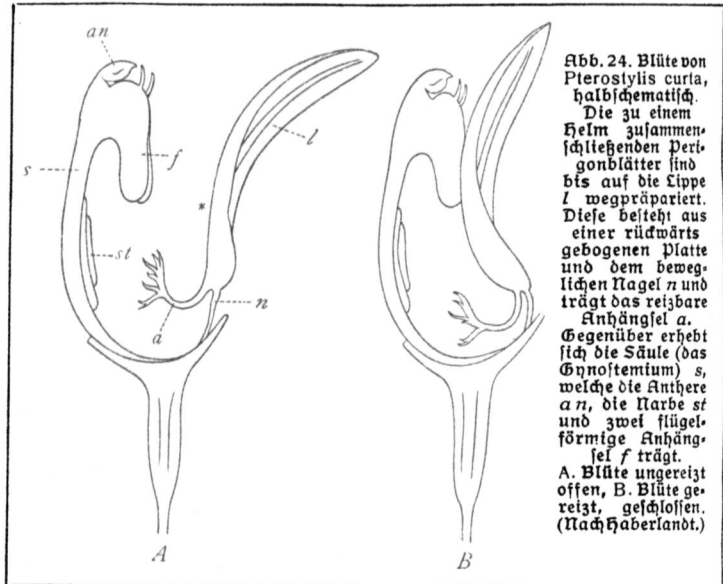

Abb. 24. Blüte von Pterostylis curta, halbschematisch. Die zu einem Helm zusammenschließenden Perigonblätter sind bis auf die Lippe *l* wegpräpariert. Diese besteht aus einer rückwärts gebogenen Platte und dem beweglichen Nagel *n* und trägt das reizbare Anhängsel *a*. Gegenüber erhebt sich die Säule (das Gynostemium) *s*, welche die Anthere *a n*, die Narbe *st* und zwei flügelförmige Anhängsel *f* trägt. A. Blüte ungereizt offen, B. Blüte gereizt, geschlossen. (Nach Haberlandt.)

Wenn ein Insekt sich auf die Platte niederläßt, schlägt sich dieselbe einwärts und zwar so schnell, daß das Insekt mitgenommen und gegen die Säule gedrückt wird. Da die beiden Flügel der letzteren und der Helm ein seitliches Entkommen unmöglich machen, so muß das Tier an Narbe und Anthere vorbei sich heraushelfen und entfernt dabei die Pollinien. Nach einer halben bis anderthalb Stunden schlägt sich die Lippe wieder zurück und ist von neuem reizbar. Vanilla=Arten, insbesondere V. planifolia (Abb. 25), eine kletternde Pflanze aus dem östlichen Mexiko mit fleischigen Blättern und grünen, ansehnlichen Blüten, liefern in den unreifen Früchten die Vanille des Handels. Das feine Aroma macht sich erst nach dem Trocknen deutlich bemerkbar. Meistens wird die Kultur der Vanille mit der des Kakaobaumes kombiniert, auf dessen Rinde man die Pflanze ansiedelt.

Zu den Acrotonae gehören zunächst zwei vorwiegend europäisch=mediterrane Gruppen (durchwegs Erdorchideen), nämlich die **Neottieae** mit folgenden einheimischen Gattungen: Cephalanthera (Orant), Helleborine (=Epipactis), Limodorum und Epipogium — bei uns seltene

chlorophyllose Sa=
prophyten ohne
Laubblätter —
Spiranthes, die
zirkumpolare
Gattung Listera,
die laubblattlose,
humusbewohnen=
de Neottia (Nest=
wurz genannt,
weil ihr vielver=
zweigtes Wurzel=
system einem Do=
gelnest ähnelt)
und Goodyera.
Es folgen die
Sturmieae mit
Malaxis, Achro-
anthes (früher zu
Microstylis),
Pseudorchis (frü=
her zu Liparis ge=
stellt[1]) und Coral-
liorrhiza, letzteres
laubblattlose,
zarte Pflanzen mit

Abb. 25. Vanilla planifolia.

korallenartig verzweigtem Wurzelstock, aber ohne Wurzeln.

Was die tropischen Arcrotonae betrifft, so ist anzuführen, daß Arten von Anoectochilus (Ostindien, Malesien) bei uns hie und da wegen ihrer prachtvoll samtigen Blätter kultiviert werden. Wegen ihrer großen und prächtigen Blüten sind in Kultur z. B. Arten von Coelogyne (indo=malayisch), Cattleya, Laelia und Epidendrum (aus dem tropischen Amerika). Letztere, mit über 400 Arten, ist die größte Gattung der Orchideen. Cattleyen und Laelien sind auch als kostbare Schnittblumen sehr geschätzt. Phajus (Ph. Tankervilliae aus Südchina)

---

[1] **Die Gattungen Microstylis und Liparis im neueren Sinn haben in Europa keine Vertreter.**

ist eine der am längsten kultivierten Orchideen, bei Catasetum (tropisches Amerika), findet sich die eingangs erörterte Erscheinung des Blütentrimorphismus. Stanhopea-Arten, Epiphyten aus dem tropischen Südamerika, besitzen herabhängende Blütenstände und merkwürdige, wie aus Wachs geformte Blüten, denen ein durchdringender, an Vanille erinnernder Duft entströmt.

Wegen ihrer besonders schönen Blüten findet man auch noch folgende Gattungen häufig bei uns in Kultur: Dendrobium (meist reichblütige Infloreszenzen; von den 300 Arten von D. stammen die meisten aus dem tropischen Asien), Vanda (aus Indien und dem malayischen Archipel), Odontoglossum und Oncidium (aus dem tropischen Südamerika). Für die Zimmerkultur eignen sich diese Wunderblumen nicht, sie verlangen Sommer wie Winter ein warmes Gewächshaus. Über die Verkaufspreise sei noch bemerkt, daß für ein gutes Odontoglossum von züchterischem Wert seiner Zeit (vor dem Krieg) 400 Mk. als Durchschnittspreis gefordert wurde. In einzelnen Fällen sollen für besonders kostbare Exemplare auf den Londoner Ausstellungen bis zu 25 000 Mk. geboten worden sein.

6. Reihe Enantioblastae.

Diese Reihe tritt in der Gesamtflora unserer Erde weit weniger hervor als die anderen größeren Ordnungen. Sie setzt sich aus sechs kleineren Familien zusammen, die sich in ihrem Vorkommen fast durchgehends auf die Tropen beschränken. Die Blüten sind unterständig und lassen teils den allgemeinen monokotylen Normaltypus erkennen mit fünf dreizähligen Kreisen in einer strahligen Zwitterblüte, teils finden sich stark reduzierte Formen. Das gemeinsame Merkmal, das die Familien verbindet, ist die im Gegensatz zu fast allen anderen Monokotylen fast stets atrope Samenanlage. Der Name Enantioblasten (ενάντιος gegenüber, βλάστη Keim) soll dementsprechend ausdrücken, daß der Keim in das dem Nabel gegenüberliegende Ende des Samens zu liegen kommt. Die bekannteste Familie ist die der

Commelinaceae mit zwittrigen, wie oben angeführt, dem normalen Monokotylen=Diagramm entsprechenden Blüten und in einen grünen Kelch und farbige Krone gesonderter Blütenhülle. Die Antheren sind nicht immer alle fertil, besonders nicht in dorsiventralen Blüten z. B. bei Commelina. Dort kommen Staminodien vor, die mit einem kreuzförmigen Anhang statt mit Pollensäcken versehen sind. In jedem der

Fächer des oberständigen Fruchtknotens findet man nur wenige Samenanlagen. Die Stengel dieser krautartigen Gewächse sind durch deutliche Knoten gegliedert, die Blätter oft umscheidend. Der Gefäßbündelverlauf unterscheidet sich wesentlich von dem in der Einleitung behandelten Palm-Schema. Es wird diese Eigentümlichkeit durch das interkalare Wachstum der Stengelglieder bedingt. Ähnlich liegen die Verhältnisse bei den Gräsern, mit denen die Commelinazeen auch hinsichtlich anderer Punkte, so des mehligen Endosperms und des ihm seitlich angelagerten Embryos, übereinstimmen. — Die Blüten stehen in Wickeln. Die bekanntesten Vertreter der Familie sind die Tradescantien. Arten mit herabhängenden Zweigen, knotig-gegliederten Stengeln und spitz zulaufenden, eiförmigen Blättern z. B. Tradescantia zebrina oder wie sie neuerdings heißt, Zebrina pendula, werden vielfach als Ampelpflanzen in Zimmern kultiviert, zur Blüte gelangen sie meist nur in Warmhäusern. Die Gattung Tradescantia ist amerikanisch, Commelina hauptsächlich altweltlich. Anschließend wäre die kleine Familie der

Mayacaceae zu nennen, die sich aus Wasserpflanzen mit moosartiger Tracht zusammensetzt. Die einzige Gattung Mayaca ist in Amerika ziemlich verbreitet.

Die **Xyridaceae** sind Sumpfpflanzen mit grundständigen, oft reitenden, zweizeilig angeordneten Blättern und kopfigen Blütenständen auf langen Schäften. Der Blütenbau entspricht etwa dem der Commelinazeen, doch sind die Kelchblätter mehr spelzenartig, der äußere Antherenkreis ist staminodial, die Kapsel meist vielsamig. Nur zwei Gattungen. Xyris besonders im tropischen Amerika.

Die **Eriocaulaceae** besitzen endständige, dichtgedrängte Blütenköpfchen, die sich aus zahlreichen, sehr kleinen, eingeschlechtigen Blüten zusammensetzen. Der äußeren Tracht nach gleichen daher diese „Köpfchenblütler" einigermaßen den zu den Umbelliferen (Doldengewächsen) gehörigen Eryngium- (Mannstreu-) Arten oder gewissen Kompositen. Die Blätter sind gewöhnlich grasartig und grundständig. Die Eriocaulazeen sind mit etwa 550 Arten in den Tropen beider Erdhälften vertreten, besonders zahlreich in den Hochländern von Brasilien. In Europa tritt nur eine einzige, sonst nordamerikanische Art an der Küste von Irland auf, die wahrscheinlich ein Relikt darstellt.

Den genannten schließen sich noch zwei Familien von grasähnlichem Habitus an: Die

Restionaceae, den Juncazeen oder Cyperazeen ähnliche Gewächse mit meist eingeschlechtigen, zweihäusigen Blüten und hängenden, atropen Samenanlagen. Sie sind Charakterpflanzen der trockenen Gebiete am Kap und in Australien. Die Blätter sind vielfach zu Scheiden rückgebildet, so daß der Stengel der Hauptsache nach die Assimilation übernimmt. — Ferner die

Centrolepidaceae, ebenfalls kleine, grasähnliche Pflanzen, besitzen äußerst armgliedrige (aus einem bis zwei Antheren, bzw. einem bis vielen Fruchtblättern zusammengesetzte) Blütchen, deren köpfchen- oder ährenförmige Vereinigungen einfache Blüten vortäuschen. Eine einzelne, hängende, atrope Samenanlage in jedem Fache ist auch für diese Gruppe charakteristisch. Die meisten Arten finden sich in Südwest-Australien. Das Verbreitungsgebiet (Australien, Südamerika, Polynesien, Südasien) läßt wie bei der vorigen Familie auf einen altozeanischen Ursprung schließen.

7. Reihe. Glumiflorae.

Die Reihe der „Spelzenblütigen", die stammesgeschichtlich jedenfalls mit der der Enantioblastae in Beziehung zu bringen ist, umfaßt nur eine einzige, dafür aber außerordentlich verbreitete Familie, die der **Gramineae**. (Echte Gräser.) Bisher sind mehr als 300 Gattungen mit über 4000 Arten aus dieser Familie bekannt geworden. Zahllose Formen gehören äußerlich betrachtet dem Typus an, wie er uns von unseren Wiesengräsern her bekannt ist. Die Rasenbildung kommt durch Verzweigung am Wurzelstock, die fast überall einsetzt, zustande. Andere Formen mit strauch-, ja sogar baumähnlichem Habitus weichen von diesem Bau-Schema stark ab, insbesondere auch manche Verwandte des Bambusrohrs, deren Stengel sich oberwärts verzweigen. Alle besitzen knotig gegliederte Stengel, die in der Regel hohl, in anderen Fällen (Zuckerrohr, Mais) massiv sind. Die Blätter sind fast immer lang und schmal, zweizeilig am Halm angeordnet, mit stengelumfassender Scheide ansitzend. An der Innenseite der Blattbasis, am oberen Ausgang der Scheide, findet sich eine häutige Schuppe, das Blatthäutchen oder die Ligula, eine Ausgliederung der Blattscheide. — Daß die Familie das Endglied einer Rückbildungsreihe darstellt, geht insbesondere aus dem Studium des Blütenbaues hervor. Die Einzelblüten stehen zunächst in ein- bis mehrblütigen Ährchen, diese sind ihrerseits zu ährigen, traubigen oder rispigen Blütenständen vereinigt. Im einzelnen kann für den Aufbau eines solchen Ährchens, dessen Kenntnis

vor allem für die
Beſtimmung von
Wichtigkeit iſt, fol=
gendes Schema gel=
ten (Abb. 26):
Der Hauptachſe
des Ährchens ſitzen
zu unterſt an zwei
Hüllenſpelzen. Die
ſeitenſtändige Ein=
zelblüte darüber, die
zwitterig oder ein=
geſchlechtig ſein
kann, wird zunächſt

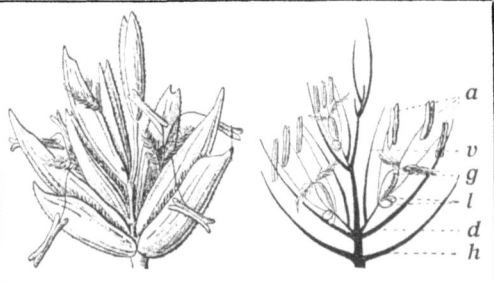

Abb. 26. Links: Weizenährchen, rechts: ſchematiſche Dar=
ſtellung der Organanordnung in dem Ährchen. h) Hüll=
ſpelze, d) Deckſpelze, v) Vorſpelze, l) Lodiculae, a) Staub=
blätter, g) Fruchtknoten.

geſtützt durch ein Tragblatt, das als Deckſpelze bezeichnet wird.
Häufig ſitzt dieſer Spelze eine Granne an. Dann folgt darüber an
der Seitenachſe (Blütenachſe), die aus der Achſel der Deckſpelze her=
vorgeht, die Vorſpelze. Iſt das Ährchen einblütig, ſo ſind nur die
bisher genannten Organe vorhanden. Häufig
ſind jedoch mehrblütige Ährchen, die dann
natürlich mehrere Deck= und Vorſpelzen be=
ſitzen. Die Anordnung an derſelben iſt aus
der nebenſtehenden Figur zu erſehen. Die
kleinen Anhänge im Blütengrund werden als
Lodiculae bezeichnet. Sie ſtellen Schwell=
körper dar, die zur Zeit des Ausſtäubens die
Spelzen zum Auseinanderſpreizen veranlaſſen.
Der Blütengrundriß, der die Stellung der Ein=
zelorgane mit denen der regulären Monoko=
tylenblüte zu vergleichen geſtattet, ergibt ſich
folgendermaßen (Abb. 27).

Abb. 27. Theoretiſcher
Grundriß der Grasblüte.
Deckſpelze ſchraffiert, Vor=
ſpelze (oben) weiß,
Lodikulae ſchwarz.

Die Deckſpelze (d der Abbildung) entſpricht dem Tragblatt, in deſſen
Achſel die Blüte ſteht, die zweikielige Vorſpelze zwei verwachſenen Peri=
gonblättern des äußeren Kreiſes. Das median nach vorn gelegene Peri=
gonblatt fehlt (in Abb. 27 punktiert). Die beiden Lodikulae entſprechen
zwei Perigonblättern des inneren Kreiſes. Zu dieſer Annahme berechtigt
der Umſtand, daß bei manchen Arten drei ſolcher Schwellkörper vor=
handen ſind. Im typiſchen Falle ſind dann drei Staubblätter, die dem

äußeren Kreis angehören, entwickelt. Die Antheren sind am Rücken so befestigt, daß sie frei hin und her pendeln können. Der Fruchtknoten ist oberständig, einfächerig. Das Vorkommen von drei Griffelästen spricht dafür, daß er aus drei Fruchtblättern ($G(3)$) hervorgegangen ist. Gewöhnlich sind zwei, seltener drei oder nur eine Narbe vorhanden. Die Narbenstrahlen sind fiedrig oder sprengwedelförmig verzweigt. Der Fruchtknoten enthält eine einzige Samenanlage, die sich von der Seitenwand herabbiegt. Ihrem Bau nach ist sie als halbumgewendet (hemianatrop) zu bezeichnen. Die Frucht ist in der Regel eine Schließfrucht (Caryopse), Frucht- und Samenschale sind eng miteinander verbunden. Manche tropische Formen besitzen fleischige, beerenartige Früchte, z. B. Melocanna (vgl. unten Bambuseae). Der Embryo liegt dem stärkemehlhaltigen Endosperm seitlich an.

Die typische Grasblüte muß, wie wir sahen, gegenüber der typischen Monokotylenblüte als stark rückgebildet bezeichnet werden. Die Spelzen eines Ährchens sind mit Ausnahme einer einzigen Gattung (Streptochaeta), die infolgedessen als ursprünglicher gilt, zweizeilig gestellt. In dem genannten Sonderfall sind sie spiralig angeordnet. Abweichungen von der Dreizahl kommen im Androeceum vor, indem manchmal nur eine oder zwei Antheren vorhanden sind, mitunter aber auch viele, die dann in zwei bis zehn abwechselnden, dreigliedrigen Wirteln stehen (viel-männige Blüten).

Die Gramineen sind durchweg Windblütler, ihre weitausgebreiteten, mit langen Haaren versehenen Narben sind sehr geeignet, in der Luft schwebenden Blütenstaub aufzufangen. Das Verstäuben der Einzelblüten dauert oft nur wenige Stunden. Dabei ist das außerordentlich rasche Wachstum der Staubfäden merkwürdig. Solche Filamente, von Weizen zum Beispiel, wachsen in der Minute um 1,8 mm, eine Geschwindigkeit, die etwa der des großen Zeigers unserer Taschenuhren entspricht. Der im Samen seitlich gelagerte Embryo entnimmt dem Endosperm die Nährstoffe mittels einer Saugscheibe, des sogenannten Skutellums. Die Keimknospe wird von einem scheidenartigen Anhang dieses einen Keimblatts, der Koleoptile, umschlossen. Wegen ihrer außerordentlichen Empfindlichkeit für Lichtreize ist dieses Organ am einige Zentimeter hohen Graskeimling zu einem der wichtigsten Objekte der Reizphysiologie geworden. Gegenüber dem „Schildchen" findet man vielfach ein zweilappig entwickeltes Organ, den „Epiblasten". Es liegt jedoch kein Grund vor, diesen als ein rückgebildetes zweites

Fruchtbau, Grannen

Keimblatt zu betrachten (Abb. 28). Das Endosperm seinerseits zerfällt in die inneren, stärkeführenden Schichten und in eine äußere, die Kleberschicht, die keine Stärke, sondern Eiweißkörner enthält. Bei starker Ausmahlung des Kornes wird diese Schicht mit den inneren im Mehl vereinigt, während sie sonst als Kleie der Tierfütterung zugeführt wird. Von namhaften Physiologen wird indes der Wert der stärkeren Ausmahlung bestritten, weil die Zellen der Kleberschicht im Magensaft nicht aufgelöst werden, sondern unverwertet abgehen sollen.

Die Granne, welche sich an der Deckspelze vorfindet, dient in vielen Fällen der Verbreitung der Samen durch den Wind, weil die Deckspelze auch noch die reife Frucht fest umschließt und sich mit ihr ablöst. Bei Stipa-Arten erreichen die langbehaarten Grannen eine Länge von 20 cm. Bei derselben Gattung, aber auch bei Haferarten spielt diese Granne noch

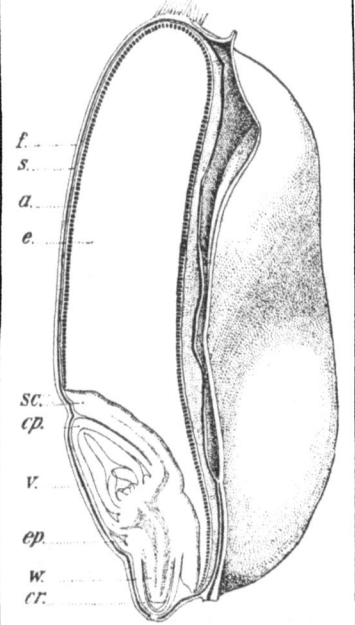

Abb. 28. Längshalbiertes Weizenkorn. f) Fruchtschale, s) Samenschale, a) Kleberschicht und e) Mehlkörper des Endosperms. sc) Schildchen des Embryos, cp) Koleoptile, v) Stammknospe (Plumula), ep) Epiblast, w) Wurzel, cr) Wurzelscheide.

eine andere Rolle, indem sie — ähnlich wie dies von den Früchten des Reiherschnabels her bekannt ist — durch hygroskopische Einrollung die Frucht in die Erde einbohrt. Viviparie, d. h. Entstehung von vegetativen Brutknospen, die der Verbreitung dienen und hier an Stelle der Blüten auftreten, findet sich besonders bei der im Alpengebiet weitverbreiteten Varietät vivipara von Poa alpina. — Während von unseren Getreidearten Hafer, Weizen und Gerste auch bei Selbstbefruchtung zu einem mehr oder weniger großen Prozentsatz Samen ansetzt, ist dies bei Roggen nicht der Fall.

Die Gramineen sind über sämtliche, den Blütenpflanzen überhaupt zugängliche Teile der Erde verbreitet und gehören zu den äußersten Vorposten sowohl gegen die Pole als auch gegen die Schneegrenze der Hochgebirge hin. Die meisten Arten begegnen uns auch bei dieser Familie in den Tropen, der Individuenzahl nach treten die Gräser dagegen mehr in den gemäßigten und kalten Zonen hervor, wo ihre Rasen zu einer den Boden lückenlos bekleidenden Decke zusammenschließen. In vielen Fällen (Wiesen, Steppen, Savannen) bestimmen sie eben durch ihre enorme Zahl die Physiognomie der Landschaft. In den Steppengebieten und Savannen kommt es nicht wie bei unseren Wiesen zur Bildung einer geschlossenen Grasnarbe, die Rasen wachsen zerstreut, einzelne Arten erheben sich dort über mannshoch. Die Bambuseen (siehe unten) gehören besonders in den Monsungegenden zu den charakteristischen Bestandteilen der Tropenwälder. Einige Gramineen, so Phragmites communis (Schilfrohr), kommen in allen Erdteilen spontan vor, andere wurden durch den Menschen überallhin verbreitet.

Die systematische Gruppierung der großen Familie kann schwer scharf und eindeutig gefaßt werden. Wir unterscheiden drei Unterfamilien Bambusoideae (mit der einzigen Gruppe der Bambuseae), Poaeoideae und Panicoideae. Beginnen wir mit den großen, breitblättrigen und baumartigen Formen der

Bambusoideae (bambusähnliche Gräser), für die charakteristisch ist, daß die Halme meist verholzen und häufig sich verzweigen. Die Blattspreiten fallen bei dieser Gruppe zuletzt von den Blattscheiden ab. Bei uns kommen keinerlei Bambuseen vor, dagegen sind sie in den Tropen und manchen Teilen der Subtropen sehr verbreitet und ihre dichten Bestände treten dort vielfach auffallend im Landschaftsbilde hervor.

„Diese Grasform", sagt Humboldt, „fällt auf durch den Ausdruck fröhlicher Leichtigkeit und beweglicher Schlankheit. Bambusgebüsche bilden schattige Bogengänge in beiden Indien. Der glatte, oft geneigt hinschwebende Stamm der Tropengräser übertrifft an Höhe unsere Erlen und Eichen." (30 m dürfte das Höchstmaß sein, das diese Gewächse erreichen.)

Für die Tropenbewohner sind die mit dicken, holzigen Stämmen ausgestatteten Bambuseen von großer Bedeutung: ihre Halme dienen als Pfosten, Stäbe, als Ersatz für Balken und Bretter beim Haus- und Brückenbau. Außer durch ihre Härte sind sie durch bedeutende

Elastizität ausgezeichnet. Ihre hohlen Stengelglieder können außerdem zu Gefäßen und Wasserbehältern, dünnere Äste zu Musikinstrumenten umgearbeitet werden. Die Blätter liefern auch ein gutes Material zur Papierbereitung. Die nur in vereinzelten Jahren, dann aber massenhaft auftretenden Früchte sind eßbar. Melocalamus-Arten z. B. haben apfelgroße, Melocanna-Arten bis 12 cm im Durchmesser haltende eßbare Früchte. An den Zwischenwänden der Internodien werden bei Bambuseen oft knollige Konkretionen von Kieselsäure („Tabaschir") gefunden. Arundinaria-Arten des Himalaja und Phyllostachys-Arten Japans liefern Pfefferrohre. — Die jungen Triebe von Bambus, die in ansehnlicher Dicke aus dem Wurzelstock hervorbrechen, besitzen eine relativ hohe Wachstumsgeschwindigkeit (0,6 mm in der Minute). Ihr fester Bau und ihre spitzige Form lassen die Überlieferung glaubhaft erscheinen, wonach in früheren Zeiten in China Verbrecher dadurch hingerichtet wurden, daß man sie auf solche Bambusschößlinge festband, die dann durch sie hindurchwuchsen.

Die zweite große Unterfamilie bilden die **Poaeoideae**. Sie besitzen ein- bis mehrblütige, durch höchstens zwei Hüllspelzen gestützte Ährchen. Der Bau der Halme und Blätter entspricht dem der vorgenannten Gruppe. Die erste Untergruppe, die

a) **Festuceae** unterscheiden sich von den Aveneen durch unbegrannte oder an der Spitze begrannte Deckspelzen (die Deckspelzen der Aveneen sind meist am Rücken begrannt). Die größten einheimischen Gattungen sind Poa (Rispengras), Bromus (Trespe) und Festuca (Schwingel). Am wichtigsten als Futterpflanzen sind die Poa-Arten, z. B. P. pratensis, trivialis. Festuca ovina (Schafschwingel) und verwandte Arten sind von einiger Bedeutung, weil sie auch noch auf sehr unfruchtbarem Boden gedeihen und es infolgedessen ermöglichen, derartige Böden noch für die Schafzucht auszunützen. Für den Anbau auf sterilen Böden eignet sich auch noch Bromus inermis und erectus. Andere Bromus-Arten, wie secalinus und arvensis, sind hauptsächlich in Roggenfeldern anzutreffen, aber wenig erwünschte Gäste, weil ihre Früchte, wenn sie unter das Korn geraten, das Mehl schwärzen und „feucht machen". Als gute Wiesengräser sind noch zu nennen Cynosurus cristatus, das Kammgras, Festuca elatior, der Wiesenschwingel, Trisetum flavescens, der Goldhafer, und Dactylis glomerata, das Knäuelgras. Von Glyceria-Arten liefert G. fluitans die sog. Schwaden- oder Mannahirse. An sonstigen in Deutschland vorkommenden

Gattungen gehören hierher Brachypodium, Briza (Zittergras), Cynosurus (Kammgras), Melica, Molinia, Eragrostis, Sesleria (Blaugras); von südeuropäischen und im Mittelmeergebiet überhaupt verbreiteten Arundo donax, das große „italienische" Schilfrohr. Phragmites communis, das gewöhnliche Schilfrohr, das in allen Erdteilen vorkommt und oft an Wasserläufen, Seeufern und sonstigen feuchten Flächen ungeheure Bestände bildet, ist ebenfalls unter die Festuceae zu zählen. Die Stengel finden Verwendung beim Hausbau zum Rohren von Decken, zur Herstelllung von Matten und Wandverkleidungen. An einer Stelle Deutschlands (Luckau in der Niederlausitz — sonst auch in den Tropen) kommt eine Varietät vor, die 9 m Höhe erreicht.

Die Blütenstände von Cortaderia Selloana („Gynerium argenteum"), einem Gras aus den Pampas Südamerikas, waren vor einigen Jahrzehnten für Trockensträuße, sog. Makartbouquets zur Zimmerdekoration sehr beliebt.

Zur nächsten Gruppe, den

b) Hordeeae endlich zählen unsere Getreidearten (mit Ausnahme des Hafers), d. h. die für unsere Gegenden wichtigsten Brotgetreide liefernden Pflanzen, die sämtlich in zahllosen Kulturvarietäten und -sorten angebaut werden. Die Ährchen sitzen bei den Hordeeae in Ausschnitten der Spindel. Zunächst ist zu nennen der Roggen, Secale cereale, als die für Mittel- und Nordeuropa typische Getreideart, die in Nordwesteuropa bis zum 67. Grad nördlicher Breite geht. Man unterscheidet einjährigen (Sommer-) und zweijährigen (Winter-) Roggen. Die Stammpflanze des Roggens ist Secale anatolicum aus Vorderasien, besonders dem nördlichen Kleinasien und dessen Nachbarländern. Diese Getreideart wurde später in Kultur genommen als Weizen und ist auch später nach Europa gelangt, den Pfahlbauern und den alten Griechen war sie noch unbekannt. Der Roggen steht als Brotgetreide für die germanischen und slawischen Völker an erster Stelle. Das Mehl des Roggens, das dunkler gefärbt ist als das des Weizens, liefert Schwarzbrot. Umgekehrt ist der Weizen, der ein etwas milderes Klima bevorzugt, das Getreide der romanischen Völker sowie Englands und Nordamerikas. Die Kultur des Weizens geht bis in die ältesten Zeiten zurück.

Man fand Weizenkörner sowohl in Pfahlbauten wie auch in den Gräbern der alten Ägypter. Die Angabe allerdings, daß Körner aus letzteren Fundstätten (Mumienweizen) noch gekeimt hätten, beruht auf Irrtum. Von Weizen werden besonders viele Varietäten und Rassen (ca. 150), ein- und zweijährige, begrannte und unbegrannte Formen kultiviert.

Der gewöhnliche Weizen, Triticum vulgare, hat ziemlich regelmäßig vierseitige Ähren, die Hüllspelzen sind eiförmig oder länglich. Zur Brotbereitung eignen sich nur die halbharten und halbweichen Sorten. Der eigentliche Hartweizen wird wegen seines großen Gehalts an Kleber (Eiweiß) mehr zur Gries-, Graupen- und Makkaronifabrikation verwendet. In der Bierbrauerei dient der Weizen zur Herstellung des Weiß- (Weizen-) Bieres. Mit Wasser gibt Weizenstärke beim Erhitzen infolge Quellung und teilweiser Lösung der Stärkekörner Kleister. Im Haushalt findet Weizenstärke zum Wäschestärken Verwendung. Das Stroh einer dünnhalmigen Varietät liefert das Material für die Florentiner Hüte. — Die bekanntesten weiteren Weizenarten sind Triticum spelta, Spelz, Dinkel, mit bei der Reife zerbrechender Ährenspindel und von den Spelzen fest umschlossener Frucht (beides im Gegensatz zu Trit. vulgare). Früher wurde Spelz besonders in Süddeutschland und der Schweiz angebaut, die Kultur ging in neuerer Zeit jedoch sehr zurück. Unter dem Namen „Grünkern" ist das unreife Korn des Dinkels im Handel. Triticum dicoccum, Emmer, unterscheidet sich von Spelz (mit quadratischem Ährenquerschnitt) dadurch, daß die Ähre dem Rand der Spindel parallel zusammengedrückt ist. Hüllspelzen mit scharfem Zahn, Ährchen meist zweikörnig. Emmer wird mehr in wärmeren Zonen kultiviert. Triticum polonicum unterscheidet sich von vulgare durch die unregelmäßig vierseitigen oder zusammengedrückten Ähren und länglichlanzettlichen Hüllspelzen. Ein Hauptgebiet des Anbaues ist Spanien, in Deutschland ist die Kultur des polnischen Weizens sehr beschränkt. Triticum monococcum, Einkorn, mit an der Spitze zweizähnigen Hüllspelzen und meist einkörnigen Ährchen wird häufiger als bei uns in Südeuropa und Nordafrika angebaut.

Triticum dicoccum, spelta, polonicum und vulgare kann man als Unterarten ansehen und zu der Sammelart Tr. sativum zusammenfassen. Die genannten Formen gehen wahrscheinlich alle auf Tr. dicoccum zurück und durch dessen Vermittlung auf die wilde Stammpflanze T. dicoccoides (Syrien, Palästina). Die anderen Unterarten, die von dieser wild vorkommenden Art stärker abweichen als dicoccum, sind offenbar durch die Kultur weitgehender verändert.

Tr. monococcum dagegen nimmt eine Sonderstellung ein. Es stammt von einer anderen vorderasiatischen Weizenart, von Tr. aegilopoides ab.

Das letzte wichtige Getreidegras, von dem die Untergruppe ihren Namen hat, ist die Gerste, Hordeum sativum. Die jetzt gebauten Kulturformen stammen höchstwahrscheinlich von einer in Vorderasien (Kaukasus bis Persien) und wahrscheinlich auch Nordost-Afrika und der Cyrenaica wild vorkommenden Art, dem Hordeum spontaneum, ab. Die Gerste ist das Hauptgetreide für die nordischen Völker und diejenigen, welche höhere Gebirge, z. B. den Himalaja, bewohnen. In wärmeren Gegenden wird sie als Pferdefutter angebaut. Außerdem liefern die gerösteten Körner das Malz, das Ausgangsprodukt für die Bierbrauerei. Die ursprünglich enthaltene Stärke wird vor dem Rösten, dadurch, daß man die Körner keimen läßt, in Zucker verwandelt. Während die Bierbrauerei von der Gerstenstärke ausgeht, wird zur Herstellung größerer Mengen Alkohols für die chemische Industrie die wohlfeilere Kartoffelstärke als Ausgangsmittel benutzt. Aber auch dann wird gekeimte und geschrotete Gerste beim Maischen zugesetzt, weil das in dieser enthaltene Enzym, die Diastase, erst den Abbau der Stärke zu Zucker ermöglicht. Außerdem verwendet man Gerstenkörner zu Suppeneinlagen, zur Bereitung von Gerstengries und als Kaffee-Surrogat. Die Kulturgersten faßt man am besten unter dem Namen Hordeum vulgare oder sativum zu einer Art zusammen und unterscheidet als Unterarten:

hexastichum, sechszeilige Gerste: sechs Blütenreihen an der Ähre fruchten und setzen Körner an;

tetrastichum (= vulgare im engeren Sinn) vierzeilige Gerste: wie bei hexastichum sind sechs fruchtbare Blütenzeilen vorhanden. Aber nur die aus den mittleren Ährchen gebildeten Zeilen sind deutlich gesondert, während je zwei benachbarte Reihen seitlicher Ährchen ineinander eingreifen und zu einer Zeile verschmelzen.

distichum, zweizeilige Gerste.

Von H. tetrastichum sowohl, wie von distichum werden Sorten als Winter-, andere als Sommergerste gebaut. Eine Unterscheidung der beiden Unterarten als Sommergerste (distichum) und Wintergerste (tetrastichum), wie man vielfach liest, ist daher unzulässig.

Die drei hauptsächlichsten Getreidepflanzen Roggen, Weizen und Gerste werden am sichersten durch folgende Merkmale unterschieden:

Gerste hat einblütige Ährchen, die stets zu je dreien auf den Absätzen der Spindel beisammenstehen, der Roggen zwei=, selten dreiblütige, Weizen meist mehrblütige Ährchen, die einzeln dem Spindelabsatz ansitzen. Roggen ist von Weizen durch die pfriemlichen, nicht eiförmigen, einnervigen Hüllspelzen zu unterscheiden.

Der Hauptvorteil, den die Kulturrassen der Getreidegräser ihren wilden Stammformen gegenüber besitzen, liegt, abgesehen von der züchterisch gesteigerten Ertragsfähigkeit, in dem Umstand, daß die Ährenspindel nicht zerfällt. Beim Ausdreschen der Ähren wildwachsen= der Formen würde sich die gegenteilige Eigenschaft sehr unliebsam bemerkbar machen. Bezüglich weiterer Einzelheiten über Arten, Züchtung, Kultur und Geschichte unserer Getreidegräser sei auf die Darstellung von Prof. Giesenhagen (Nr. 10 der Sammlung ANuG) verwiesen.

An weiteren wildwachsenden Gattungen der Hordeeae sind er= wähnenswert: Lolium, der Lolch, dessen bekannteste Art, L. perenne, das „englische Raygras", als Futtergras und Rasenpflanze von Wert ist. Eine andere Art, L. temulentum, der Taumellolch, ist giftig, jedoch nicht durch einen in der Pflanze selbst enthaltenen Giftstoff, sondern durch das Alkaloid, welches ein die Früchte umspinnender Pilz enthält. Agropyrum repens, die Quecke, mit unterirdisch weitkriechenden Rhizomen stellt ein sehr lästiges Unkraut dar. Die

c) **Chlorideae**, deren Ährchen in zwei genäherten Reihen stehend eine einseitige Ähre bilden, stellen unter anderem formationsbestimmende Gräser der amerikanischen Prärien und Savannen. Bei uns kommt nur Cynodon dactylon („Hundszahn") vor, an sich ein Kosmopolit. Die Ähren dieses Grases treten zu einem eigentümlichen, gefingerten Ge= samtblütenstand zusammen. Eleusine Coracana bildet für weite Teile Afrikas und des tropischen Asiens ein wichtiges Getreidegras. Von den

d) **Aveneae**, die sich von der vorigen Untergruppe durch zwei= bis vielblütige Ährchen unterscheiden, ist die wichtigste Gattung Avena, der Hafer. Diese alte Kulturpflanze wird in vielen Rassen in den außer= tropischen Gegenden angebaut, vor allem als Pferdefutter, seltener als Mehlfrucht. Die Urheimat des Hafers hat man in Zentralasien zu suchen, wo der Kulturhafer schon in vorgeschichtlicher Zeit aus A. fatua hervor= gegangen sein dürfte. Von dort kam der Hafer schon sehr frühzeitig über Südrußland nach Mitteleuropa und wurde bereits in der Bronzezeit in Deutschland und der Schweiz gebaut. Hier haben ihn später die Römer kennen gelernt.

Arrhenatherum elatius, das französische Raygras, (im Gegensatz zum englischen, Lolium perenne) ist ein wichtiges Futtergras. Von einheimischen Gattungen gehören noch hierher Aira, Holcus und Koeleria. Die

e) **Agrostideae**, mit einblütigen, in Rispen oder Ähren stehenden Ährchen, haben ihren Namen von der durch mehrere Arten auch bei uns vertretenen Gattung Agrostis. A. alba, das Fioringras, wird in den extratropischen Teilen der nördlichen Halbkugel als Futtergras, besonders für feuchte Böden geschätzt.

Calamagrostis umfaßt rohrähnliche, also an Phragmites erinnernde Gräser, die wie das Schilfrohr an den Rändern stehender und fließender Gewässer auftreten. Als wichtige Futtergräser sind zu nennen: Alopecurus pratensis, der Wiesenfuchsschwanz, Phleum pratense, das Liesch- (Timotheus-) Gras. Beide besitzen zylindrische, scheinbar ährige, in Wirklichkeit rispige, sehr eng zusammengezogene Blütenstände. Für den Menschen sind außerdem von Wichtigkeit: Stipa (Macrochloa) tenacissima, in Spanien und Nordafrika, wo es hauptsächlich vorkommt, als Esparto- bzw. Halfagras bezeichnet. Wie Lygeum (vgl. unten) liefert dieses Gras Flechtmaterial, wird aber auch als Ausgangsstoff für die Papierfabrikation geschätzt. Stipa pennata und capillata, Federgräser, besitzen 10—20 cm lange fadenförmige Grannen. Besonders die erstere Art, deren Grannen fiederig behaart sind, ist für die Pußten und Steppen, beispielsweise Südrußlands, charakteristisch. Südamerikanische und zentralasiatische Stipa-Arten enthalten ein Glukosid, das auf Tiere giftig wirkt. — Ammophila arenaria, das Sandrohr, ein wie manche andere Pflanzen des Seestrandes blaugrau gefärbtes Gras, das besonders an den nordhemisphärischen Küsten des Atlantischen Ozeans vorkommt, besitzt sehr weitkriechende Rhizome und wird daher auch zur Befestigung des Dünensandes angesät.

Die dritte große und am stärksten abgeleitete Unterfamilie sind die **Panicoideae**, deren Halme nur selten verzweigt oder verholzt sind. Die Blattspreiten lösen sich nicht von den Scheiden ab. Meist sind mehr als zwei Hüllspelzen vorhanden, die Ährchen jedoch einblütig. Von den Untergruppen müssen

a) die **Phalarideae** genannt werden. Es zählt zum Beispiel hierher das Kanariengras, Phalaris canariensis, dessen Samen als Vogelfutter im Handel sind, und das Ruchgras, Anthoxanthum odoratum, welches dem Heu seinen eigenartigen Duft verleiht. Dieser Geruch rührt von dem Gehalt des Grases an Kumarin her, einem der Zimtsäure verwandten Körper, der sich auch im Waldmeister, im Honigklee (Melilotus) und in den Tonkabohnen findet. Der Futterwert des Grases ist gering, da die Tiere es eben wegen seines Duftes nicht lieben.

b) Die **Oryzeae** zeichnen sich durch von der Seite zusammengedrückte Ährchen aus und besitzen oft sechs Staubblätter. Der wichtigste Vertreter ist Oryza sativa, der Reis (Abb. 29).

Er stammt wahrscheinlich aus dem tropischen Asien, wird aber jetzt überall in den Tropen und Suptropen in wasserreichen Gegenden kultiviert. Er liefert den Bewohnern Chinas und Japans, des malayischen Archipels, Indiens und verschiedener Teile Afrikas, besonders der Vereinigten Staaten, das allgemeinste

Abb. 29. Reispflanze.

Nahrungsmittel. Für den Europäer, der sich in den Tropen aufhält, sind Reisspeisen wegen ihrer Bekömmlichkeit äußerst wertvoll. Außer feuchtem, zeitweise überschwemmtem Boden fordert der Reisbau eine Sommerwärme von über 20°. Die Grenzen des Reisbaues liegen daher zwischen dem Äquator und dem 45. Breitegrad. In Europa finden sich die nördlichsten Reisfelder in der Lombardei und in Piemont. Durch alkoholische Gärung der Reisstärke wird Arak gewonnen, Reisstärke selbst findet als Puder Verwendung. Man kennt von Oryza sativa eine große Zahl verschiedener Kulturformen. Beim Klebreis, einer Abart, deren Samen keine eigentliche Stärke, sondern einen etwas anderen Inhaltskörper enthalten, bilden die Körner beim Kochen eine feste, zusammenhängende Masse. —
In Deutschland kommt eine dem echten Reis nahe verwandte Art,

Oryza clandestina, an wenigen Stellen wild vor. Die Rispen dieser Pflanze entwickeln sich nur in besonders heißen Jahren. Reif werden auch dann nur die Früchte der kleistogamen (geschlossen bleibenden, sich selbst befruchtenden) Blüten, nicht die der offenen, auf Windbestäubung angewiesenen. — Für die Bewohner Nordamerikas ist noch von Bedeutung Zizania aquatica, der Tuscarora- oder Indianerreis. Lygeum spartum (Spanien, Algier), dessen Blätter an Binsen erinnern, liefert einen Teil des als „Esparto" geschätzten Flechtmaterials.

c) Die **Paniceae** als nächste wichtigere Untergruppe unterscheiden sich von den beiden nächstfolgenden Unterfamilien durch derbe Deck- und Vorspelzen. Die Ährchen lösen sich von den Rispenästen oder von der nicht weiter gegliederten Ährenspindel ab. Die wichtigste Gattung und zugleich die größte der Gräser, mit etwa 300 Arten, ist Panicum. P. miliaceum, die Hirse, aus dem zentralen oder südwestlichen Asien, wird in mehreren Rassen besonders in wärmeren Gegenden wegen ihrer mehligen Früchte angebaut. In Zentraleuropa war sie schon in der Steinzeit in Kultur, wie Funde aus den Pfahlbauten der Schweiz und Skandinaviens beweisen. Sie ist vielleicht die erste Halmfrucht, die auf indogermanischem Boden angepflanzt wurde. Bis zur Einführung der Kartoffel im 16. und 17. Jahrhundert war ihr Anbau in Deutschland weit verbreitet, Hirse bildete das Brot des armen Mannes. Neuerdings ist die Kultur bei uns sehr zurückgegangen. Digitaria (Panicum) sanguinalis und linearis sind häufige Unkräuter auf Sandboden. Ihre Ährchen sind zu dorsiventralen Ähren vereinigt, die ihrerseits wieder fingerförmig von einem gemeinsamen Anheftungspunkt ausstrahlen. Echinochloa (Panicum) crus galli mit mehr oder weniger lang begrannten Spelzen ist ein bekanntes Unkraut der Kartoffeläcker. Weitere, wegen ihrer mehlhaltigen Früchte gebaute Gräser gehören zu den Gattungen Setaria (S. italica, die Kolbenhirse, besonders in Ost- und Südasien viel kultiviert, Setaria germanica, Mohar, ist in wärmeren Gegenden, z. B. auch Niederösterreich, ein wichtiges Futtergras) und Pennisetum (z. B. americanum, die Negerhirse). — Eine fernere, artenreiche, besonders in den südamerikanischen Tropen entwickelte Gattung ist Paspalum. — Von den

d) **Andropogoneae**, die sich von der nachfolgenden Gruppe durch zweigeschlechtige Ährchen oder dadurch unterscheiden, daß männliche und weibliche Ährchen im selben Blütenstande nebeneinander auftreten, sind von Interesse: Saccharum officinarum, das Zuckerrohr, ein etwa 5 m hohes Gras, das in den Tropen, besonders in Ost- und Westindien allgemein kultiviert wird. Die wie beim Mais massiven Stengelstücke werden ausgepreßt, durch Eindicken des Saftes wird der Rohrzucker gewonnen. Da man seit etwa 100 Jahren gelernt hat, auch aus Rüben Zucker herzustellen, hat die Kultur des Zuckerrohrs allerdings für uns nicht mehr die ausschlaggebende Bedeutung wie etwa zur Zeit der Kontinentalsperre. Die in Kultur befindlichen Rassen blühen selten, vermehren sich aber reichlich auf vegetativem Wege. Ein weiteres Nutzgras ist die Mohrenhirse (Sorgo, in Österreich unter dem ungarischen Namen Czirok bekannt), Sorgum vulgare, nahe verwandt mit der artenreichen Gattung Andropogon. Sie wird in wärmeren Zonen, wie bei uns das Getreide, wegen ihrer mehlreichen Samen gebaut. Die Varietät, die man als Durrha bezeichnet, ist besonders für Afrika als Getreidegras von Bedeutung, eine andere Abart liefert das Material für die „Reis"-Besen.

Cymbopogon-Arten enthalten wohlriechende Öle (Citronella-, Lemon-Öl), die in der Parfümerie Verwendung finden. — Imperata arundinacea bildet den Hauptbestandteil der in den tropischen Gegenden Ostasiens und den Sunda-Inseln berüchtigen Alang-Alang-Fluren, welche den Boden überziehen, wenn Baumbestände abgeholzt wurden. Von unseren deutschen Gräsern gehört zu dieser Gruppe nur Andropogon Ischaemon mit bräunlich-violetten, gefingert angeordneten Ährchentrauben. Als letzte, am stärksten abgeleitete Gruppe der Panicoideae müssen

e) die **Maydeae** genannt werden, deren wichtigster Vertreter Zea Mays, der Mais (Kukuruz), ist, die einzige Getreideart, die ursprünglich in Amerika heimisch war. Der Name Welschkorn oder türkischer Weizen für Mais stammt daher, daß sein Anbau sich in Europa von den südlichen Ländern aus verbreitet hat.

Die männlichen Ährchen stehen in endständigen Blütenständen, die mit langen Narbenhaaren versehenen weiblichen in seitenständigen. Wegen des Mehls, aber auch als Futterpflanze wird der Mais jetzt in den wärmeren gemäßigten Gegenden bis in die Tropen allgemein kultiviert. Wildwachsend kennt man den Mais nicht, man vermutet jedoch, daß er durch Mutation (sprunghafte Änderung) aus Euchlaena mexicana, einem ähnlich aussehenden, in den Tropen vielgebauten Futtergras (Teosinté der Mexikaner) hervorgegangen ist.

Zwischen Euchlaena und Zea wurden nämlich Bastarde gefunden, die in der Gestalt des weiblichen Blütenstandes alle Übergänge von den dicken Kolben des Maises zu den schlanken Ähren der Gattung Euchlaena darbieten.

Der Genuß verdorbenen Maises, z. B. in Gestalt von Maisbrei, Polenta, aber auch die einseitige Ernährung mit Maismehlspeisen überhaupt erzeugt unter Umständen gefährliche Hautkrankheiten (Pellagra). — Von Coix lacrima Jobi (Hiob-Tränengras) werden die Früchte, die mit einer kieselsäurehaltigen, infolgedessen steinharten Schale versehen sind, zu Schmuckgegenständen (Ketten, Rosenkränzen) verarbeitet.

Bemerkenswert ist endlich noch, daß bei Gräsern Bastarde zwischen Gattungen gezogen werden können, eine Möglichkeit, die sonst nur bei sehr wenigen Gruppen der Phanerogamen (z. B. auch gewissen Orchideen) gegeben ist. So sind Bastarde erzielt worden zwischen Roggen und Weizen, sowie zwischen Weizen und der südeuropäischen Gattung Aegilops. Die „Bastarde" zwischen Zea (Mais) und der mexikanischen Gattung Euchlaena nehmen eine Sonderstellung ein, da, wie oben schon angegeben wurde, die Gattung Zea wahrscheinlich aus Euchlaena hervorgegangen ist.

8. Reihe. Spadiciflorae.

Die Spadicifloren in der gegebenen Umgrenzung sind gekennzeichnet durch die Zusammendrängung vieler kleiner, einfach gebauter Blüten in einem mehr oder weniger eng gefügten Blütenstand. In fast allen Fällen kommt es dabei zur Ausbildung einer Ähre. Schwillt deren Achse, wie es vielfach der Fall ist, fleischig an, so spricht man von einem Kolben (spadix), und von dieser Eigentümlichkeit leitet sich der Name der ganzen Gruppe her. Dadurch daß dieser Blütenstand zunächst häufig von einem großen Hochblatt, der Spatha, schützend umhüllt wird, wird der Eindruck erweckt, es liege eine Einzelblüte vor. Die Spatha kann in manchen Fällen als Schauapparat der Anlockung von Insekten dienen oder sonst den Insektenbesuch regeln, worauf unten bei der Besprechung der Araceen noch näher einzugehen sein wird. Blütenbiologisch genommen liegt bei den Spadicifloren ein ähnlicher Fall vor wie bei den dikotylen Korb- und Schirmblütlern, indem viele kleine Blüten einheitlich zusammengefaßt werden.

Die Blüten sind sehr häufig eingeschlechtig, das Perianth besteht aus zwei Wirteln, kann aber mehr oder weniger reduziert sein. Doch stimmt auch hier das Diagramm vieler Formen mit dem typisch monokotylen überein. Der Fruchtknoten ist stets oberständig, die Früchte sind Beeren, Steinfrüchte oder Nüsse, nie Kapseln.

Der vegetative Aufbau ist ein außerordentlich verschiedener, man braucht nur an die Palmen, die epiphytischen Araceen und die Wasserlinsen zu denken, die sämtlich in dieser Gruppe vereinigt sind. Während also mächtigen Bäumen winzige Wassergewächse gegenüberstehen, sprechen doch viele Umstände dafür, daß tatsächlich zwischen diesen Extremen Übergänge vorhanden waren.

Palmae. Die Palmen sind in ungefähr 130 Gattungen mit annähernd 1200 Arten vornehmlich in den Tropen aller Erdteile verbreitet. Vom Äquator gegen die gemäßigte Zone hin nimmt die Palmenform an Pracht und Größe ab, die meisten Arten finden sich in den Zonen bis zum 20. Breitegrad zu beiden Seiten des Äquators. In den Subtropen dringen sie etwa bis zum 36. Grad vor. Europa besitzt nur eine einzige Gattung, die als einheimisch zu bezeichnen ist.

Es handelt sich bei den Palmen um ausdauernde, in der Regel große Pflanzen von imposantem Wuchs, die man nicht mit Unrecht als „Principes", „Fürsten" unter den Pflanzen, bezeichnet hat. Die meisten sind Bäume mit einem unverzweigten, säulenförmigen Stamm, der dicht mit Blattstielresten oder Blattnarben bedeckt ist und an der Spitze eine dichte Krone großer strahlenförmiger Blattfächer oder Fiederblätter trägt.

Ausnahmen kommen insofern vor, als z. B. die Gattung Calamus (Spanisches Rohr) kriechende oder kletternde, dünne Stämme mit langen Internodien zwischen den einzelnen Blättern besitzt. Stammverzweigung tritt nur bei wenigen auf, so bei der afrikanischen Dum-Palme, Hyphaene thebaica. Trotz der massiven Stämme besitzen die Palmen, wie schon im allgemeinen Teil hervorgehoben wurde, kein sekundäres Dickenwachstum, ebensowenig sind die Wurzeln stammförmig entwickelt. Sie bleiben faserig, ähnlich, wenn auch mächtiger, wie bei den zwiebeltragenden Monokotylen.

Die Blätter sind gestielt und werden in einer geschlossenen Fläche angelegt. Erst bei der Entfaltung treten bei den Fächerpalmen die Risse auf, welche dem Blatte seine eigentümliche Strahlenform verleihen, bei denen mit Fiederblättern strecken sich die Glieder der Blattmittelrippe zwischen den einzelnen sich voneinander lösenden Fiederabschnitten.

Die Blüten stehen in einfachen oder verzweigten, mindestens anfangs von großen Hochblättern (Spathae) umgebenen Blütenständen. Die letzteren, mit fleischigen Spindeln ausgestattet und oft sehr ästig, können bedeutende Ausmaße erreichen. Eine Fächerpalme, Corypha umbraculifera, besitzt die größten Blütenstände, die bisher an einer Pflanze gemessen wurden, mit einer Spindellänge von 14 m, einem Querdurchmesser von 12 m und einer Blütenzahl von schätzungsweise 100 000 Einzelblüten. Nach Ablauf der Blütezeit, die drei bis vier Wochen beträgt, stirbt dann die ganze Pflanze ab.

Die Blüten der Palmen sind meist getrenntgeschlechtig, die Pflanzen ein- oder zweihäusig. Das Perigon besteht aus sechs Blättern, Staubblätter sind drei bis viele vorhanden. Die Zahl der Fruchtblätter beträgt ebenfalls drei, und zwar kann jedes für sich entwickelt sein oder sie können zu einem ein- bis dreifächrigen Fruchtknoten zusammentreten. Jedes Karpell hat eine Samenanlage, doch brauchen nicht immer alle drei gleichmäßig entwickelt zu werden. Die Früchte sind Nüsse, Beeren oder Steinfrüchte, der Keimling liegt in einem massigen, festen Nährgewebe. Letzteres kann dünnwandig sein und enthält dann viel Öl, oder es ist ruminiert, d. h. mit Einfaltungen versehen. Bei vielen sind die Zellwände des Endosperms stark verdickt infolge der Einlagerung von Reservezellulose, die als Vorratsnahrung hier gespeichert wird, um bei der Keimung wieder abgebaut zu werden. Bei der Keimung der Palmfrüchte, die schon von Goethe studiert worden ist, bleibt die Spitze des Keimblattes, welche der Aufnahme der Nährstoff dient, in manchen Fällen mehrere Jahre im Samen stecken. So lange hält der Vorrat an Reservestoffen im Endosperm vor.

Von sonstigen morphologischen Eigentümlichkeiten mag noch angeführt sein, daß manche Gattungen Wurzeldornen, das heißt zu Dornen umgewandelte, oft verzweigte Wurzeln, die aus dem unteren Teil des Stammes entspringen, andere bestachelte Stämme besitzen, die ihre Erkletterung durch Tiere unmöglich machen. Bei den klimmenden Rotang-Palmen, welche durch die Gattung Calamus in der Alten, durch Desmoncus in der Neuen Welt vertreten werden, sitzen den geißelförmigen Verlängerungen der Blattmittelrippen große und sehr feste, rückwärts gekrümmte Dornen an, welche das Durchdringen solcher Rotang-Dickichte, soweit es überhaupt möglich ist, zu einer schwierigen Aufgabe machen. Einige Arten der Gattung Calamus sind außerdem dadurch bemerkenswert, daß sie — wenn die vorliegenden Messungen zuverlässig sind —

trotz des Mammutbaumes Kaliforniens (der Sequoia gigantea, die zu den Koniferen gehört) mit 110 und des Fieberrindenbaums (Eucalyptus amygdalina) Australiens mit 150 m Höhe die längsten Blütenpflanzen darstellen, die man kennt. Für die größten Exemplare wurden nämlich 250—300 m Länge angegeben. Hinsichtlich der absoluten Länge kommen diesen Gewächsen wahrscheinlich nur gewisse Macrocystis=Arten gleich, große, im Wasser flottierende Brauntange der südlichen Meere und des nördlichen Großen Ozeans, die ebenfalls bis zu 300 m lang werden sollen.

Bei wieder anderen Gattungen weisen die Blätter enorme Ausmaße auf. Bei der brasilianischen Raphia taedigera z. B. erreichen die riesigen Fiederblätter eine Länge von 19—22, eine Breite von 12 m. Wir haben in ihnen die größten zusammengesetzten Blätter vor uns, die bisher gemessen worden sind. Das botanische Museum in Berlin=Dahlem besitzt ein Blatt von Raphia Ruffia, das 15 m lang ist.

Die Blätter der sogenannten Palmkränze stammen nicht von echten Palmen, sondern von Cycadeen, einer Gruppe, die nicht zu den Monokotylen, sondern zu den Gymnospermen gehört.

Die Hüllblätter der Blütenstände, die Spathae, sind bei einigen Palmen=Gattungen so groß, daß sie von den Kindern der Eingeborenen manchmal im Spiel als Kähne benutzt werden sollen.

Bei vielen Palmfrüchten sind sehr eigentümliche Einrichtungen getroffen, um die Keimung zu sichern und zu erleichtern: bei den einen wird über dem Keimporus ein Pfropfen in der harten Samenschale ausgespart, der von der Keimwurzel leicht nach außen geschoben werden kann, Schädlingen aber, die von außen nach innen dringen wollen, den Zutritt verwehrt. Demselben Zwecke dienen bei anderen, beispielsweise bei Cocos lapidea, reusenartige, mit den Spitzen nach außen gerichtete Vorsprünge im Innern des Keimkanals, die andrerseits dem Keimling das Austreiben ungehindert gestatten.

Ein Teil der Palmen ist auf Insekten=, der andere auf Windbestäubung angewiesen. — Fossil sind Palmen schon aus der Kreidezeit bekannt, im Pliocän verschwinden sie aus Europa bis auf eine Gattung, die jedenfalls mit der jetzt noch in Südeuropa vorkommenden Chamaerops identisch ist.

Die Palmen sind mit die auffallendsten Pflanzengestalten der tropischen und subtropischen Landschaft, deren Physiognomie sie in vielen Fällen bestimmen. Medizinisch und chemisch betrachtet, bieten sie geringes

Interesse, um so größeres aber in technischer und ökonomischer Beziehung (Bauholz, Fasermaterial, Bast, Gemüse, Palmwein, eßbare Früchte, Früchte als Ausgangsmaterial zur Gewinnung von Öl, Margarine, Seife).

Zu gliedern ist die Familie in fünf Unterfamilien:

A. Die Coryphoideae, mit zwei alternierenden, dreizähligen Perigonkreisen, vielverzweigten Blütenständen, **drei freien oder locker verwachsenen Fruchtblättern**. Hierher gehört vor allem die Dattelpalme, Phoenix dactylifera, die von den Kanaren über Nordafrika und Arabien bis Indien kultiviert wird. Von dieser zweihäusigen Pflanze war schon den Alten bekannt, daß sie nur Früchte ansetzt, wenn der männliche Blütenstand an dem weiblichen Baume aufgehangen wird. Die sehr süßen, pflaumenähnlichen Beerenfrüchte bilden eine nahrhafte und bekömmliche Speise.

Phoenix Iubae (= Ph. canariensis) von den kanarischen Inseln ist als Zierpflanze von Interesse. Chamaerops humilis, die Zwergpalme, ist mit einer anderen Chamaerops-Art zusammen die einzige Palme Europas (westliches Mittelmeergebiet). Sie bildet in Spanien, dem westlichen Nordafrika, Marokko, Sizilien und Unteritalien stellenweise dichte Gestrüppe. Bei uns wird sie sehr häufig als Zimmerpflanze gezogen, in Nordwestafrika (Algier usw.) zur Gewinnung von Crin d'Afrique („vegetabilisches Roßhaar") im großen kultiviert. Die am häufigsten als Dekorationspflanze gezogene Fächerpalme ist Trachycarpus excelsa aus China, außerdem wären hier zu nennen die Livistona-Arten, besonders L. chinensis aus Südchina (Gärtnername Lantania borbonica). Washingtonia (Pritchardia) filifera aus dem südlicheren Kalifornien bildet vor allem in südlicheren Ländern, so der Riviera, eine hervorragende Zierde der Gärten. Copernicia cerifera, die Karnauba-Palme des tropischen Südamerika, liefert Wachs, das in dicker Schicht der Oberhaut der Blätter aufgelagert ist.

B. Die Borassoideae unterscheiden sich von der ersten Unterfamilie durch die feste Verwachsung der drei Fruchtblätter. Die Laubblätter sind fächerförmig. Zu den wichtigsten Vertretern zählen: Hyphaene thebaica, die Dum-Palme Oberägyptens mit verzweigtem Stamm und eßbaren Früchten; Borassus flabelliformis, die Palmyra-Palme Afrikas, des tropischen Asiens und Malesiens, liefert aus dem zuckerhaltigen Saft, der nach dem Abschneiden junger Kolben austritt und vergoren werden kann, Palmwein. Lodoicea Seychellarum von

Palmen (Unterfamilien)

den Seychellen-Inseln ist bemerkenswert durch die riesigen Früchte, die größten aller Baumfrüchte überhaupt, die unter dem Namen „maledivische Nüsse" zu Ausgang des Mittelalters außerordentlich hoch bezahlt wurden, weil man ihnen allerlei mystische Wirkungen zuschrieb. Sie sehen etwa aus wie zwei seitlich verwachsene Kokosnüsse.

C. Bei den **Lepidocaryoideae** werden die drei fest verwachsenen Fruchtblätter, die jedoch nur einen Samen enthalten, von einem gemeinsamen Schuppenpanzer umgeben, so daß die ganze Frucht dem unreifen Zapfen eines Nadelholzes nicht unähnlich sieht. Die Blätter sind fächerförmig oder fiederig geteilt. Raphia vinifera gehört in Westafrika und dem tropischen Amerika zu den verbreitetsten und nützlichsten Palmen. Sie liefert Palmwein und in der von jüngeren Blättern abgezogenen Oberhaut den in der Gärtnerei verwendeten Raphia-Bast. Metroxylon-Arten der Sunda-Inseln sind die wichtigsten Sagopalmen.

Der Sago wird aus den Stärkemehl-Massen, die sich vor dem Austreiben des einzigen, mächtigen Blütenschaftes im Stamm eingeschlossen finden, durch Auswaschen und Körnen gewonnen. Von den der schon oben genannten Gattung Calamus — mit über 200 Arten —, die hauptsächlich in Ostasien einheimisch ist, liefern zahlreiche klimmende Arten „Spanisches Rohr"(Stuhlrohr). Aus dem Fruchtfleisch von C. Draco erhält man ein im Handel als „Drachenblut" bezeichnetes Harz, das vielfach zur Herstellung roter Lacke und Firnisse verwandt wird.

Die **D. Ceroxyloideae** besitzen ähnlichen Bau der Einzelblüten wie die Borassoideen, aber gefiederte Blätter und eine nicht schuppig gepanzerte Frucht. Zu ihnen gehören die beiden ökonomisch wichtigsten Palmen, die Ölpalme und die Kokospalme. Die erstere, Elaeis (guineensis und andere), die dem äquatorialen Afrika und Amerika gemeinsam ist, enthält in Fruchtfleisch und Samen große Mengen eines orangeroten, in frischem Zustande wohlschmeckenden Öles. Ausgekocht bildet es den wichtigsten Handelsartikel West- und Zentralafrikas. Der Wert des jährlichen Exportes der aus der Ölpalme gewonnenen Erzeugnisse wurde um 1905 auf 50 Mill. Mark geschätzt. Nach dem Urteil der Kolonialbotaniker gibt es wohl keine Pflanze die ohne Kultur viele Jahrzehnte hindurch den Eingeborenen so wertvolle Erträge liefert. Von den Europäern ist der Baum noch nirgends in Kultur genommen. Näheres über Vorkommen und Ausnutzung dieses Baumes wie auch der Kokospalme ist zu ersehen aus Fr. Tobler, Kolonialbotanik (ANuG 184).

Kokospalme

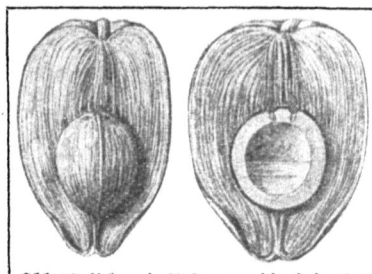

Abb. 30. Kokosnuß. Links: nur die Faserschicht längs durchschnitten, der Steinkern unversehrt. Rechts: auch die Steinschale durchschnitten.

Cocos nucifera, die Kokospalme, ist vornehmlich an den Meeresküsten der Alten, aber auch der Neuen Welt einheimisch und für den Menschen von größtem Nutzen. Besonders in Ceylon und Polynesien wird sie wegen ihres ölreichen Endosperms kultiviert.

Die Kokosnüsse, botanisch als einsamige Steinfrüchte zu bezeichnen, zeigen folgenden Aufbau: Die äußerste Fruchthülle ist dünn, glatt, gelbbraun und mit einem für Wasser undurchdringlichen Wachsüberzug versehen. Darunter liegt eine grobfaserige Mittelschicht in Stärke von etwa 3—5 cm, das Mesokarp, unter diesem wiederum das steinharte Endokarp, welches, seiner Zusammensetzung aus drei Karpellen entsprechend, drei Öffnungen erkennen läßt. Davon ist eine größer als die beiden anderen, hinter ihr bricht die Wurzel des einzigen Keimlings hervor. Das eßbare Endosperm ist mandelartig, der von ihm umschlossene Hohlraum enthält, solange die Frucht unreif ist, die wohlschmeckende Kokosmilch. Die ganzen, getrockneten Samen oder der feste Teil des Nährgewebes derselben kommen als „Kopra" in den Handel. Das in diesen Organen enthaltene Fett findet zur Herstellung von Seifen, Kerzen, Margarine — in diesem Fall als Ersatz für das teuere Tierfett — weitgehende Verwendung. Bei der Verseifung wird außerdem Glyzerin als Nebenprodukt gewonnen. Das meiste Kokosfett liefern heute Indien, Ceylon, Westindien, Südamerika und Senegambien. Auf den Philippinen wird es zur Gewinnung eines von Rauch und Rückständen freien Leuchtgases herangezogen. Das feste, grobfaserige Mesokarp liefert Material für die Herstellung von Kokosmatten, Tauen usw. (Abb. 30).

Eine brasilianische Art, C. Weddeliana, wird bei uns als Dekorationspflanze gezogen. Der Saft von Arenga saccharifera (trop. Asien) liefert Zucker, Ceroxylon-Arten (Anden Südamerikas) Wachs, das in 5 mm dicker Schicht die Blattflächen überzieht.

Die stolze Oreodoxa regia (Königspalme) vielleicht die stattlichste und schönste Palme, ist in allen Städten des tropischen Amerika als Zierbaum angepflanzt. Die gerbstoffreichen Samen der Betelpalme

(Areca Catechu), die bei uns unter dem Namen Semen Arecae in Apotheken zu erhalten sind, werden von den Malayen zusammen mit gebranntem Kalk in die Blätter des Betelpfeffers gewickelt und gekaut.

Endlich bedürfen noch der Erwähnung die Gattung Chamaedorea, kleine hochstämmige, bei uns vielfach gezogene Palmen, die hauptsächlich aus den Gebirgsgegenden Zentralamerikas stammen, und Attalea funifera (Brasilien), deren faserig aufgelöste Blattbasen als Piassave-Fasern in den Handel kommen und ein nützliches Material für die Anfertigung von Besen darstellen.

Die **Phytelephantoideae**, die letzte Unterfamilie der Palmen, endlich weichen von den vorhergehenden Gruppen stark ab durch das fehlende oder vielblättrige, aber stets dürftig entwickelte Perianth und den ein- bis vielfächrigen Fruchtknoten. Die Blüten stehen zu dichten Köpfchen vereinigt. Die männlichen Blüten der Gattung Phytelephas haben außerdem 30—40 Staubblätter. Die Gattung des tropischen Amerika, die „Elfenbein-Palme" besitzt keinen oberirdisch entwickelten Stamm, aber zahlreiche große Fiederblätter. Ihre Samen finden wegen ihrer großen Härte ausgedehnte Anwendung zur Verarbeitung auf Knöpfe, sogenannte Steinnußknöpfe, und andere Drechselarbeiten. Sie bilden als „vegetabilisches Elfenbein" einen wichtigen Handelsartikel. In der Landschaft der Seeküsten des indomalayischen Gebietes ist die verwandte, ähnlich wie Phytelephas gebaute Nipa fruticans eine sehr auffallende Erscheinung.

Vertreter der Familie der
Cyclanthaceae, die ausschließlich im tropischen Amerika heimisch ist, werden bei uns nur selten in Warmhäusern gezogen. Sie machen der äußeren Tracht und besonders dem Blattbau nach den Eindruck kleinerer Palmen, nähern sich aber im Blütenbau wiederum den Arazeen, so daß sie ein eigentümliches Bindeglied zwischen diesen beiden Familien darstellen. Die Blütenstände, walzenförmige, dicke Kolben, setzen sich bei Cyclanthus aus sehr vielen übereinanderstehenden Ringen zusammen, deren jeder sich wiederum aus einer großen Anzahl entweder männlicher oder weiblicher Blüten aufbaut. Die jungen Blätter von Carludovica palmata liefern das Material für die Panamahüte.

Die **Pandanaceae** (Schraubenbäume) sind wie die Cyclanthazeen zwischen die Palmen und die Arazeen einzuschalten. Von den wenigen Gattungen (etwa 220 Arten) ähnelt Pandanus, der Schraubenbaum,

Abb. 31. Pandanus litoralis mit Stelzwurzeln.

im Wuchs entfernt einer Palme, ist aber sonderbar durch zahlreiche starke Stützwurzeln, die aus dem unteren Teil des Stammes nach dem Erdboden hinstreben. Wenn dieser Teil des Stammes abgestorben ist, steht die Pflanze auf ihren Luftwurzeln wie auf Stelzen. Die großen linealen Blätter sind flach, am Rande und auf dem Rückennerv stachelich gesägt. Sie stehen meist in drei dichten, schraubenartig gewundenen Zeilen. Die getrenntgeschlechtigen Blüten stehen in endständigen, kolbenförmigen Infloreszenzen, die Blütenhülle fehlt meist. Die männlichen Blüten enthalten oft eine große Anzahl von Antheren, die weiblichen setzen sich im allgemeinen aus einer größeren Anzahl von Fruchtblättern zusammen, nur selten bestehen sie aus einem einzigen. Die Beeren oder Steinfrüchte sind zu kopfförmigen Fruchtständen vereinigt.

Die Familie kommt besonders in Malesien vor und ist auf die Länder, welche den Indischen Ozean begrenzen, beschränkt. Die Blätter von Pandanus utilis geben Flechtmaterial, andere Arten haben eßbares Fruchtfleisch und werden deshalb in manchen Tropengegenden angebaut. Die Blüten der kletternden Gattung Freycinetia werden durch Fledermäuse bestäubt.

Sparganiaceae. Handelte es sich bei verschiedenen der vorgenannten Familien um Gruppen, deren Verbreitungszentrum, wenn nicht ihr ganzes Areal in die Tropen fiel, so finden sich die Sparganiazeen („Igelkolben") vornehmlich in der gemäßigten und kalten Zone der Nordhalbkugel. Die Familie umfaßt nur die Gattung Sparganium mit fünfzehn Arten. Es sind krautige, einhäusige Pflanzen mit grasähnlichen, zweizeilig gestellten Blättern, die feuchte Standorte bewohnen. Die Einzelblüten treten zu kugeligen Köpfchen zusammen und zwar zu männlichen im oberen Teil des ähren- oder rispenförmigen Gesamtblütenstandes, zu dickeren weiblichen im unteren Teil. Jede Blüte besteht aus drei bis sechs häutigen Perianthblättern, ferner, je nachdem sie männlich oder weiblich ist, aus drei bis sechs Antheren oder eins bis drei Fruchtblättern. Die Früchte sind Steinfrüchte, deren äußere Fruchtwandschicht aber nicht fleischig, sondern als ein lufthaltiges Schwimmgewebe ausgebildet ist. Sie werden vielfach durch das Wasser verbreitet. Wiederum nur eine einzige Gattung umfaßt die Familie der

Typhaceae, der Rohrkolbengewächse, bei denen wir es gleichfalls mit Pflanzen feuchter Standorte zu tun haben, die ein unterirdisch kriechendes Rhizom und zweizeilig gestellte, derbe, lineale Blätter besitzen. Auf einem blattlosen Rohre sitzen die walzenförmigen, kolbenartigen Blütenstände, die sich meist in einen unteren, massig entwickelten weiblichen Teil und einen oberen männlichen Teil gliedern. Die Pflanzen sind also einhäusig. Die männliche Einzelblüte besitzt zwei bis fünf (meist drei) Antheren, die oft am Grunde zusammenhängen und von Haaren umgeben werden. Die weibliche Blüte weist nur ein Fruchtblatt mit einer einzigen, geraden oder halbumgewendeten Samenanlage auf. Am Blütenstiel sitzen zahlreiche Haare, die vielleicht eine rückgebildete Blütenhülle darstellen. Die weiblichen Blüten sind zu mehreren traubig vereinigt und werden nicht durch Deckblätter gestützt; am Grunde der Teilblütenstände stehen anfänglich große Hochblätter, welche als Spathae zu deuten sind. Die Aufnahme der Familie unter die Spadicifloren erscheint dadurch gerechtfertigt. Die Frucht ist eine Schließfrucht. Die Bestäubung erfolgt durch den Wind, ebenso die Verbreitung der Samen, welche in den Perianthhaaren einen besonderen Flugapparat besitzen. Die einzige Gattung Typha, mit etwa zwölf Arten, ist an den Rändern stehender Gewässer oft in ausgedehnten Beständen in den gemäßigten und warmen Zonen fast der ganzen Erde verbreitet. Sie tritt auch vielfach in den Verlandungszonen unter dem Schilfrohr auf. Die stärkehaltigen Rhizome werden in Asien, Neuseeland und Nordamerika gegessen, Typha minima wird in China sogar angebaut.

Die letzte große Familie der Spadicifloren sind die

Araceae, die in über 1800 Arten in 107 Gattungen hauptsächlich in den Tropen verbreitet sind. Hier sind es vornehmlich die schattigen, feuchten Wälder und Flußufer, wo die Arazeen entweder auf dem Erdboden oder als Epiphyten üppig gedeihen. Saftige, krautartige Stengel erheben große, bald pfeilförmige, bald gefingerte oder längliche, aber stets dickadrige Blätter. Als stammlose Überpflanzen überziehen die

Arazeen

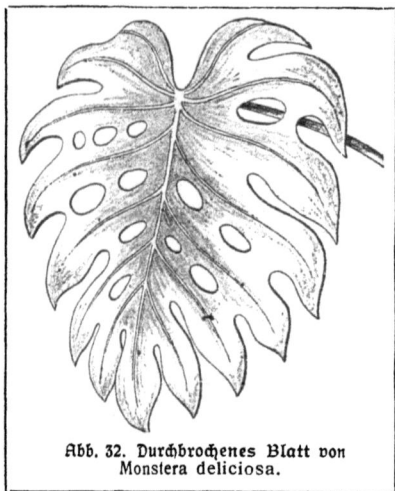

Abb. 32. Durchbrochenes Blatt von Monstera deliciosa.

epiphytischen Formen die alternden Stämme der Waldbäume, ihre Luftwurzeln senken sie in das feuchte Erdreich herab.

Als Hauptverbreitungsgebiete können Südamerika, Ostindien und Malesien genannt werden. In Deutschland treffen wir nur wenige Vertreter: den Aronstab (Arum maculatum) und Calla palustris. Der Kalmus (Acorus Calamus) ist erst vor etwa 300 Jahren vom Osten aus nach Deutschland eingewandert.

Habituell sind bedeutende Unterschiede innerhalb der Familie vorhanden: einige weisen dicke, mit Blattnarben versehene, aufrechte Stengel auf, z. B. Colocasia; in vielen anderen Fällen ist die Achse nur als unterirdische Knolle oder kriechendes Rhizom ausgebildet. Wieder andere klettern an Felsen oder Baumstämmen empor und halten sich durch Haftwurzeln fest. Zahlreiche der epiphytisch lebenden Arten sind durch lang herabhängende Luftwurzeln ausgezeichnet. Die Blätter zeigen mitunter eine weitgehende Gliederung, wie sonst nur bei wenigen Monokotylen zu beobachten ist. Die meisten sind herz- oder pfeilförmig und fiedernervig, besitzen außerdem einen deutlich abgesetzten Stiel, andere sind fiederig gelappt. Bei Monstera treffen wir eigentümlich durchlöcherte Blätter an (Abb. 32).

Die Löcher eines solchen Blattes entstehen durch Zerreißen der ungleichmäßig wachsenden, zuerst gleichförmig angelegten Blattspreite. In zahlreichen Fällen erreichen die Blätter bedeutende Dimensionen, bei Xanthosoma zum Beispiel werden die Blattstiele mehrere Meter lang und der Durchmesser der Blattspreite beträgt oft ebenfalls 1 m und darüber. Die Luftwurzeln vieler kletternder Arten sind ähnlich gebaut wie die der Orchideen.

Die Blüten stehen stets in großer Zahl an dickachsigen Kolben beisammen. Sie weisen innerhalb der Familie ziemliche Unterschiede auf. Sie können zwitterig oder eingeschlechtig sein, im letzteren Fall ist die Pflanze fast immer einhäusig. Das Perigon kann ganz fehlen oder nach der Zweizahl oder Dreizahl entwickelt sein. Ebensolche, bei Verminderung der Gliederzahl als Rückbildungen zu deutende Abänderungen ergeben sich für die Staubblattkreise. Fehlt den männlichen Blüten das Perigon gänzlich, so verwachsen sie oft zu sogenannten Synandrien, die ihrerseits wieder fruchtbar oder steril sein können. Der Kolben läuft nach oben, wie beim Aronstab zum Beispiel (Abb. 33), in einen eigentümlichen Anhang aus, der mit sehr in der Entwicklung zurückgebliebenen männlichen Blüten bedeckt sein kann. Für die Systematik der Familie sind einige anatomische Besonderheiten von Wichtigkeit. Es kommen bei vielen hierher gehörigen Pflanzen Milchsaftschläuche vor, die entweder aus Reihen fadenförmig aneinander schließender Zellen entstehen oder durch Verschmelzung mit seitlichen ein Netzwerk bilden. Auch Gerbstoffschläuche, Harz- und Schleimgänge sind gelegentlich vorhanden. Einige Untergruppen sind außerdem mit Spitularzellen versehen, das heißt mit Zellen, die in den angrenzenden Interzellularraum ⊢- oder H-förmig auswachsen, also eine in der Mitte befestigte Nadel oder Doppelnadel darstellen. Die Frucht ist meist eine fleischige Beere, die nicht aufspringt, sondern höchstens unregelmäßig zerreißt. Die Samenanlagen können aufrecht oder hängend, atrop, ana- oder kampylotrop sein. Das äußere Integument des Samens wird meist fleischig. Die Samenverbreitung erfolgt, soweit bekannt, durch Vögel, welche die fleischigen Früchte verzehren, die Übertragung des Pollens durch Insekten. Während bei manchen Arten die Spatha auffallend gefärbt ist, z. B. hochrot bei dem in Warmhäusern viel kultivierten Anthurium Scherzerianum, lockt die Mehrzahl der übrigen durch ihren aasartigen Geruch Fliegen an. Im letzteren Falle ist dann häufig auch die Spatha mißfarbig getönt. Doch gibt es Arazeen, deren Blütenstände intensiven Wohlgeruch verbreiten. Für Calla hat man angenommen, daß die Bestäubung durch Schnecken erfolgt, doch ist diese Angabe neuerdings wieder in Zweifel gezogen worden. In vielen Fällen wird Selbstbestäubung durch das Vorauseilen der weiblichen Blüten in der Entwicklung unmöglich gemacht.

Der bei uns einheimische Aronstab ist ein typisches Beispiel für eine „Kesselfallenblume", deren Wirkungsweise sich folgendermaßen darstellen läßt: dringen kleine Insekten (winzige Fliegen), durch den vom

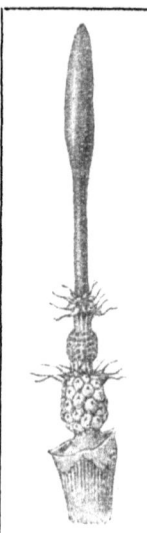

Abb. 33. Blütenkolben vom Aronstab. Unten die weiblichen, darüber die männlichen Blüten. Spatha entfernt.

Ende der Kolbenachse ausgehenden Aasgeruch angelockt, von oben her durch den Kanal der tütenförmig um den Kolben geschlossenen Spatha zu den Blüten vor, so verwehrt ihnen zunächst ein über diesen stehender Fadenkranz den Wiederaustritt, den diese Insekten anfangs fliegend zu bewerkstelligen suchen. Versuchen sie an der Wand der Tüte hinaufzukriechen, so gleiten sie wegen der außergewöhnlichen Glätte der Oberhaut bald ab, auch der Kolben bietet ihnen für ihre Füße keinen Halt. Erst wenn die Befruchtung der weiblichen Blüten eingetreten ist, öffnen sich die Antheren und die Fliegen bedecken sich mit Pollen. Durch Welk- und Schlaffwerden der Spatha und der Kolbenachse mit ihrem Haarkranz wird jetzt beides für sie ersteigbar und die Tiere können die Falle verlassen. Bestäubung mit eigenem Pollen ist demnach bei Arum vermieden.

Physiologisch ist der Umstand von Interesse, daß zusammengehäufte Blütenkolben von Araceen außerordentlich intensiv ihre gespeicherten Reservestoffe (Zucker und Stärke) veratmen, das heißt zu Wasser und Kohlendioxyd verbrennen und dadurch eine sehr beträchtliche Temperatursteigerung veranlassen. Ein zwischen solche Kolben von Arum italicum gestecktes Thermometer zeigt z. B. zu 20° mehr, als die Temperatur der umgebenden Luft beträgt. Wir haben hier also ein vorzügliches Beispiel für die Wärmeentwicklung beim Atmungsvorgang vor uns.

Von den acht Unterfamilien wollen wir zuerst die **Pothoideae** nennen, Landpflanzen ohne Milchsaftschläuche und Spikularzellen, mit zwitterigen Blüten. Bei uns kommt aus dieser Gruppe nur Acorus Calamus vor, eine Pflanze, welche die offizinelle Kalmuswurzel liefert. Sie enthält ein starkriechendes Öl in besonderen, von einer verkorkten Membran umschlossenen Sekretzellen. Die größte Gattung der ganzen Familie mit über 200 Arten ist Anthurium, die aus dem tropischen Amerika stammt. Bei uns werden zahlreiche Arten und Hybriden vornehmlich wegen ihrer buntgefärbten Spathen oder prächtigen Blätter in Warmhäusern kultiviert, z. B. das schon genannte A. Scherzerianum aus Guatemala mit zinnoberroter Spatha. Die Gattung

Pothos, von der die Unterfamilie ihren Namen hat, ist eine kletternde Arazee, deren Heimat in den Tropen Südasiens, Afrikas und Australiens liegt.

Die zweite Unterfamilie sind die **Monsteroideae**, ebenfalls Landpflanzen, von denen den auffallendsten Typus Monstera deliciosa darstellt mit durchlöcherten Blättern. Die Gärtner bezeichnen diese Pflanze meist als Philodendron pertusum (pertundo-durchstoße). Die Früchte sind eßbar und sollen im Geschmack der Ananas ähneln. — Die **Calloideae**, Land- oder Sumpfgewächse, werden bei uns durch Calla palustris vertreten. Die Pflanze, die in Waldsümpfen vorkommt, ist durch eine weiße Spatha ausgezeichnet. — Unter den **Lasioideae**, meist Knollengewächsen, finden sich einige besonders abenteuerliche Formen mit oft riesigen Blüten. Das einzige alljährlich zur Entwicklung kommende, geteilte Laubblatt weist ebenfalls gewaltige Dimensionen auf. So erreicht der Blattstiel von Dracontium gigas 3 m, der von Amorphophallus titanum sogar 5 m Höhe. Wenn man die biologisch als Einzelapparate wirkenden Blütenstände als „Blüten" gelten lassen will, gehören sie, da der ganze Kolben die Länge von $1\frac{1}{2}$ m erreichen kann, zu den größten, die überhaupt bekannt sind.

Zu den **Philodendroideae** gehört die hauptsächlich brasilianische Gattung Philodendron, deren Blätter ungefähr denen der oben genannten und abgebildeten Monstera gleichkommen. In Gärtnereien viel gezogen und in den Schaufenstern der Blumenhandlungen häufig ausgestellt findet man Zantedeschia aethiopica (meist als „Calla" bezeichnet), mit weißer Spatha und gelben Blütenkolben.

Die **Colocasioideae**, mit den wichtigsten Gattungen Colocasia, Alocasia und Caladium, sind von ökonomischer Bedeutung, weil einige von ihnen, besonders Colocasia antiquorum, große mehlige Knollen besitzen. Die letztgenannte Pflanze wird gegenwärtig in vielen Gegenden in Indien und Malesien, Afrika, dem tropischen Amerika und auf den Südseeinseln gebaut und bildet dort ein Hauptnahrungsmittel der Bewohner. In physiologischer Richtung verdienen Colocasia-Arten genannt zu werden wegen der starken, tropfenförmigen Wasserausscheidung an den Spitzen der Blätter. Caladium-Arten wiederum sind das schönste Beispiel für verschiedenfarbige Blätter. Das ursprüngliche tiefe Grün des Blattes wird teilweise durch das Rot des Anthokyans ersetzt, an anderen Stellen sind die Zellen weiß, also ohne auffallendes Pigment, und diese drei Töne, in mannigfachen Mustern miteinander

abwechselnd, machen diese Pflanzen mit zu den reizvollsten Dekorations≡
gewächsen, die wir kennen.

In den **Aroideae**, welchen eingeschlechtige Blüten zukommen, haben
wir wiederum eine Unterfamilie vor uns, welche auch bei uns in Mittel≡
europa einen Vertreter besitzt: Arum maculatum, den **Aronstab**. Die
höchst eigentümliche Bestäubungseinrichtung ist bereits oben bei der
Charakterisierung der Familie angedeutet worden. Während bei dieser
Pflanze die Spatha grünlichweiß oder gelb gefärbt ist, ist sie bei
anderen Gattungen braunrot gefleckt, so bei dem hie und da als Sonder≡
barkeit gezogenen Sauromatum guttatum, sonderbar deswegen, weil
die Knolle dieser Pflanze, ohne daß man sie ins Erdreich zu versenken oder
ins Wasser zu stellen braucht, den großen, allerdings nicht angenehm
riechenden Blütenstand entwickelt. Helicodiceros muscivorus, eine
Pflanze des Mittelmeergebietes, besitzt sogenannte Wendeltreppenblät≡
ter. Die fußförmig geteilten Blätter besitzen an der Basis rechts und
links je ein wendeltreppenartiges Gebilde. Dieses kommt aus zahl≡
reichen Abschnitten dadurch zustande, daß jeder äußere Abschnitt etwas
höher steht und stärker nach außen gedreht ist als der vorhergehende
innere. Die beiden Randrippen bilden die Achsen der zwei Wendel≡
treppen. Bei einigen Kulturformen von Begonien sind ähnliche Ge≡
staltungen anzutreffen. Die letzte Untergruppe, die der **Pistioideae**,
die zu den Wasserlinsen überleitet, setzt sich aus schwimmenden Wasser≡
pflanzen zusammen. Die Rosetten dieser Gewächse bestehen aus wenig
gegliederten, umgekehrt≡eiförmigen Blättern. Die Vermehrung wird
in ausgiebigster Weise auf vegetativem Weg herbeigeführt. Die Blüten≡
kolben umfassen nur eine weibliche und wenige männliche Blüten. Bei
uns in Aquarien kultiviert wird Pistia stratiotes. Die Pflanze gehört
zu den wenigen Monokotylen, bei der deutliche Schlafbewegungen
festgestellt wurden. Die jüngeren Blätter richten sich bei Dunkelheit näm≡
lich gerade nach aufwärts. Pistia ist in den Tropen weitverbreitet. In
Zentralafrika bildet sie zusammen mit der Papyrusstaude und der Legu≡
minose Herminiera Elaphroxylon für die Schiffahrt unangenehme Hin≡
dernisse in Flußläufen.

Lemnaceae. Die Wasserlinsen bilden eine kleine Familie, die in 26
Arten über den größten Teil der Erde verbreitet ist und sich zusammen≡
setzt aus sehr kleinen, frei auf der Oberfläche stehender Gewässer schwim≡
menden Gewächsen. Die thallusähnliche Gestaltung verbunden mit
dem Fehlen deutlich abgegrenzter Blätter könnte es bei flüchtiger Be≡

trachtung zweifelhaft erscheinen lassen, daß wir es hier mit Blüten=
pflanzen zu tun haben. Dazu kommt, daß manchen von ihnen auch
die Wurzeln gänzlich abgehen. Den einfachsten Typus stellt eine Pflanze
dar wie Wolffia arrhiza. Ohne Gliederung in Sproß und Blatt, ohne
Wurzeln und Gefäßbündeln stellt dieses, höchstens 1,5 mm im Durch=
messer messende grüne Scheibchen die kleinste und einfachst gebaute
Blütenpflanze dar, die wir kennen. In unserer Heimat gelangt sie
niemals zur Blüte, wohl aber in anderen Gebieten, so in Südeuropa,
Afrika, Australien und im südlichen Asien. Man könnte geneigt sein,
die große Einfachheit dieses Organismus für ursprünglich zu halten.
Die Untersuchung des Blütenbaues lehrt aber im Gegenteil, daß diese
Pflanze das Endglied einer langen Rückbildungsreihe darstellt, die, von
komplizierten Formen ausgehend, zu immer einfacher gebauten weiter=
geschritten ist. Als Nächstverwandte der Lemnazeen betrachtet man
jetzt allgemein die Pistioideen, das heißt man nimmt an, daß die
Vorfahren der Wasserlinsen mit denen der Pistia=Gruppe, der letztange=
führten Unterfamilie der Arazeen (vgl. diese), zusammenfallen. Mit
diesen ebenfalls auf der Oberfläche des Wassers schwimmenden Ge=
wächsen verbindet nämlich den größeren Teil der Lemnazeen das Vor=
handensein einer Spatha.

Die Blüten der Lemnazeen sind eingeschlechtig, einhäusig, besitzen
keine Kelch= und Kronblätter. Die männlichen bestehen nur aus einem
Staubblatt, die weiblichen nur aus einem flaschenförmigen Fruchtblatt.
Die erste Gruppe, die Lemneae besitzen noch ein Blütenstandshüll=
blatt, die Spatha, außerdem Wurzeln, denen jedoch eine echte Wurzel=
haube fehlt. Das Gebilde, das das Wurzelende umschließt, entspricht
nämlich entwicklungsgeschichtlich nicht dem, was wir sonst bei fast
allen Phanerogamen mit Ausnahme einiger Parasiten, z. B. der Klee=
seide (Cuscuta), vorfinden.

Hierher zählen Spirodela und die bei uns häufigen Lemna=Arten.
In unseren Gegenden blühen jedoch auch diese nur selten, vermehren
sich vielmehr vegetativ durch Loslösung der Seitensprosse, so daß sie
oft zu Millionen die Wasserflächen bedecken. Die Sprosse von Lemna
trisulca lassen eine Differenzierung in Luftsprosse — mit Spaltöff=
nungen auf der Oberseite — und Wassersprosse, ohne solche, erkennen.
Lemna minor, die häufigste, meist als „Entengrütze" bezeichnete Art
und L. gibba besitzen nur Luftsprosse.

Die zweite Gruppe, die Wolffieae, deren wichtigster Vertreter, Wolffia arrhiza, bereits genannt wurde, besitzt keine Wurzeln, die Antheren sind, im Gegensatz zu denen der vorgenannten mit vier Fächern, nur zweifächrig.

Die Samen der Lemnazeen weisen einen sogenannten Samendeckel auf, der zunächst die Stelle verschließt, hinter der das Keimwürzelchen liegt, später jedoch sich ablöst, um dieses austreten zu lassen.

Es ist wahrscheinlich, daß in den Blüten der Lemnaceen Selbstbestäubung die Regel bildet.

* *

„Viele Pflanzenformen und gerade die schönsten", sagt Alexander von Humboldt, „bleiben den nordischen Völkern ewig unbekannt. Am glühenden Strahle des tropischen Himmels gedeihen die herrlichsten Gestalten der Pflanzen. Wie im kalten Norden die Baumrinde mit dürren Flechten und Laubmoosen bedeckt ist, so beleben dort Cymbidien und duftende Vanille den Stamm der Anakardien und riesigen Feigenbäume. Das frische Grün der Pothosblätter und der Drakontien kontrastiert mit den vielfarbigen Blüten der Orchideen. Die Gewächse, welche unsere Treibhäuser einschließen, gewähren nur ein schwaches Bild von der Majestät der Tropenvegetation. Aber in der Ausbildung unserer Sprache, in der glühenden Phantasie des Dichters, in der darstellenden Kunst der Maler ist eine reiche Quelle des Ersatzes geöffnet. Aus ihr schöpft unsere Einbildungskraft die lebendigen Bilder einer exotischen Natur. Im kalten Norden, in der öden Heide, kann der einsame Mensch sich aneignen, was in den fernsten Erdteilen erforscht wird, und so in seinem Innern eine Welt sich schaffen, welche, das Werk seines Geistes, frei und unvergänglich wie dieser ist." (Ansichten der Natur.)

Die angegebenen als unverbindlich anzusehenden Preise sind Grundpreise.
Die Ladenpreise ergeben sich für den allgemeinen Verlag aus halbiertem Grundpreis × Schlüsselzahl des Börsenvereins (z. Zt. 600), für Schulbücher (mit * bezeichnet) aus vollem Grundpreis × besonderer Schlüsselzahl (z. Zt. 150).

Pilze und Flechten. (Pflanzenkunde.) Von Dr. *W. Nienburg*, Institut für Seenforschung in Langenargen a. Bodensee. Mit 88 Abb. im Text. [120 S.] 8. 1921. (ANuG Bd. 675.) Kart. M. 2.—, geb. M. 3.—.

Die durch zahlreiche Originalabbildungen bereicherte Darstellung sucht, indem sie die Entwicklungsgeschichte in den Vordergrund stellt und auf die praktische Bedeutung hinweist, eine lebendigere und eindringlichere Vorstellung von dem Pilz- und Flechtenreiche zu vermitteln, als sie die Lehrbücher zumeist zu bieten vermögen.

Pflanzenphysiologie. Von Prof. Dr. *H. Molisch*, Dir. des Pflanzenphysiologischen Instituts d. Univ. Wien. Mit 63 Abb. i. T. [V u. 102 S.] 8. 1917. (ANuG Bd. 569.) Kart. M. 2.—, geb. M. 3.—

Alle Erscheinungen des Pflanzenlebens, die mannigfaltigen Ernährungsformen, Atmung, Wachstum, Bewegung, Fortpflanzung und Periodizität werden in allgemeinverständlicher Form erörtert und durch zahlreiche Abbildungen veranschaulicht.

Botanisches Wörterbuch. Von Dr. *O. Gerke*, Hannover. Mit 103 Abb. [VI. u. 221 S.] 8. 1919. (Teubners kl Fachwörterbücher Bd. 1.) Geb. M. 5.—

Gibt in mehr als 5000 Stichwörtern eine sachliche und worterklärende Umschreibung der wichtigeren Pflanzennamen und botanischen Fachausdrücke, und zwar enthält es die lateinisch-griechischen Artbezeichnungen und Gattungsnamen der Pflanzen, die wissenschaftlichen und deutschen Namen der Familien und größeren Gruppen, die nach Bau, Eigentümlichkeiten und Verwendbarkeit beschrieben werden. Die praktischen Bedürfnisse der Apotheker, Forstleute, Landwirte und Gärtner sind besonders in Rücksicht gezogen.

Lehrbuch der Botanik. Von Dr. *K. Giesenhagen*, Prof. a. d. Univ. München. 8. Aufl. Mit 560 Textfig. [VII u. 447 S.] Lex.-8. 1920. Geh. M. 12.—, geb. M. 14.40

Die Neuauflage des auf allen deutschen Hochschulen eingebürgerten Lehrbuches bringt die Botanik auf Grund der gegenwärtigen Anschauungen und neuesten Untersuchungen in dem Umfange zur Darstellung, wie sie als allgemeinbildendes Fach und als Grundlage für speziellere biologische Studien an den Hochschulen Medizinern, Pharmazeuten, Land- und Forstwirten u. a. m. gelehrt wird. Das Buch zeichnet sich aus sowohl durch seine mehr als 550 Originalabbildungen aufweisende Ausstattung als auch durch seine die Aneignung des Stoffes erleichternde Art der Behandlung.

Zellen- u. Gewebelehre, Morphologie u. Entwicklungsgeschichte. Unter Redaktion von Geh. Reg.-Rat Dr. *E. Strasburger*, weil. Prof. a. d. Univ. Bonn, und Geh. Medizinalrat Dr. *O. Hertwig*, Prof. a. d. Univ. Berlin, bearb. von *E. Strasburger, W. Benecke, R. v. Hertwig, H. Poll, O. Hertwig, K. Heider, F. Keibel, E. Gaupp.*
I: **Botanischer Teil.** Mit 135 Abb. im Text. [VII u. 388 S.] Lex.-8. 1913. Geh. M. 11.—, geb. M. 14.—

Inhalt: Pflanzliche Zellen- und Gewebelehre von *E. Strasburger*. — Morphologie und Entwicklungsgeschichte der Pflanzen von *W. Benecke*.

„Hier ist durch gründliche Arbeit hervorragender Fach- und Sachkenner ein in seiner Art bisher einzig dastehendes Werk geschaffen, durch das unsere bisherige Literatur eine sehr wesentliche Bereicherung erfährt." **(Unterrichtsblätter f. Mathematik u. Naturw.)**

Physiologie und Ökologie. (Die Kultur der Gegenwart, hrsg. von Prof. *P. Hinneberg*. Teil III, Abt. IV, 3.) I. Bot. Teil. Unter Redaktion von Geh. Rat Prof. Dr. *G. Haberlandt*, Berlin. Mit 119 Abb. [IV u. 338 S.] M. 11.—, geb. M. 14.—

„Strenge Sachlichkeit, verbunden mit klarer, dem Allgemeinverständnis gerecht werdender Darstellung, Beschränkung in der Auswahl des Stoffes und der Hervorhebung des Wichtigsten tragen dazu bei, die an sich schwierige Materie nicht nur dem gebildeten Laien verständlich zu machen, sondern auch dem Fachmann eine schnelle Orientierung über das ganze Wissensgebiet zu ermöglichen." **(Hamburger Nachrichten.)**

Einleitung in die experimentelle Morphologie der Pflanzen. Von Geh. Hofrat Dr. *K. v. Goebel*, Prof. a. d. Univ. München. Mit 135 Abb. [VIII u. 260 S.] gr. 8. (Naturwissenschaft u. Technik.) 1908. Geb. M. 8.—

Verlag von B. G. Teubner in Leipzig und Berlin

Die angegebenen als unverbindlich anzusehenden **Preise sind Grundpreise.**
Die Ladenpreise ergeben sich für den allgemeinen Verlag aus halbiertem Grundpreis
× Schlüsselzahl des Börsenvereins (z. Zt. 600), für **Schulbücher** (mit * bezeichnet) aus
vollem Grundpreis × besonderer Schlüsselzahl (z. Zt. 150).

Pflanzenanatomie. Von Dr. *W. J. Palladin*, Prof. a. d. Univ. Petersburg. Nach der 5. russ. Aufl. übersetzt u. bearb. von Dr. *S. Tschulok*, Prof. an der Univ. Zürich. Mit 174 Abb. [IV u. 195 S.] gr. 8. 1914. M. 5.—, geb. M 7.—

Vegetationsschilderungen. Eine Einführung in die Lebensverhältnisse der Pflanzenvereine, namentlich in d. morphologischen u. blütenbiologischen Anpassungen. Von Prof. Dr. *P. Graebner*, Kustos am Botanischen Garten der Univ. Berlin. Mit 40 Abb. [IV u. 184 S.] 8. 1912. (T. N. B. Bd. 12.) Kart. M. 2.60

„Gibt für jede Jahreszeit Anleitung zu biologische Beobachtungen zu machen, selbst das Leben und Treiben, das Werden und Vergehen in der Natur zu beobachten. Die besprochenen Pflanzen sind so gewählt, daß die häufigsten und verbreitetsten und dann auch die auffallendsten und interessantesten behandelt werden." **(Fühlings landwirtsch. Zeitung.)**

Die Pflanzen Deutschlands. Eine Anleitung zu ihrer Kenntnis. Der höheren Pflanzen. Von weil. Prof. Dr. *O. Wünsche*. 10., neubearb. Aufl. herausgeg. von Dr. *J. Abromeit*, Prof. a. d. Universität Königsberg. Mit 1 Bildnis O. Wünsches. [XXIX u. 764 S.] 8. 1916. Geb. M. 8.60

„Es erübrigt sich, dem Buche des bekannten Gelehrten ein empfehlendes Wort mit auf den Weg zu geben. Ebenso wie uns der alte wird auch der neue ‚Wünsche' auf Wanderungen durch die Natur ein lieber und oft befragter Begleiter sein." **(Pharmazeutische Zeitung.)**

Die verbreitetsten Pflanzen Deutschlands. Ein Übungsbuch für den naturwissenschaftl. Unterricht. Von weil. Prof. Dr. *O. Wünsche*. 7. Aufl. herausgeg. von Dr. *B. Schorler*, weil. Prof. a. d. Größelschen Realschule in Dresden. Mit 621 Abb. i. T. [IV u. 271 S.] 8. 1919. Geb. M. 6.—

Dieses seit langem erprobte Bestimmungsbuch hat in der Neuauflage durch zahlreiche neue Abbildungen, Hinzufügung biologischer Angaben und schärfere Präzisierung weiter an Brauchbarkeit gewonnen, ohne dadurch seine Handlichkeit einzubüßen.

Exkursionsflora für Nord- und Mitteldeutschland. Ein Taschenbuch zum Bestimmen der im Gebiete einheimischen und häufiger kultivierten Gefäßpflanzen. Für Schüler und Laien. Von Prof. Dr. *K. Kraepelin*, weil. Direktor des Naturhistorischen Museums in Hamburg. 8., verb. Aufl. Mit einem Bildnis von K. Kraepelin und 625 in den Text gedruckten Holzschnitten. [XXX u. 410 S.] 8. 1917. Geb. M. *7.60

„... Ich kann es wohl aussprechen, daß keine der mir bekannten Floren bei dem gleichen geringen Umfang ein so sicheres Auffinden der Pflanzen ermöglicht. Die Holzschnitte, welche in klarer Einfachheit zumeist kritische Formen von Blatt- und Blütenteilen darstellen, sind meisterlich ausgewählt." **(Sächsische Schulzeitung.)**

Unsere Pflanzen. Ihre Namenerklärung und ihre Stellung in der Mythologie und im Volksaberglauben. Von Dr. *F. Söhns*, Hannover. 6. Aufl. mit Buchschmuck von *J. V. Cissarz*. [218 S.] 8. 1920. Kart. M. 7.—

„Das eigenartige Buch, das Botanik, Philologie, Kulturgeschichte und Volkskunde wie verschiedene Blumen zu einem bunten Strauße vereinigt, ist **eine sehr erfreuliche Erscheinung, die wir unseren Lesern warm empfehlen wollen."** (Dtsch. Alpenztg.)

Pflanzen in Sitte, Sage und Geschichte. Für Schule und Haus von *F. Warnke*. [VII u. 219 S.] 8. 1878. Kart. M. 2.10

Das Büchlein wird allen denen Freude machen, die Verständnis nicht nur für die systematische Erkenntnis der Natur haben, sondern für die eine sinnige, auf das Dichten und die Bedürfnisse des Menschengeschlechtes achtende Naturbetrachtung eine wertvolle Bereicherung des Denkens und Fühlens bedeutet.

Pflanzengeographische Wandlungen der deutschen Landschaft. Von Dr. *H. Hausrath*, Prof. an der Techn. Hochschule in Karlsruhe i. B. [VI u. 274 S.] 8. 1911. (Wissensch. und Hypothese Bd. XIII.) Geb. M. 8.—

Verlag von B. G. Teubner in Leipzig und Berlin

Anfragen ist Rückporto beizufügen

Die angegebenen Preise
sind Grundpreise, die gegenwärtig (November 1922), den jetzigen Herstellungs- und allgemeinen Unkosten entsprechend, mit der Teuerungsziffer 100 zu vervielfältigen sind.

Teubners
kleine Fachwörterbücher

geben rasch und zuverlässig Auskunft auf jedem Spezialgebiete und lassen sich je nach den Interessen und den Mitteln des einzelnen nach und nach zu einer Enzyklopädie aller Wissenszweige erweitern.

„Mit diesen kleinen Fachwörterbüchern hat der Verlag Teubner wieder einen sehr glücklichen Griff getan. Sie ersetzen tatsächlich für ihre Sondergebiete ein Konversationslexikon und werden gewiß großen Anklang finden." [Die Warte.]

„Wer ist jetzt in der Lage, teuere Nachschlagebücher zu kaufen? Wie viele aus den Reihen der Volkshochschulbesucher verlangen nach Handreichungen, die das Studium der Natur- und Geisteswissenschaften ermöglichen. Die Erklärungen sind sachlich zutreffend und so kurz als möglich gegeben, das Sprachliche ist gründlich erfaßt, das Wesentliche berücksichtigt. Die Bücher sind eine glückliche Ergänzung der Bändchen „Aus Natur und Geisteswelt" des gleichen Verlags. Selbstverständlich ist dem neuesten Stande der Wissenschaft Rechnung getragen." [Pädagog. Arbeitsgemeinschaft.]

„Diese handlichen Nachschlagebücher bieten nach Form und Inhalt Vorzügliches und werden sich, wie zu erwarten steht, in unseren Volksbüchereien schnell einbürgern."
[Blätter für Volksbibliotheken.]

Bisher erschienen:

Philosophisches Wörterbuch. 3. Aufl. V. Studienrat Dr. P. Thormeyer. (Bd. 4.) M. 4.—

Psychologisches Wörterbuch von Dr. Fritz Giese. Mit 60 Fig. (Bd. 7.) M. 3.50

Wörterbuch zur deutschen Literatur von Studienrat Dr. H. Röhl. (Bd. 14.) M. 4.—

*Musikalisches Wörterbuch** von Privatdoz. Dr. J. H. Moser. (Bd. 12.)

*Wörterbuch zur Kunstgeschichte** von Dr. H. Vollmer.

Physikalisches Wörterbuch von Prof. Dr. G. Berndt. Mit 81 Fig. (Bd. 5.) M. 4.—

*Chemisches Wörterbuch** von Privatdozent Dr. H. Remy. (Bd. 10.)

*Astronomisches Wörterbuch** v. Observator Dr. H. Naumann. (Bd. 11.)

Geologisch-mineralogisches Wörterbuch von Dr. C. W. Schmidt. Mit 211 Abb. (Bd. 6.) M. 4.—

Geographisches Wörterbuch von Prof. Dr. O. Kende. I. Allgem. Erdkunde. Mit 81 Abb. (Bd. 8.) M. 4.–. *II. Wörterbuch der Länder- und Wirtschaftskunde. (Bd. 13.)

Zoologisches Wörterbuch von Dir. Dr. Th. Knottnerus-Meyer. (Bd. 2.) M. 3.50

Botanisches Wörterbuch von Dr. O. Gerke. Mit 103 Abb. (Bd. 1.) M. 3.50

Wörterbuch der Warenkunde von Prof. Dr. M. Pietsch. (Bd. 3.) M. 4.—

Handelswörterbuch von Handelsschuldir. Dr. V. Sittel u. Justizrat Dr. M. Strauß. Zugleich fünfsprachiges Wörterbuch, zusammengestellt von V. Armhaus, verpfl. Dolmetscher. (Bd. 9.) M. 4.—

* in Vorbereitung bzw. unter der Presse (1922)

Verlag von B. G. Teubner in Leipzig und Berlin

Anfragen ist Rückporto beizufügen

=== Die angegebenen Preise ===
sind Grundpreise, die gegenwärtig (November 1922), den jetzigen Herstellungs- und allgemeinen Unkosten entsprechend, mit der Teuerungsziffer 100 (für Schulbücher, mit * bezeichnet, mit 70) zu vervielfältigen sind.

Europa
Grundzüge der Länderkunde. Band I
Von A. Hettner. 2., gänzl. umg. Aufl. Mit Taf. u. Kärtchen. [U. d. Pr. 1922.]

Der vorliegende I. Band der „Grundzüge der Länderkunde" bietet eine zusammenfassende Darstellung der Länder Europas in ihrer neuen Gestaltung auf wissenschaftlicher, aber gemeinverständlicher Grundlage. – II. Band: Außereuropäische Erdteile. [In Vorb. 22.]

Astronomie
Unter Redaktion von J. Hartmann bearbeitet von zahlreichen Fachgelehrten. (Die Kultur der Gegenwart. Teil III, Abt. III, Bd. 3.) M. 20.–, geb. M. 25.–

„Soll ich in kurzen Worten mein Urteil über das Buch zusammenfassen, so möchte ich sagen: Bei völligem Fehlen nutzloser Spekulationen verbindet es eine Übersicht über die gesamte astronomische Forschung mit einer historischen Darstellung des Einflusses der Sternkunde auf das äußere Leben und Weltanschauung aller Kulturstufen." (Köln. Volksztg.)

Anthropologie
Unter Redakt. v. G. Schwalbe u. E. Fischer bearb. von zahlr. Fachgelehrten. (Die Kultur der Gegenwart. Teil III, Abt. V.) Geh. ca. M. 20.–, geb. ca. M. 25.–

In dem Werk wird erstmalig ein abgerundetes Bild der Gesamtgebiete der Anthropologie, Völkerkunde und Urgeschichte in streng wissenschaftlicher und zugleich gemeinverständlicher Darstellung aus der Feder bester Kenner geboten.

Astrophysik
3., neubearb. Aufl. von Schreiners Populärer Astrophysik. Von K. Graff. Mit 254 Tafeln und 17 Figuren. Geh. M. 12.–, geb. M. 15.60

Das Werk bietet in der Neuauflage eine auch dem gebildeten Laien zugängliche Einführung in die neuesten außerordentlichen Fortschritte der astrophysikalischen Forschung und entwirft ein vollständiges Bild des Kosmos, der Sonne, der Planeten, der Fixsterne und Nebelflecke, so wie sich dadurch darstellt.

Führer durch unsere Vogelwelt
Von B. Hoffmann. 2., verm. u. verb. Aufl. Mit zahlr. Notenbildern, Vogelliedern u. Bildschmuck. Geb. M. 6.80. II. Teil: Vom Bau und Leben des Vogels. [Erscheint rechtzeitig vor Weihnachten 1922.]

Teubners Naturwissenschaftliche Bibliothek
U. a. gehören zur Sammlung: Große Physiker. Von Joh. Keferstein. • Physikalisches Experimentierbuch. Von H. Rebenstorff. In 2 Teilen. • Chemisches Experimentierbuch. Von K. Scheid. In 2 Teilen. • Geologisches Wanderbuch. Von K. G. Voll. In 2 Teilen. • Geographisches Wanderbuch. Von A. Berg. 2. Aufl. • Große Biologen. Von W. May. • Biologisches Experimentierbuch. Von C. Schäffer.

Mathematisch-Physikalische Bibliothek
Hrsg. von W. Lietzmann und A. Witting. Jeder Band M. 1.–

Neu erschienen: Einführung in die Trigonometrie. Von A. Witting. (Bd. 43.) Abgekürzte Rechnung. Von A. Witting. (Bd. 47.) Funktionen, Schaubilder, Funktionstafeln. Von A. Witting. (Bd. 48.) Mathematik und Biologie. Von M. Schips. (Bd. 42.) Die mathematischen Grundlagen der Lebensversicherung. Von H. Schütte. (Bd. 46.) Atom- und Quantentheorie. Von P. Kirchberger. (Bd. 44.) Unter der Presse: Trugschlüsse. Von W. Lietzmann. (Bd. 50.) Wie man einstens rechnete. Von E. Fettweis. (Bd. 49.) Ebene Geometrie. Von B. Kerst.

Verlag von B. G. Teubner in Leipzig und Berlin

Preisänderung vorbehalten

Teubners Künstlersteinzeichnungen
Wohlfeile farbige Originalwerke erster deutscher Künstler fürs deutsche Haus
Die Sammlung enthält jetzt über 200 Bilder in d. Größen 100×70 cm (M. 1000.-), 75×55 cm (M. 750.-), 103×41 cm (M. 500.-), 60×50 cm (M. 600.-), 55×42 cm (M. 400.-), 41×30 cm (M. 250.-). Geschmackvolle Rahmung aus eigener Werkstätte.

Neu: Kleine Kunstblätter
18×24 cm je M. 100.-. Liebermann, Im Park. Prenzel, Am Wehr. Hecker, Unter der alten Kastanie und Weihnachtsabend. Treuter, Bei Mondenschein. Weber, Apfelblüte.

Schattenbilder
K. W. Diefenbach „Per aspera ad astra". Album, die 34 Teilb. des vollst. Wandfrieses fortlaufend wiedergeg. (20½×25 cm) M. 750.-. Teilbilder als Wandfriese (42×30 cm) je M. 300.-, (35×18 cm) je M. 100.-, auch gerahmt in versch. Ausführ. erhältl. „Göttliche Jugend". 2 Mappen, mit je 20 Blatt (25¼×34 cm) je M. 750.-. Einzelbilder je M. 50.-, auch gerahmt in versch. Ausführ. erhältl.
Kindermusik. 12 Blätter (25½×34 cm) in Mappe M. 500.-, Einzelblatt M. 50.-.
Gerda Luise Schmidt (20×15 cm) je M. 40.—. Auch gerahmt in verschiedener Ausführung erhältlich. Blumenorakel. Reisespiel. Der Besuch. Der Liebesbrief. Ein Frühlingsstrauß. Die Freunde. Der Brief an „Ihn". Annäherungsversuch. Am Spinett. Beim Wein. Ein Märchen. Der Geburtstag.

Teubners Künstlerpostkarten
(Ausf. Verzeichnis v. Verlag in Leipzig.) Jede Karte M. 12.-. Reihe von 12 Karten in Umschlag M. 120.-, jede Karte unter Glas mit schwarzer Einfassung u. Schnur eckig oder oval.
Die mit * bezeichneten Reihen auch in feinen ovalen Holzrähmchen eckig oder oval. Teubners Künstlersteinzeichnungen in 12 Reihen. Teubners Künstlerpostkarten nach Gemälden neuerer Meister. 1. Macco, Maienzeit. 2. Köselik, Sonnenblick. 3. Butterfaß, Sommer im Moor. 4. Hartmann, Sommerweide. 5. Kühn jr., Im weißen Zimmer. In Umschlag M. 60.— *Diefenbachs Schattenbilder in 7 Reihen. Aus dem Kinderleben, 6 Karten nach Bleistiftzeichn. von Hela Peters. 1. Der gute Bruder. 2. Der böse Bruder. 3. Wo drückt der Schuh? 4. Schmeichelkätzchen. 5. Püppchen, aufgepaßt! 6. Große Wäsche. In Umschlag M. 60.—. *Schattenrißkarten von Gerda Luise Schmidt: 1. Reihe: Spiel und Tanz, Fest im Garten, Blumenorakel, Die kleine Schäferin, Belauschter Dichter, Rattenfänger von Hameln. 2. Reihe: Die Freunde, Der Besuch, Im Grünen, Reisespiel, Ein Frühlingsstrauß, Der Liebesbrief. 3. Reihe: Der Brief an „Ihn", Annäherungsversuch, Am Spinett, Beim Wein, Ein Märchen, Der Geburtstag. Jede Reihe in Umschlag M. 60.—

Rudolf Schäfers Bilder nach der Heiligen Schrift
Der barmherzige Samariter (M. 750.-), Jesus der Kinderfreund (M. 600.-), Das Abendmahl (M. 750.-), Hochzeit zu Kana (M. 600.-), Weihnachten (M. 750.-), Die Bergpredigt (M. 600.-), (75×55 bzw. 60×50 cm).

Diese 6 Blätter in Format 23×30 unter dem Titel **Biblische Bilder** in Mappe M. 250.-, als Einzelblatt je M. 50.- (Auch als „Kirchliche Gedenkblätter" und als „Glückwunsch- u. Einladungskarten" erhältlich.)

Karl Bauers Federzeichnungen
Charakterköpfe zur deutschen Geschichte. Mappe, 32 Bl. (28×36 cm) M. 250.—
12 Bl. M. 100.—, Einzelblätter . . . . M. 18.—
Aus Deutschlands großer Zeit 1813. In Mappe, 16 Bl. (28×36 cm) M. 100.—
Einzelblätter . . . . M. 18.—
Führer und Helden im Weltkrieg. Einzelne Blätter (28×36 cm) M. 50.—
2 Mappen, enthaltend je 12 Blätter . . . . M. 50.—

Katalog über künstlerischen Wandschmuck vom Verlag in Leipzig, Poststraße 3, erhältlich

Verlag von B. G. Teubner in Leipzig und Berlin

Anfragen ist Rückporto beizufügen

MIX
Papier aus verantwortungsvollen Quellen
Paper from responsible sources
FSC® C105338

If you have any concerns about our products,
you can contact us on
ProductSafety@springernature.com

In case Publisher is established outside the EU,
the EU authorized representative is:
**Springer Nature Customer Service Center GmbH
Europaplatz 3, 69115 Heidelberg, Germany**

Printed by Libri Plureos GmbH
in Hamburg, Germany

Interkulturalität und Kognition

Debrecener Studien zur Literatur

Herausgegeben von Tamás Lichtmann

Band 17

Herausgeberbeirat:
Kurt Bartsch, Graz
Árpád Bernáth, Szeged
Hans-Georg Kemper, Tübingen
Karl Müller, Salzburg
Thomas Schestag, Frankfurt/M.

Adresse des Herausgebers:
Universität Debrecen
Lehrstuhl für deutschsprachige Literatur
H-4010 Debrecen, Pf. 47
Ungarn

Tamás Lichtmann
Karl Katschthaler
(Hrsg.)

Interkulturalität und Kognition

Bibliografische Information der Deutschen Nationalbibliothek
Die Deutsche Nationalbibliothek verzeichnet diese Publikation in
der Deutschen Nationalbibliografie; detaillierte bibliografische
Daten sind im Internet über http://dnb.d-nb.de abrufbar.

Umschlaggestaltung:
© Atelier Platen, Friedberg

Sprachliche Lektorierung der Beiträge:
Andrea Horváth

The work/publication is supported by the TÁMOP-
4.2.2/B-10/1-2010-0024 project.
The project is co-financed by the European Union and the
European Social Fund.

Gedruckt auf alterungsbeständigem,
säurefreiem Papier.

ISSN 0946-1930
ISBN 978-3-631-63851-4
© Peter Lang GmbH
Internationaler Verlag der Wissenschaften
Frankfurt am Main 2013
Alle Rechte vorbehalten.
Peter Lang Edition ist ein Imprint der Peter Lang GmbH.

Peter Lang – Frankfurt am Main · Berlin · Bruxelles · New York ·
Oxford · Wien · Warszawa

Das Werk einschließlich aller seiner Teile ist urheberrechtlich
geschützt. Jede Verwertung außerhalb der engen Grenzen des
Urheberrechtsgesetzes ist ohne Zustimmung des Verlages
unzulässig und strafbar. Das gilt insbesondere für
Vervielfältigungen, Übersetzungen, Mikroverfilmungen und die
Einspeicherung und Verarbeitung in elektronischen Systemen.

www.peterlang.de

Inhalt

KARL KATSCHTHALER
Vorwort 7

PENKA ANGELOVA
Kulturwissenschaftlich-philologische Herangehensweise zwischen Interkulturalität und Transdisziplinarität. Über die „Freiheit der Wissenschaft" und das Prinzip Verantwortung.. 11

GABRIELLA HIMA
Begegnung mit dem Fremden – Interkulturalität und Alterität in fiktionalen Reiseberichten 17

ANDREA HORVÁTH
Noch vor der Grenze. Das Bild der eigenen Kultur in Ilija Trojanows *Die Welt ist groß und Rettung lauert überall*................................. 23

KARL KATSCHTHALER
Ethnologie als transkultureller Übersetzungsprozess? „Dichte Beschreibung" vs. (Zwischen-)Raum-Geben 29

ENDRE KISS
Wien und Berlin. Kultur im Kraftfeld von Kognition und Interkulturalität... 43

MAGDOLNA OROSZ
Erzählen und Kognition: Überlegungen zur Anwendbarkeit kognitiver Modelle in der Textanalyse 57

ESZTER PABIS
„Es bleibt nichts als Lesen". Narration und Kognition in Max Frischs *Der Mensch erscheint im Holozän* 73

RALUCA RĂDULESCU
Hybride Identitäten zwischen Wortlandschaften. Marica Bodrožićs Prosaband *Sterne erben, Sterne färben* 87

TAMÁS LICHTMANN
Wahrheit ist un(mit)teilbar. Das sakral-profane Wort 97

Karl Katschthaler

Vorwort

In Bezug auf die Geisteswissenschaften ist in letzter Zeit oft von Wenden die Rede gewesen. Die Linguistik hat ihre kognitionswissenschaftliche Wende bereits hinter sich, die Literaturwissenschaft scheint mitten in der kulturwissenschaftlichen Wende zu stecken. Die alte Frage nach der Schnittstelle zwischen Linguistik und Literaturwissenschaft stellt sich somit auf der Ebene der Leitwissenschaften als Frage nach der Schnittstelle von Kognitionswissenschaft und Kulturwissenschaft. Entscheidend für diese Frage ist die Opposition von Universalismus und Relativismus. Während innerhalb der Kognitionswissenschaft der Tatsache, dass ein Großteil der untersuchten mentalen Repräsentationen und Prozesse kultureller Natur sind, kaum Beachtung geschenkt und Universalität häufig postuliert wird, ohne die Möglichkeit der Kulturgebundenheit in Betracht zu ziehen, neigt man in der Kulturwissenschaft häufig zur radikalen Historisierung, zum radikalen Kulturrelativismus und zur Leugnung der möglichen Existenz anthropologischer Universalien.

Sucht man nach möglichen Schnittstellen dieser scheinbar in entgegengesetzte Richtungen arbeitenden Wissenschaftskonzeptionen, bieten sich zunächst folgende drei Bereiche an.

1. Die **kognitive Anthropologie**, die Kategorien wie Zeit, Person, Raum und Landschaft als kulturelle Konstruktionen betrachtet und die Suche nach Universalien mit der Kritik an deren unreflektierter Postulierung verbindet. Kulturanthropologische Konzepte und Fragestellungen in der kulturwissenschaftlich und interkulturell ausgerichteten Literaturwissenschaft, wie Konstruktionen von Nationalität, Identität, Fremdheit, Gender, können an dieser Schnittstelle einerseits kognitionswissenschaftlich fundiert werden und andererseits zur Kritik des kognitionswissenschaftlichen Universalismus beitragen.

2. Eine weitere Schnittstelle stellt die **kognitive Hermeneutik** dar, in der alte literaturtheoretische Probleme gerade neu konzipiert und diskutiert werden. Zu denken ist in diesem Zusammenhang vor allem an die Oppositionspaare Autorintentionalismus vs. Tod des Autors und Sinnobjektivismus vs. Sinnsubjektivismus.

3. Schließlich bietet sich als Schnittstelle die **Narratologie** an, die in ihrer kognitionswissenschaftlichen Ausprägung die kognitiven Voraussetzungen der Narration und umgekehrt die narrativen Grundlagen der Kognition untersucht. Für die Literaturwissenschaft stellt sich in dieser Perspektive eine ganze Reihe von Fragen und Aufgaben, angefangen von der Ausarbeitung einer kognitiven Fiktionalitätstheorie bis zur kognitiven Fundierung bzw. Reformulierung ihres Interpretationsvokabulars.

Die Beiträge des vorliegenden Bandes erkunden diese Schnittstellen des Spannungsfeldes von **Interkulturalität** und **Kognition** an Beispielen aus der österreichischen, deutschen, schweizerischen, ungarischen Literatur sowie der Mitrationsliteratur. Gemeinsam ist ihnen das Streben nach Überschreitung der methodologischen Grenzen der Philologie in Richtung einer transdiziplinären und interkulturellen Literaturwissenschaft.

Penka Angelowa entwickelt in ihrem Beitrag ausgehend von Hans Jonas' ethischem Ansatz des „Prinzips Verantwortung" einerseits und dem der Transdisziplinarität andererseits eine Konzeption germanistischer Forschung, die insbesondere den große Denkern der ersten Hälfte des zwanzigsten Jahrhunderts gerecht werden soll. Diese Forschung soll gekennzeichnet sein durch Wertorientierung, interkulturelle Herangehensweise und Transdisziplinarität. Mit Canetti stellt sie schließlich die Frage, ob es eine transkulturelle Ratonalität ohne europäischen Imperialismus geben könnte und plädiert für einen machtfreien Diskurs in Form eines Polylogs.

Gabriella Hima beschreibt zunächst einen Paradigmenwechsel in der Reiseliteraturforschung, die nicht mehr nach der beschriebenen Kultur, sondern nach den Dispositionen der beschreibenden Kultur fragt. Grundlage dieser Gegenstandsverschiebung ist der relationale Fremdheitsbegriff der Alteritäts- und Interkulturalitätsforschung. Hima untersucht dann narrative Entwürfe der Begegnung mit dem Fremden an ausgewählten Erzähhlungen des ungarischen Autors Dezső Kosztolányi und konstatiert als Leistung dieser Literatur, die Barrieren verdrängter Fremdheit in uns selbst aufzubrechen und so die anthropologischen Voraussetzungen interkulturellen Verständnisses freizulegen.

Andrea Horváth wählt mit Ilija Trojanow einen prominenten Vertreter der deutschen Migrationsliterauur als Beispiel für interkulturelles Schreiben. Sie geht zunächst den Auffassungen von Identität und Kultur dieses Autors nach und analysiert dann seinen Roman aus dem Jahr 1996: *Die Welt ist groß und Rettung lauert überall*. Im Mittelpunkt der Analyse steht dabei die Erfahrung von Heterogenität in einer hybriden Kultur.

Karl Katschthaler widmet sich der Frage der Übersetzbarkeit von Kulturen. Er stellt kritisch zwei ethnologische Paradigmen einander gegenüber, auf der einen Seite die hermeneutische Kulturanthropologie von Clifford Geertz als einer Ethnolgie des Lesens, auf der anderen den Versuch Hubert Fichtes, eine

„poetische" Anthropologie zu praktizieren, in der das Hören eine zentrale Rolle hat. In einem Zwischenraum der Kulturen möchte eine solche Ethnologie gleichermaßen dem intrapsychischen Anderen wie dem interpersonellen andern zuhören und beiden in einer polyphonen Darstellung Stimmen geben.

Nicht weniger als den Versuch, eine spezifischen „österreichischen" oder „mittel-europäischen" Rationalitätstypus zu beschreiben, unternimmt Endre Kiss. Im Kontext der „Entzauberung der Welt" deutet er das „Irrationale" in der österreichischen Kunst und Philosophie als Reaktion auf die sich in allen Bereichen durchsetzende mitteleuropäische Rationalität. In einem zweiten Schritt möchte Kiss dann mit dem Vorantreiben des Vergleichs der Wiener und der Berliner Moderne zu einem holistischen Verständnis des Gesamtporzesses der europäischen Moderne beitragen.

Die Schnittstelle der Narratologie erkundet der Beitrag von Magdolna Orosz. Sie gibt zunächst einen Überblick über den narratologischen Forschungsstand zum Erzählen als anthropologischem und kulturellem Phänomen. Diese kognitive Anthropologie versucht sie dann mit der Theorie möglicher Welten zusammen zu denken und sowohl Produktion als auch Rezeption von Erzähltexten als Schaffung kognitiver ‚Welt'-Repräsentationen zu fassen. In dieser Perspektive kommen die Prozesse in den Blick wie figurale Selbst- und Fremdwahrnehmung und durch sie bestimmte Kommunikationsverläufe, Selbst- und Fremdwahrnehmung des Erzählers, Steuerung der Wahrnehmung des Lesers sowie dadurch bedingte historisch und kulturell variable Rezeptionsprozesse. Eine abschließende Beispielanalyse von Arthur Schnitzlers Erzählung *Das Schicksal des Freiherrn von Leisenbohg* zeigt die Fruchtbarkeit dieses Ansatzes.

Als paläontologischen Versuch aus vorgefundenen Bruchstücken eine imaginative Ganzheit zu (re)konstruieren liest in ihrem Beitrag Eszter Pabis Max Frischs Erzählung *Der Mensch erscheint im Holozän*. Dabei geht es ihr vor allem um die Korrelation zwischen Narration und Kognition, die sie im Spannungsfeld von Erosion und Kohäsion sowie von Kultur und Kontingenz analysiert. Das Oppositionspaar Bewusstsein und Körper gibt den Rahmen für die Untersuchung des Zusammenhangs von Erzähltechnik und Selbstverlust, von der Bezeichnungs- und Erkenntnisfunktion der Sprache und somit des Verhältnisses von Narration, Sprache und Subjekt.

Der Beitrag von Raluca Rădulescu wendet sich noch einmal der Hybritität des Identitätsbegriffs zu. In ihrer Analyse des 2007 erschienenen Prosabands *Sterne erben, Sterne färben. Meine Ankunft in Wörtern* der dalmatinisch-deutschen Dichterin Marica Bodrožić beschreibt sie eine sprachlich erzeugte Seelenlandschaft als „empfindungsbeladene Topographie" in der Wörter verschiedener Sprachen und Dialekte verortet sind. Sie stellt die Frage nach der nationalen Prägung dieser Verortungen und ihrer emotionalen Auflading. Der Text erscheint in dieser Perspektve als Suche zwischen den Identitäten, als eine Unternehmen weniger der Identitätsfindung als der Identitätserforschung.

In dem den Band abschließenden Beitrag stellt Tamás Lichtmann die Frage nach dem spezifischen Verhältnis von Kunst und Wahrheit. Ausgehend von Walter Benjamins Sprachauffassung definiert er die Wahrheit der Kunst als im Medium der Sprache Un(mit)teilbares, das sich erst in der Monade des Kunstwerkes als Geistiges offenbare. Diese Sakralisierung der Kunst im metaphorischen Sinn fasst Lichtmann im Begriff der „sakral-profanen" Sprache der Kunst. Wie Erkenntnis jenseits der Sprache möglich wird, zeigt er an einer Fülle von Beispielen von Franz Kafka über Hugo von Hofmannsthal, Hermann Broch, Robert Musil bis zu Paul Celan.

Der vorliegende Band geht auf die Konferenz „Interkulturalität und Kognition" zurück, die im Rahmen der Tagung der Gesellschaft ungarischer Germanistinnen und Germanisten (GUG) vom Institut für Germanistik der Universität Debrecen zwischen 29. und 30. Mai 2009 veranstaltet wurde. Seine Drucklegung wurde mit Mitteln der Forschungsförderung aus dem Programm TÁMOP 4.2.2/B-10/1-2010-0024 sowie des Grauiertenkollegs „Deutschsprachige Literatur" an der Universität Debrecen gefördert.

Penka Angelova

Kulturwissenschaftlich-philologische Herangehensweise zwischen Interkulturalität und Transdisziplinarität. Über die „Freiheit der Wissenschaft" und das Prinzip Verantwortung

Eine der Grundantinomien der Moderne, die noch in der Postmoderne zu spüren ist, ist die Antinomie von Universalismus v/s Partikularismus,[1] die sich sogar auf der politischen Ebene zwischen europäischen Integrationsprozessen und Separatismus abspielt. Ein Versuch, diese Antinomie zu schlichten besteht darin, indem im Teil auch der Bezug zum Ganzen gesucht wird und die Ahnung vom Ganzen auch in der Teilperspektive erhalten bleibt.

Die Geschichte der Germanistik hat gezeigt, dass die Methodengeschichte der Germanistik bzw. der Philologie eng mit der Institutionengeschichte verbunden ist und oft von ihr vereinnahmt worden ist.[2] Bei einer solchen „Vorreiterrolle der Germanistik", die auch die Marbacher Tagung vom Juli 1996 über „Fächergrenzen. Deutsche Philologie und Kulturwissenschaften um 1900"[3] der deutschen Philologie unumwunden anerkannt hat, ist noch mehr nach der Moral und dem Ethos des Philologen und seiner Verantwortung vor der Gesellschaft und der Humanität zu fragen. Wenn die Philologie am ganzheitlichen Exegese-Programm der Welt beteiligt ist, sollte sie sich auch vor dem Ganzen und nicht vor seinen Teilen verantworten. Denn die Frage nach der Verantwortung des Wissenschaftlers – es wurden meistens Physiker und Gentechnologen gemeint – ist seit Jahrzehnten in den Mittelpunkt der Wissenschaftsforschung gewesen, die Verantwortung des Philologen vor der Gesellschaft und vor der Menschheit wurde jahrzehntelang unterschätzt, weil ihre Folgen sich im Geheimen abspielen, ihr volles und richtiges Ausmaß erst Jahrzehnte wirken soll und die Folgen so umfassend und abschreckend sind, dass erst ein „Systemwechsel" und Denkstrukturenwechsel nötig ist, um sie zu bemerken. Dabei geht es nicht nur um Aufarbeitung von Vergangenheit, sondern auch um Denkstrukturen und System-

---

[1] Weiß, Johannes: Antinomien der Moderne. In: Nautz, Jürgen & Vahrenkamp, Richard (Hrsg.): *Die Wiener Jahrhundertwende*. Böhlau, 1996, S. 51-61.
[2] Hermand, Jost: *Geschichte der Germanistik. rowohlts enzyklopädie*. Reinbek bei Hamburg, S. 1994.
[3] *Marbacher Mitteilungen*, a.a.O. S. 26.

umschleichungen oder Systemunterstützungen, vor denen man gerne die Augen schließen will. Es geht dabei nicht ums Moralisieren mit dem erhobenen Zeigefinger, sondern um „ethische Gewichtung", um die Einhaltung des „Prinzips Verantwortung", wie es Hans Jonas formuliert, denn „Die Verantwortung ist *letzte Instanz*".[4] Wenn man die großen Denker des 20. Jahrhunderts betrachtet, die über die fachübergreifenden Ansätze der Literaturwissenschaft hinausgegangen sind – Benjamin, Bloch, Broch, Musil, Canetti – wird man feststellen, dass man ihrem Werk weder mit den rein philologischen, noch rein philosophischen Kategorien gerecht wird, dass bei Ihnen nicht nur die Geisteswissenschaften, sondern auch die naturwissenschaftlichen Betrachtungen und Ergebnisse eine Rolle spielen und dass man bei der Behandlung ihres Werks auch philologische Kompetenzen braucht.

Eine solche Untersuchung sollte eine **interkulturelle, intertextuelle und transdisziplinär auf den Polylog der Kulturen und Disziplinen** fußende, und vor allem, dem Gegenstand der Untersuchung angemessen – **werteorientierte** sein. Der **Intertext** ist immer auch interkulturell, denn Geistigkeit spielt sich nicht bloß in begrenzten geographischen Regionen, selbst wenn sie auch ihre geographischen Topoi aufweist, sondern sie spielt sich in den Regionen von Textbezügen und geistiger Synergien, die die Zeit- und Raumgrenzen überbieten. Die **interkulturelle Herangehensweise** bietet Möglichkeiten der Einschaltung von Außenperspektiven, die als Korrektiv und Multiplikation dienen und die Aspekte der Humanität vervollständigen können. Denn eine jede Sichtweise kann den Wertstrukturen des Regionalen verhaftet sein, erst das Aufeinandertreffen und Aufeinanderbezogenwerden der einzelnen Teilperspektiven kann eine Annäherung an das Ganze und einer ganzheitlich in sich gegliederten Weltsicht gewährleisten. Der Kulturwissenschaftler hat es von Anfang an mit einer in sich sinnvollen, das heißt Werte in sich schließenden Textwelt zu tun. Jede „Textanalyse" ist daher schon eine Wertanalyse, d.h. eine Feststellung und Zergliederung des Ganzheitsgehaltes. Die Analyse ist also schon Werturteil. Eine wertfreie und „objektive" Wissenschaftssprache ist unmöglich und ist als Betrug anzusehen, denn wertfrei kann der s.g. „Gegenstand", der eigentlich mit dem Subjekt der Betrachtung eine Personalunion eingeht – „Mensch", *human* – niemals sein. Der höchste Wert dieser Wissenschaften sollte dann gerade im Sinne des universalistischen Trends *das* menschliche Leben sein: nicht das Leben einer bevorzugten Elite, Ethnie, Nation, Klasse, Rasse usw., sondern das in einem universalen Sinn verstandene Menschliche Leben, das auch das Überleben der Menschheit ermöglichen würde. Dieses Problem scheint in der logisch-methodologischen Frage nach den Werten auf, in der Frage, ***Wertsprachen*** zu benutzen, deren höchster Wert das so verstandene menschliche Leben ist. Jede Tatsachen- und Subjektanalyse ist in dem sinnvollen Zusammenhang ihrer Einordnung in die Ganzheit der Welt und des Menschlichen Lebens schon eine Wertanalyse.

---

[4] Walter-Müller Seidel, a.a.O. S. 15.

Auf diese Weise werden die Subjekt-Objekt-Beziehungen und ihre Widersprüche auf eine neue Art gesehen und gewertet. So ist in diesem Zusammenhang ein „**synthetisches Interpretieren**", wie es von dem amerikanischen Germanisten Jost Hermand gefordert wird und von Endre Kiss[5] im Kontext der Erforschung der österreichischen Literatur angewandt worden ist, wohl am Platze, in dem jedoch ein Vorrang der narrativen und textwissenschaftlichen Herangehensweise anerkannt wird. Dies am Beispiel von Canettis *Masse und Macht* und seinen *Aufzeichnungen* zu belegen war das Anliegen in meinem Buch *Elias Canetti. Spuren zum mythischen Denken.*[6]

Bei einer solchen in sich ganzheitlich gegliederten Betrachtung der Welt ist es angebracht, die amalgamierende Rolle einer kulturwissenschaftlich orientierten Textwissenschaft für die Untersuchung anzusprechen. Denn bei einer jeden kulturwissenschaftlichen Untersuchung geht es um eine bestimmte werkorientierte Auslegung die mit sich auch eine Rangordnung der durchlässig gewordenen Disziplinen führt und nicht einen globalen Mix von Theorien und Terminologien darbietet. Die **Figur der Amalgamierung** beschwört die **Utopie des Erkennens**, Begriff und Mimesis, Wissenschaft und Gestaltung in einem zu sein. Es soll dabei nicht bei einer philologischen Kleingärtnerei bleiben, sondern die Wirklichkeit der geistigen Erfahrung in sprachlicher, struktureller, systematischer, gesellschaftskritischer und ontologischer Hinsicht behandeln und den Anforderungen der Literatur selbst, als sich ständig wandelndes Objekt der Untersuchung, Rechnung tragen – eine Literatur, die ihr besonderes Bekenntnis und ihren Anspruch an die Wirklichkeit, wie sie auch immer verstanden wird, bekannt gemacht hat.

Gerade die hier geforderte engste Verflechtung einer Geistes- und Kulturgeschichte mit der politischen und sozialen Geschichte,[7] die die Genealogie der Entwicklung der Kulturwissenschaften in Westeuropa darstellten, haben sowohl die Bestimmung „als Ort der Selbstthematisierung der Gesellschaft"[8] zu dienen, als auch eine politische und pragmatische Antwort auf die neuen Prozesse in anderen Teilen Europas und der Welt zu geben. Die Außenperspektive und die

---

[5] Der Begriff des ‚*synthetischen Interpretierens*' gründet nach Kiss „nicht auf hermeneutischen, sondern auf sozialontologischen Bestimmungen der Kunst", die „IM PRINZIP von keiner einzelnen Forschungsperspektive aus erschöpfend, ausschließlich und restlos erschlossen werden kann", Kiss, Endre: Synthetisches Interpretieren im Kontext der Erforschung der österreichischen Literatur. In: Daviau, Donald & Arlt, Herbert (Hrsg.): *Geschichte der österreichischen Literatur.* Teil 2. St. Ingbert: Röhrig, 1996, S. 372-376.

[6] Angelova, Penka: *Elias Canetti. Spuren zum mythischen Denken.* Wien: Zsolnay, 2005.

[7] Vgl. dazu Mecklenburg, Norbert: Stammesbiologie oder Kulturraumforschung. In: Pestalozzi, K., Bormann, A.v. & Koebner, Th. (Hrsg.): *Vier deutsche Literaturen? Literatur seit 1945 – nur die alten Modelle? Medium Film – das Ende der Literatur?* Tübingen: Niemeyer, 1986 (=Kontroversen, alte und neue, Bd.10) S. 12.

[8] Assmann, Aleida: Wozu Kulturwissenschaften. In: *Forum: AG Kulturwissenschaften an der KFU Graz.* WWW: http://www.cultnet.at/kulturwissenschaft/forum/aleida_assmann.html (Cultnet.at).

Heranziehung von Beispielen aus der jüngsten Vergangenheit, die ich als gesellschaftlich angewandte rezeptionsästhetische und rezeptionspolitische Analyse bezeichne, kann am Beispiel von Differenzen und Überlappungen auch jene Besonderheiten ausdifferenzieren, die dem geistes- und kulturhistorischen Hintergrund von Canettis Werk eigen sind:
- Universalien und ihr historischer Hintergrund, ihre historische Variabilität – im Schnittpunkt von Zeit- und Raumperspektiven, von historischer und interkultureller (Kulturraum-) Forschung.
- Missverständnisforschung als Kulturraumforschung. Dabei sind kulturelle Besonderheiten und Differenzen nicht als stammesbiologische oder völkische Besonderheiten zu verstehen, sondern als sozial-historisch bedingte kulturelle Prägungen. Man sollte dabei an erster Stelle den kultursozialen Hintergrund für die Entstehung dieser Besonderheiten hinterfragen.

Die transdisziplinäre Herangehensweise, die Suche in den grenzüberschreitenden Gebieten, in denen das Anderssein für den Philologen am deutlichsten zu spüren ist und die Transzendenz der anderen Weisen der Welt transparent wird, wird unterstützt durch die amalgamierende Rolle einer textnahen Untersuchung, die den Begriffsapparat von Canetti aus seinem eigenen Gebrauch herauszuarbeiten versucht und die Erzählweise von „Masse und Macht" als Aussageingredienz betrachtet. Im Grunde genommen haben wir es immer mit Texten zu tun, aus denen „die Wissenschaft ein Weltbild meißelt."[9]

Bei der Betrachtung der Texte Canettis habe ich mich von der Überzeugung leiten lassen, dass die Sprache und alle menschlichen Produkte eine Welt bilden, die sowohl auf die Wirklichkeit, oder was wir für Wirklichkeit halten, wirkt und sie in Maßen verändern kann, als auch auf das menschliche Bewusstsein zurückwirkt und es auch verändert. Dass der Mensch eine Spezies ist, die, indem sie ihre Welten verändert, auch sich selbst verändert und trotzdem gerade in der Gleichheit vor dem Tode oder vor extremen Lebensbedingungen, aber auch in der Gleichheit ihres Bedürfnisses nach einer Sinngebung sich in den unterschiedlichsten Variablen doch gleich bleibt.

Die kulturwissenschaftliche Herangehensweise, eine Kulturwissenschaft zwischen Interkulturalität und Transdisziplinarität zieht wissenschaftliche Ergebnisse aus unterschiedlichen Disziplinen heran, um sie im Gesamtzusammenhang zu hinterfragen. Es mussten dabei, dem „Gegenstand" der Untersuchung gemäß, aus mehreren Disziplinen Beispiele herangezogen werden: Anthropologie, philosophische Anthropologie und Verhaltensforschung für Canettis Menschenbild, Geschichtsforschung, Geschichtsphilosophie und Historiographie für Canettis Geschichtsbild, Mythenforschung, Philosophie des Mythos, Religionsforschung und Kulturforschung für Canettis Mythosbegriff, Nationalismusforschung und Politikwissenschaft für seinen Nationenbegriff, Soziologie, Psychologie, Psychoanalyse und Identitätsforschung, sowie Physik für seinen Masse- und Machtbe-

---

[9] Flusser, Vilèm: Die Schrift, S. 26.

griff, der aber auch auf dem Hintergrund und in Zusammenhang mit der Philosophie und der Sprachphilosophie betrachtet werden sollte.

Bei der Behandlung der Texte und ihrer Interpretation wurden sowohl literatur- und textwissenschaftliche Methoden angewandt als auch Ergebnisse aus der Kommunikations-, Medien- und Gedächtnisforschung poetologische Texte zur Aphorismus- und Erzählforschung.

Hinweise für literaturgeschichtliche Bezüge ergaben sich im Rahmen der Ortung in die Intertextualität der Zeit. Eine unentbehrliche Grundlage dafür bildete aber die gesamte Canetti-Forschung, die mir durch die Unterstützung von Prof. Dr. Manfred Durzak, der Heinrich Hertz Stiftung und der Internationalen Elias Canetti Gesellschaft zugänglich war.

So wäre das Problem der Interkulturalität nicht vor dem Hintergrund des Streites um Einheit oder Vielheit der Vernunft zu betrachten, sondern als eine Vielheit der Vernunft vor dem Hintergrund der Einheit des Bedürfnisses nach Sinngebung, die aus den Regionen des menschlichen Denkens und Fühlens, eines ursprünglichen und nicht reduzierten *logos* entsteht. Der Canettische Mythosbegriff böte vielleicht eine Überwindungsmöglichkeit für den europäischen Universalismus, der hinter sich das grundsätzliche Problem verbirgt, ob es eine **transkulturelle Rationalität** ohne (europäischen) Imperialismus gibt. Der Siegeszug der (europäischen und posteuropäisch-amerikanischen) naturwissenschaftlich-technischen Zivilisation, der die Realisierung einer universalen Weltzivilisation erreicht hat, wie Heidegger diagnostizierte, hat die Frage nach dem Machtdiskurs der Zivilisationen erst virulent gemacht. Gerade die Einsicht in die Machtbeschaffenheit solcher Fragestellungen führt aber auch zu den Überlegungen eines machtfreien Diskurses in der Form eines **Polylogs**.[10] Insofern wären weder Vereinheitlichung noch Pluralisierung der Kulturen zu befürchten, da es gerade die Verschiedenartigkeit der Kulturen ist, die ihre Begegnung fruchtbar macht und es sind die Berührungspunkte, die sie einander verständlich machen und das Prinzip Verantwortung, die sie „im Innersten" zusammenhält.

---

[10] Bhatti, Anil: Internationalisierung der Kulturwissenschaften und Perspektivenwechsel in der Forschung. In: INST (Hrsg.): *Internationale Kulturwissenschaften – International Cultural Studies – Etudes Culturelles Internationales*. WWW: http://www.inst.at/studies/1_04_d.htm

Gabriella Hima

Begegnung mit dem Fremden – Interkulturalität und Alterität in fiktionalen Reiseberichten

Die Frage nach dem Wesen des Menschen, nach seiner Natur und seiner Lebenswelt, welche die Anthropologie als Wissenschaft einmal begründete, reichte von Anfang an über die eigene Lebenswelt hinaus. Fragen, wie: Mittels welcher Bilder kann das Fremde dargestellt werden bzw. welche Alternativen zu vertrauten Vorstellungsmustern eröffnen sich, welche Varianten des bekannten Menschenschlags zeigen sich, tauchten mit den ersten Reisen auf. Reiseberichte über völlig unbekannte Formen sozialer und politischer Ordnungen oder über äußerst merkwürdige Dispositionen des fremden Alltagslebens thematisieren den Unterschied zwischen dem scheinbar Bekannten und dem völlig Unbekannten. Die Diskurs- und Systemtheorien, welche als theoretische und methodologische Grundlagen für Alteritäts- und Interkulturalitätsforschungen dienen, gehen davon aus, daß das Fremde keine vorfindbare Gegebenheit, sondern eher ein Relationsbegriff ist, also nicht von vornherein wahrnehmbar, sondern eine Form des In-Beziehung-Setzens. Nicht der Unterschied macht einen zum Fremden, sondern seine Institutionalisierung, welche überhaupt zur Wahrnehmung des Unterschieds führt. Selbst die Differenz ist eine Bedeutungszuschreibung.[1] Die Forschungsrichtung von Reiseberichten hat sich daher in den letzten beiden Jahrzehnten umgedreht: ihr Gegenstand ist nicht mehr die beschriebene Kultur, sondern die Dispositionen der beschreibenden Kultur. Der Reisebericht ist keine historische Quelle mehr, sondern nur Dokument des Wahrnehmenden selbst.[2]

---

[1] Vgl. Hahn, Alois: Die soziale Konstruktion des Fremden. In: Sprondel, Walter M. (Hrsg.): *Die Objektivität der Ordnungen und ihre kommunikative Konstruktion.* Frankfurt a.M., 1994. S. 140-166, Hellmann, Kai Uwe: „Fremdheit als soziale Konstruktion. Eine Studie zur Systemtheorie des Fremden. In: Münkler, Herfried (Hrsg.): *Die Herausforderung durch das Fremde.* Berlin, 1998, S. 401-459, Lévinas, Emmanuel: Ist die Ontologie fundamental? In: *Die Spur des Anderen. Untersuchungen zur Phänomenologie und Sozialphilosophie.* Freiburg & München, 1983, S. 103-119.

[2] Vgl. Harbsmeier, Michael: Reisebeschreibungen als mentalitätsgeschichtliche Quellen. Überlegungen zu einer historisch-anthropologischen Untersuchung frühneuzeitlicher

Der Begriff Fremde, der die Beziehung von Nähe und Abstand markiert, bezeichnet vor allem räumliche Bewegungen, deshalb ist er gattungsmäßig mit der Reiseliteratur verbunden. Jener Topos, laut dem der Bewährungsraum des Helden in der entfernten Fremde angesiedelt werden muß, ist zu dem wirkungsmächtigsten Gattungsmuster der abendländischen Literatur geworden, vom antiken Epos über den Ritterroman bis zum Bildungsroman: der Held verläßt den vertrauten heimatlichen Boden, um seine Identität neu zu bestimmen oder die Mission seiner Selbstfindung in der Welt zu erfüllen. (Das Wort „fremd" hängt auch etimologisch mit dem „Reisen" zusammen: vgl. die lateinischen Wörter *peregrinus* [fremd] – *peregrinor* [umherreisen]; auf die gotische, althdt., mittelhochdt. Partikel *fram* [entfernt] geht die englische Präposition *from* zurück, wie auch das deutsche *fremd* in doppelter Bedeutung [Fernher-Sein bzw. Nicht-Eigen-Sein, Nicht-Angehören].)[3]

Fremdheit als Nicht-Zugehörigkeit zu einem sozialen Verband bezeichnet das Unvertraute. In ein neues Spannungsverhältnis geraten die verschiedenen kulturellen Interaktionsformen, wenn durch Reise geographische und/oder soziale Distanz abgeschafft wird. Die narrativen Entwürfe der Begegnung mit dem Fremden stellen ein dialogisches Modell her, von dessen Konstruktionsprinzipien die Reise eines der wichtigsten ist. Im gegenwärtigen Vortrag werde ich Reisegeschichten untersuchen, in denen der Held das Fremde erfährt und in seinen Reflexionen auf diese Erfahrung hin das Eigene neu denkt oder neu erlebt oder sogar neu kritisiert. Alle Texte wurden aus dem Erzählband *Kornél Esti*-Geschichten (1925-36) des ungarischen Schriftstellers Dezső Kosztolányi ausgewählt (auch in deutscher Fassung vorhanden).

Der paradigmatische Ungarn-Stereotyp jenes hoffnungslos an seiner Heimaterde haftenden Menschenschlags wird als satirisches Nationalporträt in der Hauptfigur der Erzählung *Bandi Cseregdi in Paris, 1910* aus dem Jahr 1925 travestiert.[4] Aus der für ein halbes Jahr geplanten Studienreise des aus Südungarn (Bacska) stammenden Jurastudents wird nur ein Tagesausflug, und auch dieser scheitert fast schon im Zug nach Paris, wo der junge Patriot, mit österreich-ungarischem Paß, vom französischen Schaffner für einen Österreicher gehalten wird. Der todbeleidigte Bandi versucht, ohne Französisch-Kenntnisse auf deutsch zu erklären, daß er nicht in jener Sprache heimisch ist, welcher er sich

---

deutscher Reisebeschreibungen. In: Maczak, Antoni & Teuteber, Jürgen (Hrsg.): *Reiseberichte als Quellen europäischer Kulturgeschichte*. Wolfenbüttel, 1982, S. 1-31; Brenner, Peter J.: Die Erfahrung der Fremde. Zur Entwicklung einer Wahrnehmungsform in der Geschichte des Reiseberichts. In: dems.: *Der Reisebericht. Die Entwicklung einer Gattung in der deutschen Literatur*. Frankfurt a.M., 1989, S. 14-49.

[3] Vgl. das Leitwort „fremd" im Grimm'schen Wörterbuch bzw. in Duden: Sinn- und sachverwandte Wörter (Bd. 8), Duden: Herkunftswörterbuch (Bd. 7). Dt. von Jörg Buschmann. In: D.K.: *Der Kuss*. Berlin & Weimar: Aufbau V., 1981, S. 113-149. Seitenzahlen des dt. Textes in [].

[4] Dt. von Jörg Buschmann. In: D.K.: *Der Kuss*. Berlin & Weimar: Aufbau V., 1981, S. 323-334.

gerade bedient. Nach seiner Ankunft in Paris flüchtet er aber vor der deutschen Sprache des österreichischen Beamten der österreich-ungarischen Botschaft in taubstumme Gesten – ebenfalls aus Beleidigung. Und während Bandis Verhalten zur deutschen Sprache durch sein verletztes Nationalgefühl bestimmt wird, ist sein Verhältnis zu der fremden Stadt Paris von seinem überempfindlichen Geruchsinn geprägt. In seiner Geruchstypologie der Weltstädte steht Paris mit dem Geruch nach ausgelassener Butter weit hinter Budapest und Wien. Auch sonst entspricht Paris in keiner Hinsicht Bandis Erwartung. Der einzige Ort, wo er sich wohl fühlt, ist die örtliche „Ungarische Csarda". Für die Heimatgefühle gibt Bandi am ersten Abend sein ganzes Geld aus und nachher verhält sich auf den Straßen von Paris skandalös. Er bietet dem Pariser Publikum ein „Mordsspektakel".

Als Inversion dieser Erzählungen läßt sich das XII. Kapitel des Erzählzyklus *Kornél Esti* über den schlafenden Präsidenten, Baron von Wüstenfeld lesen.[5] Diesmal wird die starke Stereotypisierung für die Darstellung der Deutschen angewandt.[6] Auch diese Episode spielt auf eine beliebte Variante des Reiseromans, nämlich auf den Bildungsroman an, ähnlich wie die Geschichte von Bandi Cseregdi, und zwar wortwörtlich: der reisende und gleichzeitig erzählende Hauptdarsteller ist ausgerechnet mit dem Ziel nach Deutschland – ins Land der perfekten Individuen – gefahren, um zu studieren und sich auszubilden.

Kornél Esti verläßt auf Befehl des Vaters – nicht seine Heimat, sondern – das andere fremde Land, Frankreich (wo er sich auf einer Studienreise aufhält), um sich in einer neuen Kultur, Mentalität und Sprache – nämlich in der deutschen – einzunisten. Die neue fremde Welt läßt ihn seine Identität neu bestimmen. Das Fremde als Konstitutionsprinzip des Eigenen wird zur Logik der Narration. Der Schwerpunkt der Erzählung ist zwar nicht die Beschreibung der Deutschen, sondern nur des schlafenden Präsidenten, der jedoch in einem gewissen Sinn den National-Charakter der Deutschen verkörpert. Darauf verweist auch der Name des Städtischen Bildungsvereins, dessen Präsident Baron von Wüstenfeld war, hin: „Germania".

Die Rahmenerzählung, in der auf der Ebene des Dargestellten zugleich die Ebene der Darstellung selber ins Spiel kommt, stellt die Fiktion der unmittelbaren Erfahrung her. Um über phantastische Phänomene zu berichten, die alle Verstehens- und Deutungsmöglichkeiten übersteigen, bedient sich der Erzähler der persönlichen Erinnerung. Die Erinnerung gleicht einerseits den temporalen Unterschied zwischen Geschehenem und Erzähltem aus, andererseits sie liefert durch den persönlichen Ton die Voraussetzung dafür, daß die Phantastik und provozierende Alterität des Fremden überhaupt glaubwürdig wird. Die literarische Form, die erlaubt, die Wunder des Fremden zur Kenntnis zu nehmen, ist der Reisebericht. Er entwirft ein Bild, als ob es tatsächlich wahrgenommen ge-

---

[5] Dt. von Jörg Buschmann. In: D.K.: *Der Kuss*. Berlin & Weimar: Aufbau V., 1981, S. 113-149. Seitenzahlen des dt. Textes in [].
[6] Vgl. Saïd, Edward: *Orientalism*. London: Penguin, 1978, S. 21.

worden wäre und deshalb auch als wahr anzunehmen ist. Die Faszination der Wunder, die höchst verblüffenden Beobachtungen und Behauptungen wirken durch den persönlichen Ton authentisch.

Die neue fremde Kultur wird durch die Gegenüberstellung der eigenen und der schon einverleibten alten fremden Kulturen wahrgenommen, während, freilich auch der Wahrnehmende selbst wahrgenommen wird. Die häufigste Form der gegenseitigen Wahrnehmung ist die Überraschung. (Beispiele: Emailleschilder „Zum Meer" – ganz bis zum Meer; auch beim Böttchermeister (Hausherr) erwartete ihn „eine Reihe von Überraschungen"; nachdem sich ihm die Türen der besten Häuser öffneten, „verwunderte" er sich „über das eine und das andere"; in der Droschke saß er „starr vor Staunen" über die sprachliche Kompetenz des Kutschers, dann „war die Reihe am Kutscher zu staunen".) Das wechselseitige Staunen ist die Form der gegenseitigen Unverständlichkeit (*Ein rätselhaftes Volk, das kann man wohl sagen. Kein anderes Volk steckt so voller Rätsel... Ich wiederhole: Unerforschlich ist dieses rätselhafte Volk... Eine phantastische Welt... Es kam häufig vor, daß ich nicht verstand, was sie sagten. Dann wieder verstanden sie nicht, was ich sagte. Diese beiden Mängel hoben einander nicht etwa auf, nein, sie verstärkten sich nur noch. 700-701. [120]*) Den gegenseitigen Beurteilungen liegen nicht etwa Wahrheits- oder Realitätskriterien zugrunde, sondern unterschiedliche Wahrnehmungsmuster und mentalitätsgeschichtliche Dispositionen. Estis Frage enthält diese Konklusion: *Aber wer kann schon ein anderes Volk verstehen?* (700) [119]

Der Text bewegt sich innerhalb kultureller Muster und diskursiver Formationen, „die regeln, in welcher Weise über das Fremde überhaupt gesprochen werden kann, welche Topoi seine Beschreibung dominieren, welche Stereotypen angewandt werden und welcher Platz dem beschreibenden Subjekt zugewiesen ist".[7] Kosztolányis Text ist übersät von zugespitzten Stereotypen, mythologischen, philosophischen und literarischen Gemeinplätzen, markierten (Hölderlin, Bach, Goethe) und unmarkierten (Teutoburger Wald, Kant, Walter von der Vogelweide) intertextuellen Beziehungen. „Dieses kulturreflexive Erzählen geht mit einer Reflexion auf den erzählerischen Prozess einher".[8] Das Fremde als die neue, nicht aneigbare Erfahrung gewinnt erst durch die Kontrastierung zu einem realisierten Eigenen, kulturell Bekannten und Vertrauten, Kontur. Das Eigene wird durch das einverleibte Fremde (Lateinische) unterstützt: z.B. Notwendigkeit der Emailleschild (dt.) – Überflüssigkeit (ung., lat.), Größe als Attribut von Frauen (bei den dt. Füße u. Seele) – (bei den franz. Augen), „die schülerhaft-gesunde gute Laune der Deutschen" – „dicke Schweinereien der buntschillernden Theaterwelt auf dem Montmertre". Die Dialektik von Inklusion und Exklusion

---

[7] Vgl. Münkler, Marina: Ältere deutsche Literatur. In: Benthein, Claudia & Velten, Hans Rudolf (Hrsg.): *Germanistik als Kulturwissenschaft*. Reinbek bei Hamburg: Rowohlt 2002, S. 326.)

[8] Gutjahr, Ortrud in: Benthein & Velten (Hrsg.) 2002, S. 363.

verläuft im Bezugssystem zweier fremden Kulturen, wo die früher angeeignete schon als Eigene funktioniert. Der Erzähler akzeptiert scheinbar die Professorenrolle der Deutschen, die in allen Lebensbereichen vom Perfektionsdrang getriebenen werden, aber gefühlsmäßig verhält er sich ihnen gegenüber ambivalent – er schwankt zwischen Bewunderung und Abscheu. Diese Ambivalenz kippt dann in die negative Richtung um – in einem ironischen Wunsch: *Nur unter Deutschen möchte ich krank sein und sterben. Aber leben will ich lieber woanders...* (700) [120] Dieses Woanders erhält eine konkrete Gestalt: den eigenen Ort (Ungarn) und den schon zum eigenen assimilierten Anders-Ort (Frankreich). Deutschland, das Land der Wissenschaftler, wird zu einem Ort erklärt, wo man nicht leben kann, auch durch den Namen des Hauptdarstellers: *Wüstenfeld*. Der erste Satz des nächsten Absatzes bestätigt noch einmal dieses Urteil: *Nun, ich war nicht hingefahren, um zu leben, sondern um zu lernen.* (700) [120]

Das Erlebnis des Reisenden in der Erzählung *Omlette à Woburn*[9] ist durch die ambivalenten Kategorien des fremd gewordenen Eigenen und des nicht verfügbaren Fremden zu beschreiben:

… als er das Abteil dritter Klasse betrat, „den ungarischen Waggon", und ihm der vertraute stickige Muff, das Elend seiner armen Heimat entgegenschlug, hatte er das Gefühl, daheim zu sein. (854) [138]

Die fremde Welt, vom Wagonfenster aus, erweckt in ihm automatisch eine Nostalgie. Der Blick der fremden Welt ist aber nur von dem Zug aus attraktiv: *die über Hügel verstreute Stadt, die wie Spielzeughäuser wirkenden Villen, in deren Fenstern traute Flämmchen flackerten* (854) [138-139]. Die Beschreibung der Fremden bleibt innerhalb des Diskurses des eigenen Universums (*die Omelette á Woburn* [glich] *aufs Haar jener Eierspeise, die ihm seine Mutter vorgesetzt hat* 858 [144]). Der Reisende evoziert inzwischen das Eigene als mittlerweile Fremd-Gewordene:

… [Ihn überkam] der trübselige Gedanke, daß er nun eine Nacht inmitten dieser stinkenden Herde verbringen würde und dann noch einen Tag... Sein Magen meuterte... (854) [138]

Nachdem er sich unter die Maketten und Marionettfiguren dieser vom weiten idillischen, von der Nähe aber höflich-grausamen Welt begibt, flüchtet er auch von hier mit dem Gefühl des physiologischen Ekels:

Rot im Gesicht, mit dem juckenden, penetranten Abscheu des Schamgefühls stand er wieder auf der Straße. (859) [145]

---

[9] Dt. v. J. Buschmann unter dem Titel „Das außergewöhnliche Omelette". In: *Der kleptomanische Übersetzer.* Berlin & Weimar: Aufbau V., 1981, S. 138-147. Seitenzahlen des dt. Textes in [].

Der Reisende, der wegen einer optischen Täuschung aus dem Zug ausstieg, befand sich in einer kulturell doppelt deplatzierten Position.

Das III. Kapitel des Erzählzyklus *Kornél Esti* erzählt über die Begegnung mit dem unbekannten Bekannten.[10] Der frisch maturierte 18-jährige Erzähler fühlt sich nach seiner Ankunft in Fiume sofort zu Hause: *An hohen Masten knatterten rotweißgrüne Fahnen im Wind, sieghaft den ungarischen Hochseehafen ankündigend* (614) [41]. Auch die italienische Sprache ist ihm vertraut. Die Einheimischen empfangen ihn trotzdem als Fremden. Die Differenzbestimmung zwischen Eigenem und Fremdem hängt auch hier mit den Kategorien von Reisen, Raum und Raumänderung zusammen. Fremdheit ist in diesem Kontext ein konfliktreich definierter sozialer Status, bei dem Reisende und Sesshafte sich darüber verständigen müssen, wer in der Fremde und wer zu Hause ist. Herrschaft und Dominanz decken sich nicht. Der zerlumpte, schmutzige Straßenjunge erklärt den gutgekleideten jungen Herrn zum „straniero" nicht verbal, sondern performativ, mit der Selbstsicherheit der Sesshaften. Der höfliche Kellner tut dasselbe durch verbale Ironie. Der Reisende ist einerseits glücklich, daß er für einen anderen gehalten wird als er ist, andererseits ist er empört, daß er für einen anderen *Fremden* gehalten wird: *„Austriaco? Tedesco? Croato? Inglese?"* (Hervorh. K. D., 618, [48])

Der Konflikt zwischen dem Eigenen und Fremden löst sich in einer anthropologischen Synthese auf:

Woher ich stamme?... Daher, woher jeder Mensch stammt. Aus der purpurnen Höhle eines Mutterschoßes... Auch ich bin von dort ins Ungewisse aufgebrochen... (619) [48]

Die institutionalisierte Unterscheidung wird durch die gemeinsame Genesis (Mutterschoss) und die gemeinsame Schicksalmetapher (Reise mit ungewissen Zweck und Ziel) aufgelöst. Die Formulierung zeigt jedoch die unumgängliche sprachliche Vergangenheit in der Herkunftskultur. (Die purpurne Höhle des Mutterschosses als Herkunftsort der Menschheit ist die poetische Paraphrase eines in der ungarischen Umgangssprache geläufigen obszönen Fluches.)

Wie das obige Beispiel zeigt, vermag Literatur mittels sprachlicher Symbolisierung am Kanon der Ausdruckformen einer Kultur mitzuschreiben. Durch das Interferieren zwischen Vertrautem und Fremdem brechen nicht nur die Grenzen von zeitlich-räumlicher, sprachlicher und kultureller Alterität auf, sondern auch die Barrieren der verdrängten Fremdheit in uns selbst durch. „Ein Gewahrwerden dieser innersubjektiven Fremdheit, das Spiel mit der eigenen Differenz" und mit der Zeit gehören zu den anthropologischen Voraussetzungen eines interkulturellen Verständnisses.[11]

---

[10] Dt. von J. Buschmann im *Kleptomanischen Übersetzer*, S. 11-49. Seitenzahlen des dt. Textes in [].

[11] Ebd., S. 365.

Andrea Horváth

Noch vor der Grenze.
Das Bild der eigenen Kultur in Ilija Trojanows
Die Welt ist groß und Rettung lauert überall

Ilija Trojanow lässt sich zweifellos als Kosmopolit beschreiben, der in Sofia geboren wurde und sein ganzen Leben lang durch Deutschland, Bulgarien, Kenia, Indien und Südafrika reiste. Seine Ansichten über Kultur und Identität und anschließend die Interpretation seinen Romans *Die Welt ist groß und Rettung lauert überall* (1996) sind Gegenstand dieses Beitrags.

Trojanows schriftstellerische Tätigkeit beginnt mit der literarischen Reportage aus Afrika *In Afrika. Mythos und Alltag* (1993), diese Gattung bleibt bestimmend für sein weiteres literarisches Werk. Neben journalistischen und übersetzerischen Tätigkeiten, zwischen Ostafrika, Bulgarien und Deutschland erschien 1996 sein erster Roman *Die Welt ist groß und Rettung lauert überall*, der mit dem Bertelmann-Literaturpreis beim Ingeborg-Bachmann-Preis ausgezeichnet wird. Trojanows Muttersprache ist Bulgarisch, aber er wählt das Deutsche als Schriftsprache, als Sprache seines literarischen Ausdrucks, außerdem beherrscht er ganz viele afrikanische und indische Sprachen.

Sprache und Heimat sind relevante Begriffe für Migrantenautoren, mit denen auch Trojanow oft konfrontiert wird. In seiner Auffassung „gibt [es] keine Heimat, es gibt nur Heimaten. Heimat ist das Gesicht eines Menschen, den ich liebe. Heimat ist Familie, Freunde. Heimat ist für mich die deutsche Sprache. Heimat sind Orte, Ecken, Landstriche."[1] Laut Ekaterina Klüh schließt Heimat heterogene Phänomene ein und ist potentiell dynamisch, durch Menschen, Sprachen, Orte werden ihre Grenzen immer breiter.[2] Das Veränderungspotential ist gerade für Trojanow von besonderer Bedeutung, da er betont,

---

[1] zitiert nach Paterno, Wolfgang: „Abschottung führt zum Friedhof. Der Schriftsteller Ilija Trojanow, Autor des Bestsellers ‚Der Weltensammler', über Indien, das Gastland der heutigen Buchmesse, die Spiritualität des Subkontinents und den ‚Kampf der Kulturen'. In: *profil*, 25.9.2006, S. 148-150. Hier: S. 150.
[2] Klüh, Ekaterina: *Interkulturelle Identitäten im Spiegel der Migrantenliteratur. Kulturelle Metamorphosen bei Ilija Trojanow und Rumjana Zacharieva*. Würzburg: Königshausen & Neumann, 2009, S. 108.

dass man seine Heimat verändern kann, dass sie nicht Teil der genetischen Grundmasse ist, sondern ein Identitätsmoment, das sich mit dem eigenen Geist und dem eigenen Gefühl mitentwickelt. Schließlich kann es ja passieren, dass man nicht mehr in sein Elternhaus zurückkehren möchte oder sich in eine andere Frau verliebt.[3]

Heimat und Identität lassen sich voneinander nicht trennen: Heimat bezeichnet einen geographischen Ort, aber durch seine permanenten Veränderungen und Entwicklungen beeinflusst und wirkt auf soziale und kulturelle Identitäten mit. Trojanow veröffentlichte 2000 mit anderen Migrantenautoren eine Anthologie mit dem Titel *Döner in Walhalla. Texte aus der anderen deutschen Literatur*, in der auf den Zusammenhang von Sprache, Heimat und Identität viel Wert gelegt wird. Nach Trojanow umfasst der Literaturbetrieb in Deutschland eine „hybride", internationale Literatur, die nicht nur deutschsprachig ist. Sie kann auch als interkulturelle Literatur oder Weltliteratur beschrieben werden, da die einzige Heimat der Migrantenautoren die Literatur, die weder Geographie noch Sprache begrenzt. Für Trojanow geht es nicht um homogene, national und kulturell definierte Identität, sondern um kollektive Identitäten, zu denen man sich im Laufe des Lebens entwickelt.[4]

> Es gab immer eine fragmentarische Identität, die sich aus einer Vielzahl von lokalen, persönlichen, familiären, regionalen, kastenbezogenen, schichtbezogenen Einflüssen speist. […] Hybridität ist eine Grunderfahrung in jeder Gesellschaft."[5]

In diesem Sinne bezeichnet für den Autor Hybridität die Erfahrung von kultureller Heterogenität, die allen Kulturen eigen ist: „Was mich am meisten interessiert, ist das, was ich als Konfluenz bezeichne. Ich glaube, dass das Klassische und das Homogene eigentlich die Folge einer Hybridität ist, die wir vergessen haben."[6]

Trojanows Auffassungen von Identität, Heimat und Kultur bilden die Hauptfäden seiner Werke. Die Hauptfiguren im Roman *Die Welt und groß und Rettung lauert überall*, Vasko und seine Familie erleben in Bulgarien, in der eigenen Kultur die Fremdheit, deshalb wählen sie den Westen und reisen nach Italien. In der folgenden Analyse wird auf den Aspekt Fremdheit in der eigenen Kultur im Trojanows Roman eingegangen.

Ilija Trojanows Debütroman wurde als Flüchtlingsroman rezipiert, in dem eine Mischung aus Familiensaga, Sozialreportage und Phantastik dargestellt wird. Plausibilität des Geschehens und Realitätsnähe charakterisieren das Werk, was durch einige autobiographische Elemente zwischen der Familie Trojanow und der Familie Luxow gesteigert wird. Klüh stellt fest, dass die vom Autor entwor-

---

[3] Rosendorfer, Herbert, Kempowski, Walter & Trojanow, Ilija (et al.): „… wo einen die Feuerwehr kennt". In: *Die Woche*, 10.8.2001.
[4] Klüh, 2009, S. 115.
[5] zitiert nach Kellermann, Kerstin: Entwurzelung als Chance begriffen. In: *Die Furche*, 3.8.2006, S. 9.
[6] Ebd.

fenen Figuren und ihre Geschichten ein Gesamtbild individueller und sozialer Geschichte schaffen, das von bipolaren Gegensätzen geprägt ist – Osten versus Westen, sozialistischer Totalitarismus vs. Demokratie, Kollektivismus vs. Individualismus, etc.[7]

Vasko Luxow erträgt das Leben in seinem diktatorischen Heimatland, in Bulgarien nicht länger und flieht mit Frau und Sohn Alex ins vermeintlich gelobte Land. Schon bald zeigt sich, dass zwischen Traum und Wirklichkeit Welten liegen: Italien, das ist erst einmal das Flüchtlingslager Pelferino. Niemand hat sich das so vorgestellt, sie gehen an der Hoffnungslosigkeit des Exils beinahe zugrunde, und kommt die Erinnerung an die Heimat plötzlich doch ganz positiv vor.

Die Familiengeschichte wird von einem heterodiegetischen Erzähler dargestellt, der alle Figuren und alle Handlungen überblickt und der sich einer poetischen Sprache mit märchenhaften Elementen bedient. Zwar wird als Ort Bulgarien nicht explizit genannt, wird aber eindeutig auf das Balkanische Gebirge verwiesen. Die bulgarische Kultur wird schon im ersten Kapitel sowohl auf politischer als auch auf geographischer Ebene erkennbar gemacht. Das Bild von Bulgarien entsteht auf zwei Kommunikationsebenen: auf der Ebene Erzähler/fiktiver Leser und auf der Ebene der Figuren in ihrer fiktionalen Wirklichkeit. Lipčeva-Prandževa weist darauf hin, dass der Roman mit versteckten Hinweisen auf das Land und die Kultur gespickt ist, die je nach kultureller Zugehörigkeit des Lesers entsprechend aufgedeckt bzw. aktualisiert werden können:

> Das Bulgarische in der Mosaikstruktur dieses Werks ist gleichzeitig hypermarkiert und unbenannt. Die Vision der kulturellen Welt offenbart dauerhaft die Spezifik des bulgarischen Alltags und der bulgarischen Geschichte – von den Landschaften über die Details des Ethnographischen, die Rituale der Alltagskommunikation und die historischen Fakten – alles ist für den bulgarischen Leser als ‚eigen' erkennbar.[8]

Die Eingangskapitel des Romans geben ein konkretes Bild über die bulgarische Kultur, das aus unterschiedlichen nicht nationalen bzw. festgelegten Elementen entsteht. Die Geschichte Bulgarien prägt das Leben und die Identitätsentwicklung der Figuren. Während für die Generation von Slatka und Grigori, Tatjanas Eltern die Monarchie von großer Bedeutung war, prägt der Sozialismus das Leben der Jüngeren. Die sozialistische Planwirtschaft beeinflusst das Leben von allen: neben den Fünfjahresplänen und leeren Regalen erscheint das Motiv des Süßen, das eine Art Realitätsflucht symbolisiert für Slatka und ihre Töchter: „Slatka gab die Süße weiter, sie zuckerte die Träume, Sehnsüchte und Ambitionen ihrer Töchter, bis diese ganz verkrustet waren".[9] Das Adjektiv *süß* be-

---

[7] Klüh, 2009, S. 123.
[8] Lipčeva-Prandževa, Ljubka: Majčin ili avtorov – ezikăt kato izvor za literaturna identičnoct. In: *Liternet* № 9 (82), 19.9.2006, S. 4. übersetzt und zitiert nach Klüh.
[9] Trojanow, Ilija: *Die Welt ist groß und Rettung lauert überall*. München: Hanser, 1996, S. 22.

schreibt auch die Gemütszustände der Familie, den Mangel des positiven Wohlbefindens, und selbst ihr Name steht auch für das bulgarische Variante für *süss*: sladka.[10] Auch die Kunst bietet Slatka und ihrer Tochter eine Flucht, durch Bücher und Opernbesuche erreichen sie die Welt der Träume und der Phantasie.

Neben der reichen Schilderung der bulgarischen Kultur werden die Hinweise auf die kulturelle Identität der Figuren mehr verborgen und fremdkulturelle Leser können sie schwierig dekodieren. Laut Klüh bestätigt die schwache Markiertheit die Absicht von Trojanow, Kultur nicht als eine homogene und v.a. nicht als monolithische nationale Kultur zu fixieren. Es wird suggeriert, dass diese oder eine solche Geschichte in jedem anderen sozialistischen Land hätte passieren können, wird aber gleichzeitig eine Herausforderung erregt, die Daten für die bulgarische Kultur hinsichtlich ihres Realitätsgehalts zu überprüfen.[11] Interessant ist Vaskos Einführung in die Handlung des Romans, die durch den heterodiegetischen Erzähler in Szene gesetzt wird. Das Gefühl wird vermittelt, als ob Vasko auf einer Bühne als „einer der Stars der Soirée"[12] im prallen Licht erscheint. Vasko ist der Flüchtende, der noch hinter den Kulissen, hinter dem „Eisernen Vorhang" steht und verkörpert das sozialistische System, bald wird er aber im Glanz der Lichter des Westens stehen. Vasko will flüchten, weil er die extreme staatliche Gefahr nicht ertragen kann und sehnt sich nach freier persönlicher Entfaltung.[13] Vaskos systemkritische Einstellung wird von seinem Freund Boro verstärkt, der die Volksrepublik stark kritisiert und ironisiert. Der Drang nach grenzenloser Freiheit ist bei Boro mit übertriebenen und unrealistischen Einschätzungen über die Lebensbedingungen und Lebensweisen im Westen verbunden. Er versucht den Marathonlauf bei den Olympischen Spielen nachzuahmen, hier werden die Vorstellungen vom Fremden beschrieben. Die Waldläufe bedeuten für Vasko und Boro die Freiheit, die Fluchtmöglichkeit, der sozialistischen Realität zu entkommen: „Der konstante Rhythmus des Knirschens und Atmens, die runde Bewegung […], das regelmäßige Ein- und Ausatmen, all das brachte Vasko dem fernen Ziel näher. […] Die Wiederholung gebar Gewißheit."[14] Die Verlogenheit des Systems und seiner Methoden der Machtausübung sowie der Umgang der Gesellschaft mit ihm wird besonders deutlich anhand des Todes des „Vaters der Nation", während des Internationalen Studentenkongresses und im Laufe der Fluchtvorbereitungen. Nachdem die Vergangenheit von Bulgarien dargestellt wurde, kommt der heterodiegetische Erzähler in der Gegenwart an, die märchenhaften Elemente werden verlassen und der Erzählduktus wird zu einem Bericht über die aktuelle politische Lage des Landes.

---

[10] Klüh, 2009, S. 132.
[11] Ebd., S. 134.
[12] Trojanow, *Die Welt*, S. 41.
[13] Klüh, 2009, S. 135.
[14] Trojanow, *Die Welt*, S. 47.

Die aufgenötigte sozialistische kollektive Identität belagert Vaskos kulturelle Identität, deshalb kämpft er immer mehr dagegen und letztendlich lässt er sie hinter sich. Die bulgarische Kultur erscheint als eine durch den Sozialismus eingenommene Kultur ohne eigene Identität. Das Loslassen von politischen und gesellschaftlichen Drängen und die Suche nach einem freien Leben werden in Parallele gestellt mit der Opposition zwischen Westen und Osten bzw. zwischen Kapitalismus und Sozialismus. Das Fremde wird aufgewertet und der Wert des Eigenen wird negativ dargestellt: „Instinktiv spürte er, daß das Gelobte, dort in der Ferne, weit im Westen, nicht nach ihm schmachtete, wie nach einem versprochenen Gemahl. Es wollte umworben sein. In der fremden Sprache."[15] Ekaterina Klüh betont an dieser Stelle Vaskos Offenheit und Unvoreingenommenheit der fremden Kultur. Im Umwerben ist eine langsame Annäherung zu entdecken, wo keine von den zwei Seiten dominieren, sondern zu einem Sich-aufeinander-lassen kommt.[16] Um die Flucht vorzubereiten versucht er Fremdsprachen zu erlernen. Durch seine neuen Englischkenntnisse versteht er doch einiges von den englischen Popliedern und so wird seine idealisierte Vorstellung vom Westen revidiert. Seinen Freunden verrät er diese Information nicht, sie bleiben in der Illusion einer perfekten Welt: „Man hält sich an das dominante Leitmotiv, garniert es mit wohlbekannten, inflationär gebrauchten Worten, und formt einen Refrain, der endlose Wiederholung ermöglicht. Niemandem fiel auf, daß die Ode an die Liebe hausgemacht war."[17] In seinen Träumen vom Westen erscheint Coca-Cola als Symbol für die Paradiese, die aber aus dem sowjetischen Samowar strömt. Er stellt sich die Grenzüberschreitung und das dortige Leben sorglos und idyllisch vor. Im Westen ist „nämlich alles möglich, alles, und alles wird für dich getan, have some fun", hier „scheint die Sonne", „die Luft ist frisch", und „die Stimmen freundlich, vergnügt."[18]

Vasko hat die Scheinhaftigkeit des politischen Systems durchgeschaut, dass seine Möglichkeiten reduziert werden, dass man von oben seine Schritte kontrolliert. Nach dem Studentenkongress wird ihm klar, dass er die vom Staat zugeschriebene Rolle nicht annehmen kann und will. Seine Frau Jana lebt in einer anderen Traumwelt, sie fühlt sich wohl in Bulgarien und betrachtet den Fluchtwunsch ihres Mannes mit Sorgen und Angst vor dem Ungewissen. Janas Abschieds vom Land ist schwieriger, die Trennung von ihrer Familie ist schmerzhafter. Janas Gebundenheit an die eigene Kultur zeigt, dass sie zwei Gobelins in das neue Land mitnehmen möchte, die ihre Mutter während des Zweiten Weltkrieges gestickt hat. Sie kann aber nur einen mitnehmen und muss zwischen dem „*Rosenmeer*" und dem „*Segelboot*" entscheiden, und schließlich wählt sie das „*Rosenmeer*", weil das Tal der Rosen mit der Identität der Bulgaren eng verbunden ist, so auch mit der von Jana.

---

[15] Trojanow, *Die Welt*, S. 70.
[16] Klüh, S. 140.
[17] Trojanow, *Die Welt*, S. 71.
[18] Ebd., S. 4.

Beim Zusammenpacken vom Reisegepäck verhält sich Vasko pragmatisch und rational. Er will fast nichts mitnehmen, weil sich im Westen alles durch Schöneres und Besseres ersetzen lässt. So bleibt Vasko frei von Gegenständen, nationalen Erinnerungen und steht offen für das positiv konnotierte Fremde. Unvergesslicher Bestandteil seines Koffers ist aber das Wörterbuch, das der Grenzüberschreitung in jedem möglichen Sinne behilflich sein kann. In dem anderen Koffer liegt das „*Rosenmeer*", der aber von Jana vom Wind entrissen wird. So wird direkt vor der Grenzüberschreitung die eigene Kultur und Heimat unwiederbringlich verlassen.[19] Kulturelle Verwurzeltheit geht verloren, die altbekannten Traditionen und Strukturen verschwinden vor der Grenze zwischen Bulgarien und Italien. Die Natur kann auch elementare Kraft aufgefasst werden, die in die menschlichen Verhältnisse schicksalhaft einmischt. Für Vasko und Jana ist es notwendig, die eigenkulturellen Voreinstellungen abzuschütteln, das Eigene nicht mehr als fix definiertes Ganzes zu erleben, um sich dem Fremden annähern zu können. Der Verlust des „*Rosenmeer*" impliziert die Wahl für das Fremde gegen das Altbekannte. Bulgarien auf der anderen Seite der Grenze zu lassen erfüllt die Voraussetzung für die Entstehung von etwas Neuem.

Literatur

Kellermann, Kerstin: Entwurzelung als Chance begriffen. In: *Die Furche*, 3.8.2006.

Klüh, Ekaterina: *Interkulturelle Identitäten im Spiegel der Migrantenliteratur. Kulturelle Metamorphosen bei Ilija Trojanow und Rumjana Zacharieva*. Würzburg: Königshausen & Neumann, 2009.

Lipčeva-Prandževa, Ljubka: Majčin ili avtorov – ezikăt kato izvor za literaturna identičnoct. In: *Liternet № 9 (82)*, 19.9.2006.

Paterno, Wolfgang: Abschottung führt zum Friedhof. Der Schriftsteller Ilija Trojanow, Autor des Bestsellers ‚Der Weltensammler', über Indien, das Gastland der heutigen Buchmesse, die Spiritualität des Subkontinents und den ‚Kampf der Kulturen'. In: *profil,* 25.9.2006, S. 148-150.

Rosendorfer, Herbert, Kempowski, Walter & Trojanow, Ilija (et al.): „... wo einen die Feuerwehr kennt". In: *Die Woche*, 10.8.2001.

Trojanow, Ilija: *Die Welt ist groß und Rettung lauert überall*. München: Hanser, 1996.

---

[19] Klüh, 2009, S. 143.

Karl Katschthaler

Ethnologie als transkultureller Übersetzungsprozess? „Dichte Beschreibung" vs. (Zwischen-)Raum-Geben

Wenn vom transkulturellen Übersetzungsprozess die Rede ist, so entbehrt die Formulierung nicht einer gewissen Redundanz, was sofort deutlich wird, wenn man ihn ins Englische übersetzt. Trans-cultural translation process heißt es dann und man sieht auf einen Blick, dass trans schon in Übersetzung enthalten ist. Jede Übersetzung ist notwendigerweise ein transkultureller Prozess, doch geht es wohl um etwas anderes, wenn von Übersetzung im Zusammenhang mit Reiseliteratur und Ethnologie die Rede ist. In diesen Fällen geht es ja nicht in erster Linie um die Übersetzung eines Textes, der in einer bestimmten Sprache geschrieben ist, in eine andere, sondern um eine weitaus komplexere Tätigkeit. Nun gibt es im Lateinischen neben translatio noch ein zweites Wort für Übersetzung, nämlich interpretatio. Das davon abgeleitete Verb hat in seiner transitiven Variante laut Langenscheidts Großem Schulwörterbuch Lateinisch – Deutsch neben der Bedeutung „übersetzten, *bsd. frei, bloß nach dem Sinne*" auch noch die Bedeutungen auslegen, erklären, deuten, aber auch verstehen und beurteilen. In dieser breiten Bedeutung scheint der Begriff Übersetzung schon eher für die Tätigkeit eines Ethnologen stehen zu können, doch bleibt, da es sich ja um ein transitives Verb handelt, immer noch die Frage nach dem Objekt. Was übersetzt also der Ethnologe, wenn er transkulturell, also von einer Kultur in eine andere, genauer von einer ihm fremden Kultur in die eigene übersetzt? Oder ist etwa gemeint, dass er eine Kultur in eine andere übersetze, dann müsste Kultur einmal Gegenstand und einmal Medium oder gar beides zugleich sein. Man sieht, man verwickelt sich leicht in Widersprüche, wenn man über die Rede von Ethnologie als transkulturellem Übersetzungsprozess nachdenkt und diese Widersprüche lösen sich auch dann nicht einfach auf, wenn man den Begriff Übersetzung nur metaphorisch gebraucht. Selbst wenn man noch eine weitere Metapher einführt, indem man Kulturen als Texte auffasst, löst man die Probleme nicht, im Gegenteil, man handelt sich nur weitere Schwierigkeiten ein. Denn einen Text kann ich nur in eine andere Sprache übersetzen, ein Prozess, in dem in der anderen Sprache wieder ein Text entsteht. Nun wird man schwerlich behaupten, dass die eigene Kultur, die ja in diesem Fall der Zieltext wäre, im transkulturellen Übersetzungsprozess entsteht. Was ist das aber für eine Übersetzung, wenn der Zieltext schon gegeben ist? Wird dann etwa der Ausgangstext einfach so lange verbogen und verstümmelt, bis er in den Zieltext hineinpasst? Das kann wohl nicht die Absicht des Ethnologen sein. Oder sollte der Prozess gar in die andere Richtung laufen und auf paradoxe Weise der Ausgangstext in ihm erst entstehen? Doch selbst dann, wenn wir das breite Bedeutungsfeld von interpretatio zu Grunde legen, stellt sich immer noch der Verdacht ein, dass das, was hier als Prozess bezeichnet wird, einseitig gerichtet ist, das heißt vom Ethnologen und seiner eigenen Kultur kontrolliert wird. Allerdings gibt es auch noch eine intransitive Bedeutung von interpretari, nämlich „den Mittler abgeben". Könnte der Ethnologe nicht in diesem Sinn interpretieren, also zwischen Kulturen vermitteln. Um diese Funktion erfüllen zu können, müsste er aber zunächst einen Raum dafür schaffen, eine Art Zwischenraum zwischen den beiden Kulturen, in dem dann dieser Vermittlungsprozess stattfinden kann. Er würde dann also mehr spationieren als interpretieren, mehr der Begegnung oder auch Konfrontation von Kulturen Raum geben als eine Kultur in eine andere zu übersetzen. Bevor ich am Beispiel Hubert Fichtes darauf eingehe, wie man so einen Zwischenraum schaffen und was in ihm geschehen könnte, möchte ich am Beispiel von Clifford Geertz der Frage nachgehen, was ein Ethnologe tut, der Ethnologie als Interpretation auffasst.

1   Kultur, Text, Interpretation, Dialog

Geertz geht davon aus, dass der Ethnologe danach strebe, die Handlungen und Aussagen seiner Informanten und in weiterer Folge bestimmte Phänomene in ihrer Kultur zu verstehen. Mit dieser Bestimmung der Tätigkeit des Ethnologen unterscheidet er sich noch nicht von den Begründern des Faches wie etwa Malinowski. Dessen Konzept der Einfühlung in den „Eingeborenen" weist er jedoch zurück. Am Ende eines Aufsatzes, in dem er vom Empathie-Konzept Malinowskis ausgeht, schreibt er:

> Das Verstehen dessen, was im Innern von Eingeborenen (um dieses gefährliche Wort noch einmal zu gebrauchen) vor sich geht, gleicht eher dem richtigen Erfassen eines Sprichworts, dem Begreifen einer Anspielung oder eines Witzes oder, wie ich vorgeschlagen habe, dem Lesen eines Gedichts als einer mystischen Kommunion.[1]

Was hier am Schluss des Aufsatzes in ironisch zugespitzter Weise als mystische Kommunion abgetan und für überflüssig erklärt wird, nämlich die empathische Annäherung an den Anderen, entfällt freilich auch in Geertz' Konzeption nicht ganz. Eine „normale Entwicklung derartiger Fähigkeiten"[2] hält auch er für nötig,

---

[1]   Geertz, Clifford: „Aus der Perspektive des Eingeborenen". Zum Problem des ethnologischen Verstehens. In: ders.: *Dichte Beschreibung. Beiträge zum Verstehen kultureller Systeme*, Frankfurt a.M., 1987 (= stw 696), S. 289-309, hier S. 309.
[2]   a.a.O., S. 308.

weil der Ethnologe sonst von seinen Informanten nicht akzeptiert würde. Was meint Geertz mit dem etwas unscharfen Ausdruck „normal"? Er kontrastiert diesen Begriff mit dem Wort „übermenschlich" und impliziert so eine anscheinend allgemeinmenschliche Sensibilität, die daher auch dem Ethnologen normalerweise eigen sei. Hier könnte man die Frage stellen, ob es denn wirklich ausgemacht ist, dass Sensibilität eine kulturunabhängige Eigenschaft des Menschen ist, es also die menschliche Sensibilität gibt, und wenn nicht, welche Sensibilität dann die „normale" ist. Diese begriffliche und anthropologische Naivität[3] kann sich Geertz nur leisten, indem er die biographische Erfahrung des Ethnologen von seiner Tätigkeit abkoppelt, zur Erfahrung des Akzeptiertwerdens reduziert und jeden Einfluss dieser Erfahrung auf das „Verstehen" der „Eingeborenen" bestreitet. Demzufolge kann dann auch die Mitdarstellung der biographischen Erfahrung des Ethnologen in der Ethnographie nur noch als eine unter vielen Plausibilisierungsstrategien eine Rolle spielen, also sich darauf beschränken, für die Akzeptanz des Ethnographen bei seinem Leser zu sorgen.[4] Diese Trennung von Biographie und Ethnologie setzt aber eine bestimmte Gegenstandsauffassung voraus, auf die der Vergleich des ethnologischen „Verstehens" mit dem Lesen eines Gedichts bereits einen Hinweis gibt. Die Art, wie Geertz in der oben zitierten Stelle vom „Eingeborenen" spricht, legt schon die Vermutung nahe, dass es ihm in Wahrheit gar nicht um ein Verständnis dieses, sondern um etwas Abstrakteres geht. So bestimmt er dann auch in einem anderen Aufsatz[5] den Kulturbegriff als Kern der Ethnologie, wobei er selbst einen semiotischen Kulturbegriff vertritt und Ethnologie als interpretierende Wissenschaft versteht, die nach Bedeutungen suche. Aufgabe des Ethnologen sei das „Deuten gesellschaftlicher Ausdrucksformen, die zunächst rätselhaft erscheinen".[6] Kultur definiert er als „ineinandergreifende Systeme auslegbarer Zeichen", wobei er von Systemen freilich eher metaphorisch spricht, und als „Kontext" oder „Rahmen", in dem Ereignisse, Verhaltensweise, Institutionen „verständlich – nämlich dicht – beschreibbar sind."[7] Unter „dichter" im Gegensatz zu „dünner" Beschreibung, ein Begriffspaar, das Geertz von Gilbert Ryle übernommen hat, versteht er eine Beschreibung, die Verhalten nicht nur in seinen äußerlichen, mechanischen Aspekten beschreibt, sondern möglichst viele Bedeutungskomponenten mit erfasst. Wie aber zu entscheiden wäre, welche Bedeutungen einem bestimmten Verhal-

---

[3] Zur „intuitiven" Verwendung auch anderer Begriffe durch Geertz vgl. auch Martin Fuchs und Eberhard Berg: Phänomenologie der Differenz. Reflexionsstufen ethnographischer Repräsentation. In: dies. (Hrsg.): *Kultur, soziale Praxis, Text. Die Krise der ethnographischen Repräsentation*. Frankfurt a.M., 1993 (= stw 1051), S. 11-108, besonders 46ff.

[4] Über Plausibilisierungsstrategien in der Ethnographie hat sich Geertz selbst an anderer Stelle kritisch geäußert. Vgl. Geertz, Clifford: *Works and Lives. The Anthropologist as Author*. Cambridge & Oxford, 1988.

[5] Clifford Geertz: *Dichte Beschreibung. Bemerkungen zu einer deutenden Theorie von Kultur*. In: Geertz, 1987, S. 7-43.

[6] a.a.O., S. 9.

[7] a.a.O., S. 21.

ten in einer bestimmten Situation zuzuordnen seien und wie sich die Sprache des Ethnographen zur Sprache derjenigen, deren handeln er „dicht" beschreibt verhält, bleibt bei Geertz weitgehend ungeklärt. Letztere Frage versucht Geertz ganz pragmatisch zu lösen, indem er ein weiteres begriffliches Oppositionspaar einführt und zwischen „erfahrungsnahen" und „erfahrungsfernen" Begriffen unterscheidet. Unter „erfahrungsnahen" Begriffen versteht er solche, wie sie der Informant verwendet, die mit seiner Realität natürlich verknüpft sind und die er daher mühelos versteht. „Erfahrungsfern" seien dagegen jene Begriffe, die Spezialisten und so auch der Ethnologe benützen, die Begriffe der Theorie.[8] Der Ethnologe habe dann nicht etwa die Aufgabe, diese beiden Vorstellungswelten in ihrer Differenz darzustellen und die Bedeutungsverschiebungen zu thematisieren, die bei der „Übersetzung" von einer in die andere auftreten, sondern schlicht die Aufgabe, diese beiden Vorstellungen miteinander in Beziehung zu setzen. Und das in einer Weise, die die Sprache des Ethnologen eindeutig privilegiert als die Sprache, in die dem hermeneutischen Zirkel folgend übersetzt werden soll. So beschränkt sich Fremdverstehen, wie Fuchs und Berg sagen, tatsächlich darauf, „Fragmente des Anderen in den eigenen Horizont einzurücken."[9] Die Tätigkeit des Ethnographen ist in dieser Konzeption dann auch ganz einfach zu bestimmen: „Der Ethnograph „schreibt" den sozialen Diskurs „nieder", *er hält ihn fest.*"[10] Diesen Gedanken der inscription, der Vertextlichung des mündlichen Diskurses übernimmt Geertz nach eigener Aussage von Paul Ricœur, der die Sozialwissenschaften als interpretative, hermeneutische Disziplinen definiert. Diese inscription beschreibt Ricœur als eine Reihe von Ablösungen: Der Bedeutungsgehalt löse sich vom Sprechakt, der Sinngehalt von der Intention des Autors, die „Welt" des Textes von der Dialogsituation und vom spezifischen Gegenüber. Der zweite Gedanke, den Geertz von Ricœur übernimmt, ist der der Textanalogie von Kultur und sozialen Handlungen: „Ethnologie betreiben gleicht dem Versuch, ein Manuskript zu lesen [...], das [...] in vergänglichen Beispielen geformten Verhaltens geschrieben ist".[11] Wie soll man sich dieses „Lesen" aber vorstellen, denn Handlungen stellen sich dem Ethnologen zunächst ja gerade nicht als Text dar. Geertz sagt dazu: „Wir interpretieren zunächst, was unsere Informanten meinen, oder was sie unserer Auffassung nach meinen und systematisieren diese Interpretationen dann."[12] Man sieht schon, hier bleibt alles fest in der Hand des Ethnologen, doch dieses Festhalten an der eigenen Autorität und an der Autorität der eigenen Kultur hat seinen Preis. Geertz muss zugestehen, dass so eine Grenze zwischen Darstellungsweise und zugrunde liegendem Inhalt nicht mehr zu ziehen ist und eine Fiktionalisierung der Ethnographie in Kauf nehmen. Als Kriterium, nach dem gute von

---

[8] Vgl. a.a.O. 291ff.
[9] Fuchs & Berg, 1993, S. 50.
[10] Geertz, 1987, S. 28.
[11] a.a.O., S. 15.
[12] a.a.O., S. 22.

schlechter Ethnographie zu unterscheiden wäre, bleibt dann nur noch eine Minimalforderung übrig. Ethnologie müsse daran gemessen werden, „inwieweit ihre wissenschaftliche Imagination uns mit dem Leben von Fremden in Berührung zu bringen vermag."[13] Da ein „letzter Grund" nun einmal nicht feststellbar sei, habe die Ethnologie die Funktion, die Diskussion in Gang zu halten.[14] Diese Bescheidung auf ein ethnologisches Minimalprogramm wird aber bei Geertz unterlaufen und führt so nicht wirklich zu einer Gleichstellung von Informant und Ethnologe in Hinsicht auf die Interpretation sozialer Handlungen. Die Tendenz, die einem derartigen Relativismus entgegenwirkt, ist die Tendenz zur Substantialisierung der Text-Metapher. So schreibt er gegen Ende von *Deep Play*, seiner berühmten Arbeit über den balinesischen Hahnenkampf:

> Die Kultur eines Volkes besteht aus einem Ensemble von Texten, die ihrerseits wieder Ensembles sind, und der Ethnologe bemüht sich, sie über die Schultern derjenigen, für die sie eigentlich gedacht sind, zu lesen.[15]

Auffallend ist hier nicht nur die Tendenz der Gleichsetzung von Kultur und Text, so dass Kultur dann lesbar wird, sondern vor allem die Position und Perspektive des Ethnologen. Es handelt sich hier nämlich, nimmt man Geertz' Formulierung ernst, nicht um eine Face-to-face-Situation, in der der Ethnologe seinem Informanten gegenüber sitzt oder steht und sich mit ihm unterhält, sondern um eine Ethnologie hinter dem Rücken der Angehörigen der zu untersuchenden Kultur. Diese werden ja, wenn der Text der Kultur für den Ethnologen sowieso lesbar ist, als Informanten gar nicht mehr gebraucht und spielen nur mehr als Darsteller in einem Theaterstück eine Rolle, das der Ethnologe interpretiert. Tatsächlich interpretiert Geertz den Hahnenkampf als Kunstform und vergleicht ihn mit Shakespeares Macbeth:

> Wenn wir uns [...] eine Vorstellung von *Macbeth* ansehen, um zu erfahren, wie sich ein Mann fühlt, der ein Königreich gewonnen, aber seine Seele verloren hat, so gehen die Balinesen zu Hahnenkämpfen, um zu erfahren, wie sich ein Mann, der normalerweise gesetzt, reserviert, fast zwanghaft mit sich selbst beschäftigt, eine Art geistiger Autokosmos ist, dann fühlt, wenn er – angegriffen, gequält, herausgefordert, beleidigt und dadurch zu äußerster Wut getrieben – einen völligen Triumph oder eine völlige Niederlage erlebt hat.[16]

Selbst wenn man die Generalisierungen, die Geertz auch an anderen Stellen vornimmt, wenn er von den Balinesen, von ihrem Nationalcharakter spricht, hinnimmt und zugesteht, dass an ihnen, wie an vielen Generalisierungen, etwas Wahres dran sein mag, so stellt man sich doch die Frage, ob nicht jeder Mensch,

---

[13] a.a.O., S. 24.
[14] Vgl. a.a.O., 41f.
[15] Geertz, Clifford: „Deep Play": Bemerkungen zum balinesischen Hahnenkampf. In: a.a.O., S. 202-260, hier S. 259.
[16] a.a.O., S. 255.

egal welcher Kultur er angehört, solange man ihm nur über die Schulter schaut, ein „geistiger Autokosmos" bleiben muss. Umso mehr drängt sich dieser Verdacht auf, wenn man bedenkt, dass Geertz, wie er selbst in einem Interview[17] sagt, nur sehr beschränkte Kenntnisse des Balinesischen hatte. Kein Wunder, das er unter diesen Umständen von der Perspektive konkreter Personen und ihren Interpretationen, die er nicht kennt, abstrahiert und ein distanziertes, generalisiertes Bild des (keines konkreten!) Hahnenkampfes zeichnet, auf das er sein westliches Kulturverständnis überträgt. Statt sich mit den Interpretationen der Beteiligten selbst auseinanderzusetzen, unterstellt er ihnen Absichten, Ansichten und Empfindungen bis hin zur angeblichen Identifikation des balinesischen Mannes mit seinem Hahn als „seinem idealen Selbst oder gar seinem Penis".[18] Solche vertrauten psychologischen Erklärungsmuster wie auch die Wiederholten Kurzschlüsse des Hahnenkampfes mit Kunstformen der westlichen Kultur sind wohl tatsächlich geeignet, eine Komplizenschaft mit dem westlichen Leser herzustellen, wie Crapanzano in seiner kritischen Analyse des Geertz-Textes meint.[19] Crapanzano kommt schließlich zur Schlussfolgerung: „There is only the constructed understanding of the constructed native's constructed point of view".[20] Das wäre an sich noch nichts Schlimmes, wenn Geertz diese Konstruiertheit reflektieren würde, statt die Anderen in seinem Monolog zu „cardboard figures"[21] zu degradieren. Auch den Vergleich des Hahnenkampfes mit *Macbeth* könnte man durchaus akzeptieren, wenn er wirklich nur, wie Greenblatt meint, eine Aufwertungsstrategie wäre und wenn dabei, wie Greenblatt ebenfalls feststellt, nicht das, was eigentlich von Interesse wäre, nämlich die Differenzen zwischen den Kulturen, verloren gingen.[22]

Was Crapanzano Geertz vor allem vorwirft, ist, dass er letztlich die volle Kontrolle über sein Objekt, denn um ein solches handelt es sich beim Kultur-Text, der von den Angehörigen der anderen Kultur abgelöst wird, behält, statt in einen Dialog mit diesen einzutreten. Genau das will die dialogisch orientierte Ethnographie, zu deren Vertretern auch Crapanzano selbst zählt. Sieht man sich diese dialogischen Ethnographien aber näher an, so stellt sich heraus, dass die Ethnologen letztlich die volle Kontrolle behalten, so dass Stephen Tyler von als Dialog angeordneten ethnographischen Texten mit Recht als Maskerade sprechen kann, durch die die Stellung des Informanten nicht wirklich verbessert wer-

---

[17] Darauf weisen Berg und Fuchs hin. Vgl. Berg & Fuchs,1993, S. 61, Fn. 55.
[18] Geertz, 1987, S. 213.
[19] Vgl. Crapanzano, Vincent: Hermes' Dilemma: The Masking of Subversion in Ethnographic Description. In: Clifford, James & Marcus, George E. (Hrsg.): *Writing Culture. The Poetics and Politics of Ethnography*. Berkeley, 1986, S. 51-76, besonders 69.
[20] a.a.O., S. 74.
[21] a.a.O., S. 71.
[22] Vgl. Greenblatt, Stephen: The Eating of the Soul. In: *Representations* 48 (1994), S. 97-116.

de, weil seine Worte Instrumente des Wollens des Ethnographen blieben.[23] Genau das weist Klaus Neumann an Vincent Crapanzanos *Tuhami*,[24] nach. Crapanzano führe eine kritische Bearbeitung der Stimme Tuhamis durch, er fülle Lücken und korrigiere Inhalte, halte so an seiner ethnographischen Autorität fest, obwohl er sich dessen am Schluss selbst bewusst werde.[25] Der Marokkaner ist eben doch nur ein Informant, kein gleichberechtigter Gesprächspartner. Wenn aber selbst in einem Musterbeispiel der dialogischen Ethnographie die Angehörigen der anderen Kultur auf subtile Weise mundtot gemacht werden, wie soll man dann die Forderung Fabians nach der Umgestaltung der Ethnologie „zu einer Praxis, die fähig ist, die Anderen präsent zu machen"[26] erfüllen?

2 Zuhören statt Lesen

Auf eine solche Praxis in Fabians Sinn könnte hinauslaufen, was Weimann als Projekt des „radikalen Dialogismus" zu bestimmen versucht. Er fordert – Michael Taussig folgend –, dass der Andere einen „Ort im Text" bekommen müsse, dass Alterität als Beziehung, nicht als Ding aufzufassen sei und beschreibt dann metaphernreich, wie ein ethnographischer Text auszusehen hätte, der dies beherzigt. Er wäre eine „Kopie, die den Kontakt bewahrt", ein „Zwischenbereich", eine „Kontaktzone" und in ihm würde gelten: „Alterität ist das Produkt einer exzentrischen Beziehung, bei deren Darstellung der Darstellende sich über die Schwelle fixierten Eigensinns hinauswagen muß."[27] Dazu brauche es aber eine „Sprache der Repräsentation, die aus der Differenz selbst ihre Antriebe erhält."[28] Dieses Projekt klingt vielversprechend, scheint mir aber an mehreren Punkten konkretisierungsbedürftig. Drei dieser Punkte, die mir besonders wichtig erscheinen, möchte ich herausgreifen und eine solche Konkretisierung versuchen. Heben wir also hervor, es geht
   1. um einen Zwischenraum, einen Raum, der nicht einfach gegeben ist, sondern erst geschaffen werden muss,

---

[23] Vgl. Tyler, Stephen A.: *The Unspeakanle: Discourse, Dialogue, and Rhetoric in the Postmodern World.* Madison, 1987, S. 66.
[24] Crapanzano, Vincent: *Tuhami: Portrait of a Moroccan.* Chicago, 1980.
[25] Vgl. Neumann, Klaus: Hubert Fichte und experimentelle Ethnographie, oder: Auch in Amerika sind die Möglichkeiten universitärer Anthropologie nicht unbegrenzt. In: Böhme, Hartmut & Tiling, Klaus (Hrsg.): *Medium und Maske. Die Literatur Hubert Fichtes zwischen den Kulturen.* Stuttgart, 1995, S. 213-243.
[26] Fabian, Johannes: *Präsenz und Repräsentation. Die Anderen und das anthropologische Schreiben.* In: Berg & Fuchs, 1993, S. 335-364, hier S. 361.
[27] Robert Weimann: *Einleitung: Repräsentation und Alterität diesseits/jenseits der Moderne.* In: ders. (Hrsg.): *Ränder der Moderne. Repräsentation und Alterität im (post)kolonialen Diskurs.* Frankfurt a.M., 1997 (= stw 1311), S. 7-43, hier 35ff.
[28] a.a.O., S. 37.

2. um das Wagnis von Alterität als Beziehung und
3. um eine andere Art von Sprache, eine Sprache der Differenz.

Als Ausgangspunkt für den Versuch der Konkretisierung dieser drei Forderungen möchte ich noch einmal Fabian zitieren, der meint, Repräsentation als Praxis aufzufassen

> [...] würde uns helfen, zu erkennen, daß die Art und Weise, wie wir die Anderen „machen", gleichbedeutend ist mit der Art und Weise, in der wir uns selbst machen. Das Bedürfnis *dort* hinzugehen (an exotische Orte, mögen sie weit weg sein oder gerade um die Ecke), ist in Wirklichkeit unser Verlangen, *hier* zu sein (unseren Platz in der Welt zu finden oder zu verteidigen).[29]

Wenn es stimmt, dass die Suche nach dem Anderen gleichbedeutend ist mit der Suche nach sich selbst, wenn es unter Umständen genügt, bloß um die Ecke zu gehen, wenn es auch dort um das Hier geht, dann ist es doch nahe liegend, den Anderen zunächst einmal in sich selbst zu suchen. Dass Alterität nicht reduzierbar ist auf eine interpersonale Beziehung, sondern ebenso ein intrapsychisches Phänomen ist, darauf hat Jacques Lacan deutlich hingewiesen. Es ist hier nicht der Ort, Lacans komplexe psychoanalytische Theorie zu erörtern, ich berufe mich im Folgenden daher auf eine Arbeit von Tamise Van Pelt,[30] in der sie Lacans Alteritätsauffassung im Licht post-kolonialer Ansätze beleuchtet. Bekannt und viel diskutiert ist Lacans Dezentrierung des Subjekts durch die Einführung zweier Register, des symbolischen und des imaginären. Parallel zur Unterscheidung von Subjekt und ego unterscheide Lacan auch ein symbolisches Anderes von einem imaginären anderen. Worauf es Lacan ankomme, sei Alterität als ein intrapsychischer Prozess und nicht als eine interpersonale Praxis, wie er ja auch eine Analyse anstrebe, in der der Analytiker einen therapeutischen Kontext schaffe, in dem dann nur noch der intrapsychische Prozess des Analysanden eine Rolle spielen solle. Denn wenn es keine andere Person gebe, mit der der Analysand das imaginäre Spiel spielen könne, dann könne das nichtpersonale, intrapsychische Andere dem Subjekt seine Wahrheit offenbaren.[31] Der post-koloniale Humanismus humanisiere das Andere, indem er mit der Dichotomie von Selbst/Anderem arbeite, gerade oft auch dann, wenn er sich auf Lacan berufe. Van Pelt führt das zum einen auf ungenaues Lesen zurück – Lacan unterscheidet nämlich die beiden oft nur durch Groß- bzw. Kleinschreibung, was einem leicht entgehen könne, leichter jedenfalls als die Unterscheidung von Subjekt und ego –, zum anderen aber interpretiert sie das Kollabieren der Unterscheidung als Symptom für die Rückkehr des unterdrückten post-kolonialen Humanismus.[32] Einen solchen post-kolonialen Humanismus vertritt Gayatri

---

[29] Fabian, 1993, S. 338.
[30] Van Pelt, Tamise: Otherness. In: *Post Modern Culture* 10/2 (2000), http://muse.jhu.edu/journals/pmc/v010/10.2vanpelt.html, letzter Zugriff: 10.2.2011.
[31] Vgl. a.a.O., besonders die Abschnitte 2, 14, 15.
[32] Vgl. a.a.O., Abschnitte 3-8 und 21-25.

Spivak, wenn sie eine Politik der Identifikation fordert, ein Eintreten für die Rechte von Gruppen, mit denen man nicht primär identifizierbar ist, wenn sie meint, in „radical cultural studies [...] the only possible politics seems sometimes to be the politics of identity in the name of *being* the Other".[33] Auch Van Pelt gesteht zu, dass diese Taktik sinnvoll sein kann, wenn es um Belange der eigenen Identität geht, wie ja auch Lacan selbst zu dieser Politik gegriffen habe, wenn er in Polemiken verwickelt worden sei. Für den Analytiker lehne Lacan jedoch diesen „phallischen Fundamentalismus" ab, da er den unbewussten Diskurs des Andern verweigere. So gerate der Analytiker, meint Van Pelt, in Gefahr, zu verstehen statt zuzuhören, zu wissen statt herauszufinden.[34] Alterität bedeute aber vor allem einmal, unsere Begierden als unsere eigenen anzunehmen, um dem Diskurs des Anderen besser zuhören zu können.[35] Was ich hier anzudeuten versucht habe, beansprucht zwar in erster Linie Gültigkeit für die Psychoanalyse, scheint mir aber doch auf die Ethnologie anwendbar, auch wenn es in der Ethnologie wohl doch um Alterität als interpersonale Praxis gehen muss. Diese Praxis dürfte aber eine andere sein, wenn der Ethnologe Zugang zu seinem intrapsychischen Anderen findet und lernt, die Angst in seinem intrapsychischen Anderen, wie Van Pelt in Bezug auf den Lacanschen Analytiker meint,[36] zu akzeptieren. Vom Ethnologen wäre dann freilich nicht gefordert, einen vorgefundenen Kultur-Text zu lesen, sondern gleichermaßen dem intrapsychischen Anderen und dem interpersonellen anderen zuzuhören und beiden in der Darstellung Stimmen zu geben. Auf dieser Basis wäre dann Alterität auch als interpersonale Beziehung ein Wagnis, das es ermöglichen würde, den Raum, in dem auch die anderen präsent sind, zu schaffen und die dafür nötige Sprache der Differenz zu finden.

3   Identität, Schichten, Zwischenraum

Wenn ich im Folgenden versuche, Ansätze zu solch einer Ethnographie bei Hubert Fichte zu finden, erhebe ich nicht den Anspruch Fichtes komplexem Werk auch nur annähernd gerecht zu werden, hoffe aber trotz dieser eklektischen Vorgehensweise seine Stimme als andere nicht zum Schweigen zu bringen.

In *Versuch über die Pubertät* wird Identität als Identität in der Krise thematisiert. Das ganze Buch kreist um die freilich immer scheiternde Tötung des Ich. Da wäre die Zerstückelung in viele Ichs, die Imitation und Identifikation im

---

[33] Spivak, Gayatri Chakravorty: Acting Bits/Identity Talk. In: Appiah, Kwame Anthony & Gates, Henry Louis Jr. (Hrsg.): *Identities*. Chicago, 1995, S. 147-180, hier zitiert nach a.a.O., Abschnitt 39.
[34] Vgl. a.a.O., Abschnitt 39.
[35] Vgl. a.a.O., Abschnitt 41.
[36] Vgl. a.a.O., Abschnitt 46.

Theater, die zu einem „Ichbewußtsein zwischen Ichverlust und Ichverlust",[37] ein „Auslöschen des Selbst",[38] das mit dem Ich-Verlust im Xango-Kult verglichen wird, bis hin zum Selbstmordversuch, den zwar Alex begeht, vor dessen Beschreibung es aber der Ich-Erzähler für möglich hält, „daß ich meine furchteinflößenden Fehlhandlungen nur häufe, um die eigene Auslöschung zu beschleunigen."[39] Und diese Überlegung steht tatsächlich im Kontext der Gefahr physischer Auslöschung durch haitianische Todesschwadronen. Auch Sex und Drogen können das „hassenswerte Ich" nicht abtöten.[40] Am Ende heißt es dann schließlich: „Ich habe das Getränk für den Gott Xango getrunken."[41] Dieses Getränk soll das Gedächtnis auslöschen und einen in einen Baum verwandeln, doch diese Utopie scheitert: „Der Mensch ist kein Baum. / Der Zauber ist zerschnitten. [...] Ich lebe weiter in einer ganz säkularisierten Welt."[42] Gegenläufig zu dieser destruktiven Schicht, die mit einer Fluchtbewegung korrespondiert – „Ich wollte weg. Wie ich immer nur wegwollte.",[43] heißt es in *Hotel Garni* –, gibt es in *Versuch über die Pubertät* von Anfang an eine konstruktive Schicht, die mit einer Bewegung zurück in die Erinnerung korrespondiert:

> Plötzlich – aber vielleicht vorbereitet durch langsam zur Oberfläche geschwemmtes Material – entdecke ich, daß alle meine Versuche bisher nur eine Bewegung verrieten: zurückzufinden in frühere Schichten.[44]

So beginnt programmatisch der *Versuch über die Pubertät*. Der Begriff der Schichten taucht dann immer wiederauf in diesem Text, wie überhaupt im Werk Hubert Fichtes. Manfred Weinberg führt dazu über zwei Seiten hinweg Belegstellen aus dem Werk und aus Interviews an. Wenn dieser Begriff aber eine so zentrale Bedeutung für Fichte hat, warum hat er sein großes Projekt dann doch „Geschichte" und nicht „Schichten der Empfindlichkeit" genannt? Weinberg meint, es gelte das Wort als „GeSchichte" zu lesen, als ein Wort, das das Wort „Schicht" umfasst, und zieht die Schlussfolgerung: „hier meint Geschichte dann eben nicht mehr den herkömmlich darunter verstandenen chronologischen Ablauf, sondern seinerseits das Gedoppelte von Struktur und Ablauf, zweiteres jedoch im Sinne einer ekstatischen Zeitauffassung, einer intendierten schwarzen Zeit der Gegenwärtigkeit."[45] Diese „schwarze Zeit der Gegenwärtigkeit" stellt

---

[37] Fichte, Hubert: *Versuch über die Pubertät*. Frankfurt a.M., 1982 (Erstausgabe 1974)(= FiTb. 5402).
[38] a.a.O., S. 83.
[39] a.a.O., S. 182.
[40] a.a.O., S. 93ff.
[41] a.a.O., S. 298.
[42] Ebd.
[43] Fichte, Hubert: *Hotel Garni (Die Geschichte der Empfindlichkeit Bd. I)*. Frankfurt a.M., 1987, S. 9.
[44] Fichte, 1982, S. 9.
[45] Weinberg, Manfred: *Akut. Geschichte. Struktur. Hubert Fichtes Suche nach der verlorenen Sprache einer poetischen Welterfahrung*. Bielefeld, 1993, 258ff.

Fichte utopisch der „weiße[n] Zeit" entgegen, die er folgendermaßen charakterisiert:

> Mit dem Ich kommt alles auf mich zu und verschließt sich mir und geht weg und wird zur Vergangenheit.
> [...]
> Referate, aussagende Prosa, Jahreszahlen – nicht mehr das alles umoymelnde Spiel, sondern die Abgrenzung auf das Ich allein.
> Ich – die weiße Zeit, die so schnell ausverkauft ist.[46]

Hier ist offensichtlich jener Begriff von Geschichte gemeint, der von einer Chronologie der Ereignisse ausgeht und mit einer entsprechenden Darstellungsweise verbunden ist. Diesem Geschichtsbegriff korrespondiert ein bestimmtes Ich-Konzept, das durch Konsistenz und Identität geprägt ist und dem die Welt als Getrennte gegenübersteht, ein Getrenntes, das das Ich als Vergangenes hinter sich lässt. Das geschichtete Ich dagegen hat ein ambivalentes Verhältnis zu Mitleid und Identifikation. Die Reflexionen zum Thema Mitleid in *Versuch über die Pubertät* verweisen auf den Zusammenhang von Erkenntnis des anderen im Mitleid und Selbsterkenntnis. Die ersten Seiten des Buches handeln von einer Obduktion im gerichtsmedizinischen Institut „Nina Rodrigues". Beim Anblick einer Leiche, an der eben hantiert wird, denkt das erzählende Ich:

> Kein Mitleid.
> An diesem Begriff hängt alles.
> Ich kann kein Mitleid mit einem Toten empfinden.
> Das Wort „Mitleid" ist das beste der schlechten.
> Ein Diakonissenwort.
> Die Leiche hat keine Empfindungen. Mit ihrem Nicht-Leid kann ich nicht mitleiden.[47]

Mitleid ist also der zentrale Begriff für den Erzähler in *Versuch über die Pubertät*, doch er ist grundsätzlich ambivalent. Wenig später heißt es nach einer Wiederaufnahme der Reflexion über den ambivalenten Charakter des Mitleids und der Identifikation, ihre Abhängigkeit von der Erziehung und ihre dementsprechende Varianz:

> Identifikationen unmöglich machen.
> (Lamarcas Leiche nach der Folter sezieren.)
> Selbsterkenntnis verhindern.
> Das heißt Versklavung.

Erst auf der folgenden Seite erfahren wir, dass Lamarca gefoltert worden war, die Obduktion seiner dann aber so durchgeführt wurde, dass die Spuren der Folter verwischt wurden. So verschränken sich hier zwei Bedeutungen von „Identifikation", nämlich einerseits Erkenntnis des anderen, ebenso im Sinne von

---

[46] Fichte, 1982, 37.
[47] a.a.O., S. 15.

Feststellen der Identität wie im Sinne von Erkennen des anderen im Mitleid, und andererseits die dadurch beförderte Selbsterkenntnis. Das Sezieren der Leiche Lamarcas macht Identifikation in all diesen Bedeutungen unmöglich. Denn wird die Identifikation mit dem anderen verunmöglicht, dann gelingt auch die Selbsterkenntnis nicht. Wenig später beginnt Fichte, nach dem Motto „Ich bin die mir selbst am besten bekannte Versuchsperson",[48] sich selbst zu „sezieren", hinabzusteigen in „frühere Schichten", bis er schließlich am Ende sagen kann: „Ich lebe in einer ganz säkularisierten Welt."[49] Erst diese mitleidlose Aufklärung der eigenen Biographie, der eigenen Ängste und Begierden, der eigenen Riten ermöglicht die Rückkehr zum Mitleid in der „Empfindlichkeit" der Fichte'schen Forschung. Freilich ist dieser Prozess der Selbstaufklärung einer, der niemals zu einem Ende kommt, denn Fichte kommt im Herodot-Essay zur schmerzlichen Erkenntnis, „daß der Freie nur in einem Labyrinth von Riten existieren kann, wie der Krebs in seinen Schalen; hat er die alten zerstört oder verleugnet, schafft er sich neue, sekundäre, software."[50]

Diesem Ich-Konzept entspricht dann eine andere Sprache, die Fichte „poetisch" nennt. Was diese andere Sprache ausmachen soll, das wird schon im *Versuch über die Pubertät* angedeutet:

> Allmählich entwickelt sich in mir die Freiheit, das Diskrepante zu schreiben, das ich früher in der Lokstedter Einheitlichkeit sorgsam wegstrich; meine Niederlagen fixieren, Sprünge, Widersprüche, das Unzusammenhängende nicht kitten, sondern Teile unverbunden nebeneinander bestehen lassen, mit zwei falschen, übertriebenen Aussagen die Tatsachen anpeilen.[51]

Widersprüche stehenlassen, das Unzusammenhängende nicht kitten, genau diese Freiheit hatte, wie wir gesehen haben, Crapanzano nicht. Er konnte es sich nicht erlauben, oder glaubte es sich nicht erlauben zu können, Tuhamis Rede mitsamt ihren Widersprüchlichkeiten und Inkonsistenzen stehen zu lassen. Er hatte jene andere Sprache nicht zur Verfügung. Aber auch für Fichte stellt sich diese andere Sprache als nicht so leicht zu verwirklichen heraus, wie es im Enthusiasmus des Aufbruchs zunächst scheint, denn eine solche Sprache erweist sich als eine erst noch zu schaffende. Alle herkömmlichen Sprachen sind nämlich zerstörerisch, weil sie der Produktion von Macht dienen. Im Haiti-Kapitel von *Xango* zählt Fichte die menschlichen Tätigkeiten auf, mit denen die Wirklichkeit „besiegt" wird: die Naturwissenschaften (die Physik), die Kulturwissenschaften (die Ethnologie), die Kunst (die Malerei), die Literatur (der Roman), die Literaturkritik (die Rezension), auch die Avantgarde siegt und sogar das Gespräch be-

---

[48] a.a.O., S. 200.
[49] a.a.O., S. 298.
[50] Fichte, Hubert: Mein Freund Herodot. In: ders.: *Homosexualität und Literatur Bd. I (Die Geschichte der Empfindlichkeit. Paralipomena Bd. I)*. Frankfurt a.M., 1987.
[51] Fichte, 1982, S. 294.

siegt Sujet und Gesprächspartner.[52] Da Fichte einen Zusammenhang mit dem Kolonialismus herstellt, ist klar, wer hier die „Sieger" und wer die „Besiegten" sind. Doch sind nicht einfach die Vertreter der eigenen Kultur die Sieger und die der „Dritten Welt" die Besiegten, sondern auch innerhalb der eigenen Kultur gibt es solche Machtverhältnisse: „Unsere Wörter sind die Franzosen, die die Spanier und die Indianer niedermetzeln.",[53] heißt es nämlich mit historischem Bezug auf Haiti. Zugleich wird das Problem hier als ein sprachliches gekennzeichnet. Unmittelbar nach diesem Satz wechselt Fichte vom Wir zum Ich:

> Ich gehe aus Haiti nicht als Sieger hervor.
> Meine Aufzeichnungen sind die Aufzeichnungen von Irrtümern, Fehlschlüssen, Kurzschlußhandlungen.[54]

Um der zerstörerischen Wirkung der Sprache der eigenen Kultur zu entgehen, greift Fichte also zur Technik der Umkehrung. Die Sprache des Sieges wird umgekehrt in eine Sprache der Niederlage. Aber wo ist diese Sprache zu finden, wenn sie denn schon irgendwo existieren sollte? Auch hier begegnet uns die Technik der Umkehrung: wenn nicht bei den Siegern, dann also bei den Besiegten. Doch in diesem Zusammenhang macht Fichte eine deutliche Einschränkung, denn von dieser anderen Sprache, die bei den Besiegten zu suchen sei, spricht er im Konjunktiv:

> Gäbe es zwischen dem Wittgenstein'schen Schweigen und der Sprache unsrer Siegeranalysen und Siegersynthesen eine Sprache, in der die Bewegung sich abwechselnder und widersprechender Ansichten deutlich werden könnte, das Dilemma von Empfindlichkeit und Anpassung, Verzweifeln und Praxis – ich würde sie benützen.
> Es wäre eine wesentlich andre Sprache.
> Vielleicht verfügten die Indianer und die Afrikaner über weniger kolonisierende Ausdrucksweisen.[55]

Hier nimmt Fichte eigentlich seine wenige Zeilen vorher gemachte Feststellung, er gehe aus Haiti *nicht* als Sieger hervor, zurück, jedenfalls relativiert er ihre zunächst außer Zweifel stehende Gültigkeit. Ganz unrettbar ist die Utopie der anderen Sprache aber nicht, denn zumindest lässt sich ihr Ort angeben. Dieser Ort der anderen Sprache ist im Zwischen angesiedelt, zwischen Schweigen und Siegersprache. Wie das zu verstehen ist, wird klarer, wenn man sich die einzige Ausnahme innerhalb der siegreichen eigenen Kultur, die Fichte erwähnt, vor Augen hält: „(Nur Cézanne verzichtete zuletzt auf Siege und liess weisse Flecken als Niederlagen auf der Leinwand zurück.)",[56] hält Fichte in Klammern der

---

[52] Fichte, Hubert: *Xango. Die afroamerikanischen Religionen. Bahia, Haiti, Trinidad.* Frankfurt a.M., ²1981 (Erstausgabe 1976), S. 119.
[53] Ebd.
[54] Ebd.
[55] Ebd.
[56] Ebd.

siegreichen Malerei entgegen. Man muss das wohl, wie Weinberg es tut,[57] auch auf Fichtes Schreibweise beziehen. Auch in Fichtes Texten gibt es – schon auf den ersten Blick ins Auge springend – diese weißen Flecken, diese Spatien zwischen den einzelnen Abschnitten, in denen er seine Irrtümer ausbreitet und die anderer (z.B. in Interviews, die oft ohne die Fragen wiedergegeben werden, in Montagen und Collagen), und in denen er auch die Besiegten, die Vertreter der „Dritten Welt" und die Außenseiter der eigenen Kultur zu Wort kommen lässt. Doch erst diese weißen Flecken, dieses Schweigen zwischen den Abschnitten, schafft den nötigen Raum für dieses Zuwortkommenlassen und ermöglicht es, die Irrtümer in Beziehung zueinander zu setzen,[58] ohne daraus als Sieger hervorzugehen.

---

[57] Vgl. Weinberg, 1993, 219f.

[58] An anderer Stelle habe ich das als die Konstruiertheit des Textes bezeichnet und exemplarisch an mehreren Stellen aus Xango, unter anderen an jener gezeigt, wo Fichte herablassende bis rassistische „Aussprüche meiner Landsleute" unkommentiert mit den einfachen Aussagen eines Maurers zu seiner Lebenssituation gegenschneidet. Das Schweigen des Autors zu beiden Kompilationen, greifbar im weißen Fleck zwischen den beiden Abschnitten, ist kein Verstummen, sondern ein vielsagendes Schweigen, das die beiden Abschnitte in Beziehung zueinander setzt. Die Aussagen des „besiegten" Maurers wenden sich in diesem Zwischen polemisch gegen die der „siegreichen" Landsleute. Gleichzeitig vermeidet es Fichte, selbst im Kommentar zum Sieger über beide zu werden. Vgl. *Xango*, 10f. und Katschthaler, Karl: *Reiseliteratur oder Ethnographie? Hubert Fichtes ‚poetische Anthropologie'*. In: Lichtmann, Tamás (Hrsg.): *Zwischen Erfahrung und Erfindung. Reiseliteratur einst und heute*. Debrecen, 1996 (=Arbeiten zur Deutschen Philologie XXIII), S. 65-84, vor allem S. 79-81.

Endre Kiss

Wien und Berlin

Kultur im Kraftfeld von Kognition und Interkulturalität

1.

Wenn im weiteren über „*Rationalität*" die Rede sein wird, verstehen wir unter dieser Kategorie nicht die „normal" funktionierende Rationalität der Normalwissenschaft, auch nicht unmittelbar den Rationalitätsbegriff der analytisch eingestellten Wissenschaftslogik beliebiger Provenienz. Wir visieren in diesem Versuch eine mehr umfassende Vorstellung an, eine historische Kategorie (gerade und thematisch aber nicht in dem Sinne ihrer eventuellen „historizistischen" Einstellung), die auf wissenschaftslogische Essentialität zwar auf die allerlegitimste Weise zurückgeht, nichtsdestoweniger aber einen über die disziplinären Grenzen hinausgehenden *Denkstil* ausmacht, der ursprünglich von den Wissenschaften ausgehend das Denken einer Epoche, sowie das Denken einer Gesellschaft zu durchdringen weiß.

Dass modernes Denken und moderne Gesellschaftlichkeit mit einem geradezu expansiven Vorstoss, wenn nicht Triumphzug der Rationalität zutiefst zusammenhängen, ist bereits eine allseitig akzeptierte Einsicht. Die latente oder explizite Stellungnahme für oder gegen diesen Prozess der Rationalisierung teilt die Repräsentanten des modernen Denkens in spektakulärer Weise *in zwei, einander feindlich gegenüberstehende Lager. Wir können kaum einen relevanten Konflikt oder Antagonismus aus jedem beliebig ausgewählten sozialen Subsystem nennen, der letztlich nicht zwei, einander antagonistisch gegenüberstehenden Positionen zur Frage der Modernisierung, bzw. der Moderne beinhalten würde.* Es geht generell schon so weit, dass man manchmal warnen sollte, diesen letzten Bezugsrahmen für diese Konflikte und Antagonismus nicht allzu früh als den alles lüsenden *remedy* aus selten gebrauchten intellektuell-ideologischen Hüten hervorzuzaubern.

Die umfassendste Artikulation der gesetzten Identität von Moderne und Rationalität stammt von Max Weber, wonach die Gesamtheit der neuzeitlichen Entwicklung als ein Prozess der „Entzauberung der Welt" ganzheitlich umfassen lässt. Es wird dabei nur selten erwähnt, dass die zur Begründung der ganzen Diskussion dienenden Grundtexte von Max Weber kaum ganz ausreichen, eine so

43

auf die letzten Fragen konzentrierende Diskussion allein zu tragen. Die wirkliche Lage ist eher die, dass die Konzeption der *Dialektik der Aufklärung* Horkheimers und Adornos eher als die stillschweigende und wahre Grundlage der ganzen neueren Diskussion genannt werden dürfte.

Unser Versuch, einen besonderen „österreichischen" („mittel-europäischen") Rationalitätstypus in typologischer Ausrichtung zu beschreiben, versteht sich als eine multidisziplinär vielschichtige historisch-*wissenssoziologische Konkretisierung* der umfassenden Tendenz der „Entzauberung der Welt".

Die These von einem genuin österreichischen (mittel-europäischen) Typus der neuzeitlichen Rationalität mag fürs erste aus dem Grunde auf Widerstand stossen, weil sich zahlreiche Phaenomene der Wiener Moderne bis heute eher unter dem Sammelbegriff des „*Irrationalen*" als unter dem der *Rationalität* subsumieren liessen. Die für diese Einsicht sprechenden Fakten und Argumente sind genügend bekannt,[1] so dass auch unser Versuch nicht die Absicht aufbringen kann, *die für die Wiener Moderne wie emblematisch stehenden „irrational" wahrgenommenen und kategorisierten Phaenomene unter der Decke einer Typologie der Rationalität zu „rationalisieren".* Unsere Reaktion auf dieses Argument besteht eher darin, dass sie die von dem Alltagsbewusstsein üblicherweise als „irrational" wahrgenommene und kategorisierten Phaenomene als Phaenomene deutet, die mehrheitlich *nach einer vollendeten und siegreichen Wendung der Rationalität* überhaupt erst entstanden, aber auch erst dann überhaupt entstehen konnten. Das an dieser Stelle näher nicht betimmte „Irrationale" in der österreichischen Kunst, Philosophie und Kultur lässt sich somit als Antwort und Überwindungsversuch des bis in alle Einzelheiten hinein vorgedrungenen Triumphzuges einer (mitteleuropäischen) Rationalität verstehen und deuten.

Die zeitweilige „impressionistische IrRationalität" eines Georg Lukács oder die „antiimpressionistische IrRationalität" eines Rudolf Kassner lässt sich schon nicht mehr nur als eine einfache „Reaktion" oder „Antwort", sondern als kulturkritisch motivierter „Hass" auf die „Relativität" der soeben erst siegreich gewordenen österreichischen (mitteleuropäischen) Rationalität deuten. Gerade die Intensität des Hasses auf die „relativistische" Rationalität zeigt das *Ausmaß der Etablierung*, bzw. die Größe des Sieges der Rationalität. Während aber die neue, siegreiche Rationalität für ihre Hasser *zu relativistisch* war, erwies sie sich für andere als *zu essentialistisch* und *theoretisch*, so dass sie (diese Rationalität) keinen Freiraum mehr für individuelle und existentielle Problematik frei liess (wie es in einer großen Anzahl von Vertretern der *Wiener Impressionisten* noch der Fall gewesen ist). Indem also die Rationalität in der Form von Relativität für einen Kassner hässlich vorkam, erschien sie in der Form von rationalen Dis-

---

[1] Dieses Phänomen bekommt seine generelle Erklärung in unserer Analyse der europäischen Moderne, deren deutlicher Trend es ist, dass in Österreich (und mehr oder weniger auch in Mittel-Europa) die *zweite* Welle der europäischen Moderne *die* Moderne ist, die gegen die bereits einen historischen Sieg erzielte *erste* Welle aufkommt.

kursen als „Ich" als absolutistisch und metaphysisch, dem man nur mit einer Attitüde der Revolte zu begegnen gezwungen war. Im Fall von Sigmund Freud führte die an sich einwandfreie *Rationalität* in die Tiefe einer bis dahin unerschlossenen Wirklichkeitsschicht hinunter, die für die intellektuelle Wahrnehmung mit elementarer Notwendigkeit als „*irrational*" erscheinen musste und wie keine andere zur Entstehung der „irrationalen" Etikettierung der ganzen Wiener Kultur führen musste. In diesem Fall könnte man wirklich sagen, dass *gerade* die (genuin österreichische) *Rationalität* es war, die zur Image der „*IrRationalität*" der Wiener Kultur geführt hat, es war diese Rationalität, die neue, noch nicht beschriebene positive Inhalte mithilfe ihrer säuberen Methodik *aufgefunden*, d.h. *entdeckt* hat, die eben als „positive Inhalte" für die zeitgenössische intellektuelle Wahrnehmung als „irrational" vorkommen mussten.[2] Von dieser Perspektive aus gesehen verändert sich also das Bild der genuinen „IrRationalität" der Wiener Kulturlandschaft mit zwingender Notwendigkeit.

Der österreichische Typus der modernen Rationalität baut vor allem auf der modernen *Rationalität der einzelnen positiven Wissenschaften*. Diese Rationalität der einzelnen Wissenschaften ist jedoch gerade in ihrer generalisierenden allseitigen Ausstrahlung mit der Rationalität des modernen Positivismus nicht unbedingt identisch. Für die Geschichte der Rationalität hat diese Differenz eine wesentliche Bedeutung. Eben unter diesem Aspekt wird es nicht nur klar, sondern auch relevant, dass *nicht jeder Typus der neuzeitlichen Rationalität ihren Ursprung in den (positivistisch ausgerichteten) Wissenschaften* hat, so dass auch die übliche Identifizierung „Positivismus – Rationalität" nicht unbedingt eine selbstverständliche ist.[3] Im Falle der zu rekonstruierenden österreichischen Rationalität geht es also um eine in der Rationalität der positivistischen Wissenschaften wurzelnde Rationalität, die sich jedoch von dem Kontext der Wissenschaften Schritt für Schritt verselbständigt, sich von ihnen sogar emanzipiert und das soziale Geschehen in dieser mehr oder weniger emanzipierten Form durchdringt.[4]

---

[2] Im Falle der Psychoanalyse waren es nicht allein die als „irrational" erlebten, an sich jedoch sachlichen und „rationalen" Inhalte der Lehre selber, die zu diesem Umschwung der „Rationalität" zur „IrRationalität" geführt haben, sondern auch die Wahrnehmung und Deutung jenes komplexen *hermeneutischen* Prozesses, der im Falle der psychoanalytischen Arbeit wegen der einmaligen Natur des zu erforschenden Gegenstandes unumgänglich ist.

[3] Uns scheint es sogar das Faszinosum der Problematik zu sein, dass die „innere" Rationalität jeder beliebigen Sphäre der Gesellschaft (von der klösterlichen Arbeitsteilung bis zur materiellen Produktion, von der Mathematik bis zur protestantischen Ethik, etc.) unter günstigen Umständen eine Chance haben kann, zur Grundlage der gesamten gesellschaftlichen Rationalität zu sein.

[4] Dieser Prozess der Emanzipation der Rationalität von den einzelnen konkreten Sphären, die urspünglich durchdrungen hatten, lässt sich in produktive wissenssoziologische und

Die österreichische (mittel-europäische) Rationalität vereint Elemente der szientistischen Rationalität, der einzelwissenschaftlichen Methodik, sowie der Reflexionen auf beides in einer *kohärenten* Denkweise, wenn man will, in einem *kohärenten* Denkstil.

Diese Kohärenz entsteht nicht ohne einen gewissen Zug des *Dezisionismus*.[5] Ohne bewusste Willensakte könnte diese Rationalität auch nicht so weit von der szientistischen Sphäre emanzipiert haben. Die Rationalität erzielt gerade durch zielorientierte Dezisionen eine Dynamik, mit welcher sie in immer weitere Sachprobleme und allgemeine (philosophische wie soziale) Fragestellungen hineindringt. So wird der *Radius ihrer Aktivität* immer größer, deshalb schickt sie sich an, immer neue Gebiete zu durchdringen. Diese auf eigene Entschlüsse, d.h. auf eigene Dezision zurückgehenden Aktivitäten müssen mit kämpferischen Auseinandersetzungen zusammengehen, denn jeder Bereich reagiert auf das Eindringen der Prinzipien einer neuen und kohärenten Rationalität zunächst mit deutlichem Widerstand.[6]

Die von uns anvisierte Rationalität des österreichisch-mitteleuropäischen Typus ist auch *pluralistisch*. Pluralität heißt in diesem Zusammenhang, dass sie die einzelnen gegenständlichen Bestimmungen der verschiedenen Sphären (mögen sie szientistisch sein oder auch nicht) respektiert. Dadurch geht diese Rationalität der für jede andere Rationalität durchaus konkreten Gefahr aus dem Wege, die darin besteht, dass die Rationalität im Laufe ihrer (geradlinigen, d.h. kohärenten und dezisiven) Expansion im metaphorischen Sinne „*totalitär*" werden kann, d.h. dass sie ihre interpretativen und homogenisierenden Prinzipien auf eine Weise zur Geltung bringt, wodurch die wirklich bestimmenden und sachlich relevanten Eigenheiten der Gegenständlichkeit der einzelnen Sphären gleichgeschaltet werden können. Es ist durchaus möglich (und es geschah auch tatsächlich), dass man Dichtungen mit mathematischen Methoden analysiert. Es steht aber außer Zweifel, dass eine „totalitäre" Auffassung in der Anwendung der mathematischen Rationalität auf die Gegenständlichkeit der Dichtkunst an seinem Ziel deutlich vorbeigeht und der eventuelle Triumph der an sich in ihren Kreisen legitimen mathematischen Rationalität mit dem definitiven Ende der dichterischen Gegenständlichkeit identisch wird. Dieses vielleicht extreme Beispiel dürfte mit aller Eindeutigkeit beleuchten, worum es bei der Betonung des *pluralistischen* Charakters der Rationalität des österreichisch-mitteleuropäischen

---

sozialphilosophische Parallelen mit den zahlreichen anderen Emanzipationsvorgängen derselben Zeit bringen.

[5] Tatsächlich geht dieser Zug auf Carl Schmitts Begriff der Dezision zurück, den man ja hier besonders produktiv gebrauchen kann, denn gerade dieser Typus der Rationalität die Dezision stets in sich enthält, im Sinne der eigenen Wahrheit auch zu handeln und dadurch diese Rationalität zu verbreiten.

[6] Aus diesem Grund erzielt also dieser Typus der Rationalität in jedem möglichen Zusammenhang Konflikte, die ja in Österreich-Ungarn in jeder Hinsicht auch ausgefochten worden sind.

Typus im wesentlichen gehen muss. Dieses Problem ist übrigens haargenau mit jenem identisch, welches Hermann Broch im *Zerfall*-Essay durch Beschreibung der einander bekämpfenden, einander feindlich gegenüberstehenden „Wertsystemen" diagnostiziert, darüber ganz zu schweigen, dass er wie kaum ein anderer die hier angesprochene und die Lebenswelt homogenisierende „totalitäre" Realisierung der bis jetzt näher noch nicht charakterisierten österreichischen (mittel-europäischen) Rationalität *literarisch* in der Gestalt des Huguenau *darzustellen weiß.*

Diese Gleichzeitigkeit, sowie methodisch reflektierte Gleichwertigkeit der dezisiven Forderungen nach Kohärenz und Pluralität führt dazu, dass sie ihre genuine Gegenständliche Sphäre *nicht mit den Gegenständen einer im voraus wie immer* ausgewählten konkreten Wissenschaft identifiziert, d.h. dass diese Rationalität von Anfang an in *Wirklichkeitskomplexen* denkt. Durch die Elastizität und Variabilität dieser Sphäre kann dieser Typus der Rationalität sowohl einer „totalitären" Vernichtung der jeweiligen Gegenständlichen Sphären, wie auch der ebenso vitalen Gefahr aus dem Wege gehen, dass ihre genuin Gegenständliche Sphäre voll und restlos von der Gegenständlichkeit *einer einzigen beliebigen konkreten Wissenschaft* diktiert, bzw. aufoktroyiert und dadurch die Gefahr des Physikalismus oder einer ähnlichen Konstitution (wie etwa des Biologismus) heraufbeschwört wird (wessen direkte Folge es sein muss, dass eine Wissenschaft von anderer Gegenstandsstruktur sich nicht mehr in dieser scheinbar „universalen" Rationalität wiedererkennt). Eine der allerwesentlichsten Folgeerscheinungen dieser Rationalität österreichisch-mitteleuropäischer Provenienz ist es konsequenterweise, dass sie durch ihre auf „*Komplexe*" aufgebaute Gegenständlichkeit nicht einmal die Differenzen *zwischen Sozial- und Naturwissenschaften* anerkennen muss. Dadurch kann sie als Rationalität beide Bereiche durchdringen, ohne eben als Rationalität die Unterschiede der beiden Sphären reflektieren zu müssen und ihre eigene Geltung wegen der gegebenen Gegenständlichen Unterschiede relativieren zu müssen.

Durch die Wahl der Wirklichkeitskomplexe zur primären Sphäre der eigenen „Gegenständlichkeit" gewinnt der österreichisch-mittel-europäische Typus der Rationalität eine gewaltige Freiheit in der *Metasprachenbildung*. Bei der Wahl einer konkreten szientistischen Gegenständlichkeit wäre auch diese Rationalität gezwungen gewesen, eine aus dieser konkreten Wissenschaft herauswachsende szientistische Metasprache zu dieser Gegenständlichkeit zu finden. Dies hätte mit sich bringen müssen, dass sich die Intention dieser Rationalität von denen des im Sinne von Kuhn verstandenen Szientismus letztlich doch nicht loslösen könnte: die schon vorhin ausgearbeitete generalisierende und dadurch emanzipative Bewegung hätte nicht entstehen können.[7]

---

[7] Diese teilweise vor sich gehende Ablösung von einer Wissenschaft war ebenso entscheidend wie viele andere ähnliche Schritte der Emanzipation, denn auch ein geschlossener Szientismus kann die Ausdehnung der Rationalität verhindern.

Diese Bedingungen führen zu grundsätzlichen Veränderungen auch in der *Theoriebildung*. Theoriebildung im Rahmen dieser Rationalität kann sich nicht mehr zum Ziel setzen, den „Begriff" oder die wichtigsten „Begriffe" einer konkreten Gegenständlichen Sphäre zu einer theoretischen Einheit herauszuarbeiten. Sie kann nur das legitime Ziel haben, die konkrete Gegenständliche Sphäre in einer umfassenderen Sphäre der Wirklichkeitskomplexe aufzuheben.

Ein relevanter weiterer Zug der österreichisch-mitteleuropäischen Rationalität ist, dass sich in ihr die Erkenntnis und das Verstehen, d.h. *Erkenntnistheorie* und *Hermeneutik* voneinander nicht gänzlich absondern und keine zwei voneinander vollkommen unabhängigen Sphären ausmachen. Die Erkenntnis aufgrund ihrer intersubjektiv kontrollierbaren legitimen Normen und Bedingungen, ist der einzig legitime Zugang zu den Gegenständen der Wirklichkeit. Auf der einen Seite könnte man bei der Wahrnehmung dieser These eine selbständige, von der Erkenntnistheorie mehr oder weniger unabhängige Hermeneutik reklamieren. Durch das Zusammenfallen von Erkenntnis und Verstehen in diesem Typus der Rationalität wird erreicht, dass kein damit rivalisierender, „zweiter" legitimer und alternativer Zugang zur Wirklichkeit entsteht, es wird dadurch auch die ursprüngliche hermeneutische Qualität der Erkenntnis ohne Schwierigkeiten sichtbar.[8]

Im wesentlichen durch ihr Verständnis der Theorie als verallgemeinernde Beschreibung von Zuständen engagiert sich diese Rationalität für ein Theoriemodell, welches einerseits *positiv-präsentistisch* und andererseits *kritisch-antihistorizistisch* ist. Der Zug des positiven Präsentismus entsteht aufgrund des *ab ovo* natürlich-präsentistischen Charakters der einzelnen Wirklichkeitskomplexe, bzw. Elemente. Theoretisch-rational kann für diese Rationalität etwas nur sein, was Gegenwärtiges reflektiert und integriert. Kritisch-antihistorisch wird diese Theoriebildung in dem Augenblick, als sie sich mit den verschiedensten Varianten des Historismus konfrontiert sehen muss. Die Konflikte mit dem Historismus ergeben sich einerseits daraus, dass sich diese Rationalität in jedem ihrer Charakterzüge von den des Historismus grundsätzlich unterscheidet.[9] Andererseits – und das klingt beinahe tautologisch – unterscheiden sich auch die Vorstellungen des Historismus über die Theoriebildung von denen der Rationalität österreichisch-mitteleuropäischer Art auf bestimmende Weise.

Der Konflikt zwischen Historismus und neuer Rationalität wird ein *Kampf auf Leben und Tod* und durchzieht die ganze Epoche bis 1914 wie ein roter Faden,

---

[8] An dieser Stelle werden die Anstrengungen von diesem Typus der Rationalität besonders relevant, dass die Unterscheidung zwischen Kultur- und Naturwissenschaften in diesem Rahmen nicht vollzogen wird.

[9] Auch der Historismus muss nicht unbedingt feindlich gegen die moderne Rationalität gesinnt sein, sein Versuch aber, der in keiner Welle der Moderne in Österreich (Mittel-Europa) aufkommt, die Moderne als natürliche Fortsetzung der Geschichte einzustellen, führt zur manchmal sogar unbewussten und ungewollten Reduzierung des Programms der Rationalität.

der sich allerdings in den meisten Fällen indirekt, also durch seine Manifestationen existiert. Wir sehen, wie lückenlos dieser Konflikt auf die unterschiedlichen Evidenz- und Immanenzvorstellungen der beiden Richtungen zurückgeführt werden kann. Es entsteht somit also ein Kampf zwischen einem *Präsentismus* und einem *Historismus*, der für die meisten Disziplinen eine sofortige Stellungnahme erfordert, wenn eben nicht erzwingt.[10] Für die jungen Künstler dieser Zeit wird dieser Kampf zwischen den beiden umfassenden Typen der neuzeitlichen Rationalität auch von gewaltiger Relevanz.[11]

---

[10] Die Diskussion wird in den meisten Disziplinen von der Kunstgeschichte bis zur Nationalökonomie tatsächlich so durchgeführt, dass hinter den unterschiedlichen Positionen die zwei Arten der neuzeitlichen Rationalität erscheinen.

[11] Eine unvergleichlich wichtige Facette formuliert Franz Blei, der die Rationalität nicht nur der Wiener „Zweiten Generation" der Moderne zusammenfasst, sondern darüber hinaus auch auf die entwicklungsgeschichtliche Bedeutung der Interpretation der Rationalität: „Gütersloh hat mit sechsundzwanzig, kurz vor dem Kriege, seinen ersten Roman veröffentlicht ‚Die tanzende Törin'. Er wird zu den wenigen Inkunabeln des expressionistischen Stiles zählen, einer gesamteuropäischen Bewegung von der fratzenhaft gewordnen Wirklichkeit…weg zur Wirklichkeit des Geistes, also zur innern Wirklichkeit…es vollzog sich diese Abwendung vom Amüsierbetrieb der Künste in der Malerei, der Plastik, der Musik, der Dichtung – sie alle stellten, radikal und antiliberal und unopportunistisch, inmitten eines allgemeinen Wertzerfalls und einer grauenhaften Wirklichkeitsverkehrung, die Frage: wie ist künstlerische Gestaltung möglich, und bekannten sich zu dem Satz Nietzsches, dass die Kunst die einzige metaphysische Tätigkeit sei, zu der das Leben uns noch verpflichtet. Das war weder formalistisch noch artistisch. Die Artisten saßen nämlich alle auf den Bänken der Gegenseite, ob sie Operettencouplets fabrizierten oder formvollendete Romane, Schlager oder Psychologie. Der Expressionismus weigerte sich, in seinen Äußerungen nur ein Niederschlag der Vorurteile seiner Hörer- oder Beschauerwelt zu sein, und forderte auch für die Kunst das Recht auf eine nicht-euklidische Geometrie und eine Minkowski-Welt…Robert Musil, Gütersloh, Hermann Broch, die drei repräsentativen Gestalten der neuen deutschen Dichtung, sind natürlich als Dichter geboren, aber sie haben einen Umweg gemacht, um sich dieses verhängnisträchtige Wiegegeschenk der guten oder bösen Fee, man weiß es nicht genau, auch zu erwerben – ich könnte auch sagen, sie waren nicht talentiert genug, um es allsogleich zu besitzen….Der Umweg der drei war die Physik, die Mathematik, die Theologik. Er hat sie zu Logisten gemacht, welche nicht den gemeinpsychologischen Weg zur bloßen Seinserfassung gehen, sondern auf dem sie zu den Formgesetzen in der Bildung der seelischen Inhalte gelangten". S. Blei, Franz: A.P. Gütersloh. In: *Porträts*. Wien, Köln & Graz, 1987, S. 510-511.

2.

Die erreichbar umfassendste Parallelisierung zwischen der intellektuellen Geschichte *Wien*s und *Berlin*s gilt als ein Schritt, der in dem Komplex der sich mit den einzelnen historischen Teilgebieten auseinandersetzenden Disziplinen schon längst hätte getan werden müssen. Die geistigen Auseinandersetzungen zwischen der Berliner und Wiener intellektuellen Problematik erwiesen sich als ein in seiner Evidenz kaum ausreichend reflektierter Bestandteil von der damaligen geistigen Problematik.[12] Die wichtigsten Manifestationen dieser Einstellung sind einerseits die ohne Zweifel singuläre Verwachsenheit der „Wiener" und der „Berliner" Problematik etwa in Hermann Brochs Hauptwerk *Die Schlafwandler*, durch welche eine mit der traditionellen Methodik der rekonstruktiven Literaturwissenschaft untrennbaren *Koexistenz* und *Symbiose* der beiden gemeinhin als unterschiedlich wahrgenommenen Problembehandlungen und Weltauffassungen Realität wird.[13] Andererseits haben wir den schlagenden Beweis der ganzen inneren Logik des rückblickenden *Hofmannsthal*-Essays ebenfalls bei Broch, die innerhalb der *im Prinzip ganzen* europäischen Gesamtmoderne die reich und differenziert ausgearbeitete Dualität Berlin-Wien in exemplarischer Form und von Anfang an in den Mittelpunkt stellt.[14]

Eine stattliche Anzahl bereits erreichter Ergebnisse der Forschung konnte nicht weiter präzisiert, bzw. entfaltet werden, weil die auf der Hand liegenden Parallelen der Wiener und der Berliner Entwicklung nicht weiter erschlossen und wenn erschlossen, durch andere Begrifflichkeit und interpretatorische

---

[12] Auf der einen Seite erscheinen die Probleme, wie Hermann Broch die einmalige Symbiose und Rivalität dieser beiden Städte ansah. Auf der anderen Seite ist sein Lebenswerk insbesondere geeignet, dass an seiner Rezeption die bis heute durchaus unterschiedlichen hermeneutischen Erwartungen im breitesten Sinne des Wortes klar gemacht werden.

[13] Auf einer etwas konkreten Ebene ließe sich die These vertreten, dass eben in der *Schlafwandler*-Trilogie eine Mischung der (metaphorisch aufgefassten) Berliner und Wiener Problematik entsteht, die ja für keine der beiden Kulturen bis jetzt es erleichtert hatte, den Roman als den eigenen anzusehen. Auf einer abstrakten Ebene – und wir möchten das im späteren tatsächlich unter Beweis stellen – ließe sich jedoch sagen, dass gerade diese Mischung und Abstrahierung aus den originellen Problemen zu jener exemplarischen Bedeutung verholfen hat, die zu einem Roman eines neuen Weltzustandes, einer neuen Einsamkeit, eines *negativen Universalismus* tatsächlich auch notwendig war.

[14] Die Analyse der „fröhlichen Apokalypse Wiens" nimmt schon in der Exponierung der Differenz der beiden Städte ihren Anfang: „Auch in Wien beherrschte das Wert-Vakuum die Jahre von 1870 bis 1890, aber die waren hier eben die Backhendl- und nicht wie in Deutschland die Gründerzeit, und sie wurden so leicht genommen, wie es sich für ein Vakuum geziemt" („Hofmannsthal und seine Zeit", a.a.O. In: S. 145.). Dieser Vergleich durchzieht die ganze Analyse des großen Essays.

Schwerpunkte nicht treffend rekonstruiert worden sind.[15] Und was für einzelne Probleme gilt, gilt in noch erhöhterem Masse für ganzheitliche Fragestellungen.

Aus diesen Gründen halten wir die Herausforderung, die Berliner Moderne mit der Wiener Moderne zu vergleichen, für einen besonders wichtigen Schritt, um die einzelnen Prozesse dieser beiden Moderne(n) und auf diesem Wege auch den Gesamtprozess der europäischen Moderne zu verstehen.[16] Diese Arbeit ist heute aktueller denn je. Die Vorkriegsmoderne wird in der post-sozialistischen, post-industriellen, post-modernen Welt nicht nur zum neuen Problem, sondern auch zur wieder sich zum Leben zu galvanisierenden Tradition. Es ist so, auch wenn niemand sich in der Geschichte rückwärts bewegen und die Entwicklungsstränge selbst so einer inkommensurablen Moderne nicht kontinuierlich fortsetzen kann, die durch ihre Leistungen und geistigen Energiereserven auf optimale Weise wert wäre, fortgesetzt zu werden.[17] Die historisch und rekonstruktiv korrekt konzipierte Moderne erscheint im neuen Kontext auch als selbständig gewordenes Ziel, nachdem die Postmoderne mit aller Intensität eine *Moderne* auf den Plan treten liess, deren eigentliche Beschaffenheit aus nichts anderem als aus den *spiegelverkehrten* Bestimmungen der wie immer auch konkret beschriebenen *Postmoderne* bestanden haben sollte und welche „neue" Moderne in vollkommener Beliebigkeit gegenüber der historischen Moderne aufscheinen muss.

Unsere erste sich auf die entscheidenden Rahmenbedingungen der Moderne(n) beziehende These stellt die grundlegende Differenz der beiden politischen Machtkomplexe.[18] Hinter der deutlichen Differenz steht selbstverständlich die lange Reihe historischer Ereignisse und Entwicklungen von typologischem Wert, aus der wir nur das Schicksalsjahr 1848 heraufbeschwören wollen. Dieses Jahr brachte für die in einem Machtkomplex sich zusammenschließenden Eliten zwei grundsätzlich *unterschiedliche Grunderfahrungen*. Für die preußische Elite

---

[15] Stillschweigend wird Broch oft bis heute entweder als ein „deutscher" Autor der Moderne, oder ein österreichischer universalistischer Autor angesehen. In Einzelproblemen wird es zur Ursache zahlreicher Probleme.

[16] Unsere Arbeit plädiert geradezu für die Möglichkeit, dass die Wien-Berlin-Problematik *inmitten* der umfassenden Problematik der europäischen Moderne gelöst wird. Siehe darüber unser eigenständiges Kapitel über die europäische Moderne.

[17] Gegenwärtig erschließen sich tatsächlich Möglichkeiten einer Fortsetzung der Arbeit der klassischen Moderne überhaupt. Wenn sie bisher nur ganz bescheidene Ergebnisse gebracht haben, so liegt es vielleicht mehr an eher sozialontologischen Faktoren (dass man solche Entwicklungsstränge doch nicht einfach fortsetzen kann) als an Bedürfnissen und Möglichkeiten der kulturellen Entwicklung selber.

[18] In unserer Zeit, als man in der politologischen Terminologie nur zwischen Totalitarismus und Demokratie die Wahl hat, führen wir diesen Begriff des „Machtkomplexes" ein. Er soll darauf hinweisen, dass es auch zwischen diesen beiden Möglichkeiten Machtkonstruktionen existieren können, die die Prozesse der betreffenden Gesellschaften durchaus stark bestimmen. Nehmen wir das Beispiel von Heinrich Manns *Der Untertan*, welcher Roman es exemplarisch zeigt, wie ins Einzelne gehend der militärisch-politische Machtkomplex seine Erwartungen den einzelnen Staatsbürgern deutlich machte.

verstärkte dieses Jahr die seit langem gehegte, langfristige Zielvorstellung, die deutsche Einheit und die Modernisierung des Landes mit den Mitteln der politischen Macht, durch energische Bewahrung und intensive, zeitgemäße Instrumentalisierung des machtpolitischen *status quo* und möglichst unabhängig von den wirklichen sozialen Gruppen herbeizuführen. Für die habsburgisch-österreichische Elite machte, abgekürzt gesagt, das Jahr 1848 deutlich, dass sie sich selber an die Spitze der unter beiden gegebenen Bedingungen möglichen Modernisierung liberalen Zuschnitts stellen muss. Dass sich diese Einsicht nach einer langen und wechselvollen politischen und intellektuellen Suche herauskrystallisiert hatte, ist ohne jeglichen Zweifel eine relevante Tatsache, auch wenn ihre Relevanz gerade *nach* der vollzogenen Entscheidung schon stark zurückgehen sollte.

Für die 70-er und 80-er Jahre entstand auf dieser Grundlage in Deutschland ein *national-etatistischer Machtkomplex*, der – mit der Monarchie im Zentrum – gegen einen sich auf die dynamischen Kräfte der Gesellschaft stützenden Liberalismus westlicher Prägung von Anfang an mit radikalen (stilmäßig gesagt, „*eisernen*") Energien auftrat. Dieser national-etatistische Machtkomplex bekämpft auf eine offen autoritative Weise außer dem Liberalismus westlichen Typs auch noch beide seiner weiteren Hauptrivalen, und zwar die Sozialdemokratie und die Kirche. Er bringt „*Sozialistengesetz*" und lässt den „*Kulturkampf*" ausbrechen. Das Sozialistengesetz marginalisiert und kriminalisiert die Sozialdemokraten, in einer Zeit, als die Industrialisierung in einem legendär gewordenen rasenden Tempo vorangeht,[19] während der „Kulturkampf" von der Annahme ausgeht, dass der neue national-etatistische Machtkomplex seine ethischen, kulturellen und „ideologischen" Normen und Ideale als wohlverdiente Beute nach einem siegreichen Kampf gegen diejenigen der vor allem katholischen Kirche definitiv (und „eisern") durchsetzen muss.[20] Und es ist nur Frage der Zeit, wann aus diesem national-etatistischen Machtkomplex auch noch ein *wirtschaftlich-militärischer* oder eben ein *militärisch-imperialer* Machtkomplex werden wird.[21]

Im Habsburger-Reich entstand nach 1848 ein *dynastisch-multinationaler* Machtkomplex, der es – aus den bereits erwähnten Gründen – verstand, das Prinzip des *monarchischen Absolutismus* mit einem mehr oder weniger funktionierenden *parlamentaristischen Liberalismus* in Einklang zu bringen. Eine ganz

---

[19] Das Zusammenfallen dieser beiden Ereignisse ist qualifizierend.
[20] Wir wollen viele konkrete historische Einzelheiten des Kulturkampfes nicht aus den Augen lassen, wenn wir uns – getreu unserer Analyse – im Kulturkampf vor allem eine Manifestation des militärisch-politischen Machtkomplexes erblicken.
[21] Es stimmt mit Hermann Brochs Analysen (vor allem aus dem Hofmannsthal-Essay) auch überein, dass der imperiale Zug des wilhelminischen Preußens auch eine Konsequenz der Realisierung des militärisch-politischen Machtkomplexes war. Er schuf übrigens in den Gestalten des alten und des jungen Pasenow zwei literarische Gestalten, die über die vollkommen verinnerlichte Existenz des militärisch-politischen Machtkomplexes klassisch Rechenschaft ablegen.

besondere Bedeutung hatte dabei die Tatsache, dass das absolutistische Prinzip aus seinen Vorrechten nur ganz selten Gebrauch gemacht hatte, d.h. dass der parlamentaristische Liberalismus in weiten Strecken wie ungestört funktionieren konnte. Von prinzipiellem Gewicht ist deshalb die Anekdote, erzählt von Koloman Tisza an Albert Apponyi, dass ersterer, langzeitiger Ministerpräsident Ungarns, von Zeit zu Zeit einfach vergessen hat, dass er auch noch einen Vorgesetzten, d.h. den Kaiser Franz Joseph habe. Kein Zweifel, wir haben eine, selten realisierbare „*gemütliche*" *Kafka-Geschichte* vor uns. Der Unterschied zwischen den beiden Machtkomplexen kann treffender nicht ausgedrückt werden. Es war so gut wie eine schier unmögliche Leistung in und für Deutschland, Kaiser Wilhelm auch nur für einen Tag vergessen zu können. Damit ist selbstverständlich nicht gesagt, dass in Österreich-Ungarn das absolutistische Prinzip überhaupt nicht am Werke gewesen sein sollte. Trotzdem näherte sich aber die politische Realität Österreich-Ungarns einem Modell, für welches eine eigenartige, jedoch auch reale *Gewaltenteilung* charakteristisch war, eine Gewaltenteilung, in der der parlamentarische Liberalismus zum erstenmal in dieser Region freie Entfaltung genießen konnte.[22]

Die zweite These über die entscheidenden Rahmenbedingungen der beiden Moderne(n) versucht es, aus den letztlich siegreich gewordenen Paradigmen von idealtypischen Wissenschaften, bzw. Denkrichtungen auch schon die entsprechenden Konsequenzen für beide Metropole zu ziehen. So lässt sich, zwar etwas verallgemeinernd, nichtsdestoweniger aber mit gutem Grund aussagen, dass in Berlin in der Periode der Moderne Paradigmen gesiegt haben, die (1) mit der Existenz, aber auch mit den expliziten Erwartungen des national-etatistischen Machtkomplexes kompatibel waren und daher (2) eine Vermittlung zwischen Existenz (Erwartungen) des national-etatistischen Machtkomplexes und der der Modernisierung des Landes zuwege leiten konnten. Diese These will aber nichts mehr aussagen als was konkret angedeutet worden ist. Sie will nicht besagen, dass die sich als siegreich erweisenden Paradigmen direkte ideologische oder machtpolitische Bedürfnisse befriedigt hätten. Die hier gemeinten Paradigmen sind der philosophische *Neukantianismus*, die spezifisch deutsche Form des *Historismus* im Denken, aber auch in der positiven Geschichtswissenschaft mit konzeptualisierenden Ansprüchen sowie der *Kathedersozialismus*. Dass der Neukantianismus, vollkommen unabhängig davon, wie man ihn immanent-philosophisch beurteilt, letztlich eine Philosophie der *Versöhnung zwischen Wissenschaft und Religion* ist, lässt sich unschwer einsehen.[23] Der Historismus der

---

[22] Es ist selbstverständlich immer am Platze, wenn man daran erinnert, dass dieser mittel-europäische „reale" Liberalismus seine Grenzen in der absoluten Macht des Kaisers hatte, was sich beispielsweise gerade in der Frage des Kriegseintritts schlagend unter Beweis stellte.

[23] S. darüber die historischen Kapitel von Kiss, Endre: *Friedrich Nietzsche filozófiája*. Budapest, 1993, sowie vor allem die Arbeiten von Klaus-Christian Köhnke über die Entstehung des Neokantianismus.

nach-achtundvierziger Zeit geht in derselben Richtung. Er trennt im Konkreten die Frage nach der deutschen Einheit von strukturellen, politischen und sozialen Komplexen nicht nur ab, er erhebt die Erfüllung der Mission der deutschen Einheit zur *geschichtsimmanenten* und teleologischen *Notwendigkeit.* Ebenfalls braucht auch die Tatsache nicht lange nachgewiesen zu werden, dass der ebenfalls hegemone Kathedersozialismus als eine Richtung erscheint, welche zwischen *national-etatistischen* und *modernisierenden* Ansprüchen bewusst vermitteln will.[24] Die damit zusammenhängenden methodischen Probleme können aus unserer spezifischen historisch-hermeneutischen Vogelperspektive aus nicht aufgezeigt werden. Aus dieser Perspektive heraus zeichnet sich die charakteristische Versöhnung zwischen (historischen, philosophischen, ökonomischen, etc.) modernisierenden und traditionalistischen Elementen ab, wobei die konkrete Auswahl und Gestaltung der traditionalistischen Momente in unverkennbarer Form auf ein Kompromiss mit dem national-etatistischen Machtkomplex des neuen deutschen Staates hinweist. Einen ganz besonderen Stellenwert hat dabei *jenes* Phänomen der Bildung, die vor allem in Thomas Manns zeitgenössischer Essayistik und Belletristik (auch noch retrospektiv) zu einer repräsentativen Bedeutung gekommen ist. Uns erscheint dieser verbreitete Begriff der Bildung, aber auch das soziale Gebilde des Bildungsbürgertums in der Thomas Mannschen Form überhaupt eher als eine *Idealisierung,* der eine mehr oder weniger direkte (oder als direkt erlebte) Abhängigkeit von den Inhalten und Erwartungen des national-etatistischen Machtkomplexes gegenübersteht und auf diese Weise die Thomas Mann – Georg Lukács'sche Kategorie der „machtgeschützten Innerlichkeit" auch in wörtlichem Sinne in Erinnerung bringt. (Es soll aber nochmals auf die *Perspektive* dieser Beurteilung hingewiesen werden, sie ist nicht soziologisch-empirisch, sondern strukturell und idealtypisierend, so dass etwa die Existenz dieser bildungsbürgerlichen Schicht nicht *ab ovo* und generell in Zweifel gezogen werden sollte.)

Den hegemon gewordenen Paradigmen des *Neokantianismus, Historismus* und *Kathedersozialismus* in Deutschland stehen in Österreich der *Positivismus*, der (positivistische) *Präsentismus* und die Österreichische Schule der *Nationalökonomie* entgegen. Dieser Vergleich ist nicht so sehr auf einen statistischen Durchschnitt der einzelnen Schulen wie auf die wirklich repräsentativen Werkstätte angelegt. Bei all diesen Alternativen handelt es sich um Richtungen, die miteinander in beiden Ländern für die Hegemonie gekämpft hatten. Der Sieg der einen großen Richtung in Deutschland, sowie der Sieg der anderen großen Richtung in Österreich-Ungarn hat Signalwert von typologischem Charakter. Dass beispielsweise in Deutschland der Neokantianismus und in Österreich der Positivismus als Paradigma im Kampf dieser beiden Paradigmen den Sieg davon-

---

[24] Im Endeffekt ist es der letzte Sinn des Historismus, die Moderne als organischen Endpunkt der ganzen Geschichte zu präsentieren und somit die selbstverständlichen Konflikte *auch* zwischen den modernen Forderungen und des militärisch-politischen Machtkomplexes zu reduzieren.

getragen hat, kann zum Teil noch historisch erklärt werden. Keine und noch so korrekte historische Interpretation vermag aber die Bedeutung dessen zu relativieren, dass während im Neokantianismus ein wohl instrumentalisierbares, später auch tatsächlich auf hohem Niveau instrumentalisiertes Prinzip der Versöhnung zwischen Wissenschaft und Religion und dadurch (nach den Begriffen der Zeit auf vollkommen selbstverständliche Weise) *zwischen Wissenschaft und national-etatistischem Machtkomplex* stets aktualisierbar ist, in der Mehrheit des philosophischen Positivismus derselben Zeit weder die eine, noch die andere Versöhnung sich nachweisen lässt, darüber ganz zu schweigen, dass gerade wegen der prinzipiellen Eindeutigkeit und Kohärenz der positivistischen Denkweise dieser Positivismus in dieser Zeit noch zusätzliche aufklärerische und sozialreformerische Funktionen übernehmen konnte und kann und auf diese Weise auch die Kategorie der „Zweiten Aufklärung" Österreich-Ungarns in Erinnerung ruft.

Magdolna Orosz

Erzählen und Kognition: Überlegungen zur Anwendbarkeit kognitiver Modelle in der Textanalyse

1 Erzählen als anthropologisches und kulturelles Phänomen

Es wird allgemein angenommen, daß die verschiedenen Erscheinungen, Ereignisse unseres Alltagslebens und unserer Kultur, sowie unsere Reflexion darüber grundlegenden narrativen Charakters sind. Martin Kreiswirth spricht auch von einer „narrativen Wende" in der Betrachtung menschlicher Welterfahrung,[1] und Jerome Bruner, der für eine narratologische Sicht in der Psychologie plädiert (zugleich auch Erkenntnisse der Narratologie verwendend), behauptet die Existenz von zwei Arten des Denkens, „the paradigmatic or logico-scientific mode" und „the narrative mode",[2] die voneinander grundverschieden sind: „Each of the ways of knowing, moreover, has operating principles of its own and its own criteria of well-formedness. They differ radically in their procedures for verification. A good story and a well-formed argument are different natural kinds".[3] Somit wäre das Narrative als eine anthropologische Kategorie zu verstehen, eine Form der grundlegenden „Arten kognitiven Funktionierens", der „Organisation mentaler Aktivität" des Menschen und diese Ansicht könnte zur Reformulierung verschiedener Hypothesen von Disziplinen wie der Literaturwissenschaft, der Historiographie, der Psychologie, der Medienwissenschaft u.a.m. führen – wie dies in den letzten Jahren in den sog. „neuen" Narratologien tatsächlich versucht wurde.

Auf der anderen Seite sollte aber die historische und kulturelle Vielfalt von Narrativen in einer allgemeine Gültigkeit beanspruchenden Theorie in Betracht

---

[1] s. Kreiswirth. 2000, S. 295. Kreiswirth untersucht auch die Typen des narrativen Modus.
[2] Bruner, 1986, S. 13.
[3] Ebd., S. 11. In der textlinguistischen Annäherung an allgemeine Textstrukturen postuliert van Dijk zwei von ihm „Superstrukturen" genannte grundlegende Arten „von besonderen globalen Strukturen" (van Dijk, 1980, S. 128), die „argumentative" und die „narrative", die zumindest ansatzweise mit Bruners Kategorien vergleichbar sind (van Dijks Wendung zur kognitiven Linguistik mag teilweise auch durch dieses Interesse für die Erklärung menschlichen Denkens und sprachlichen Ausdrucks hervorgerufen werden).

gezogen werden – dazu gibt es Ansätze schon in der sich mit dem Narrativen im allgemeinen und ihren Formen beschäftigenden (klassischen) Narratologie, die einen allgemeinen kulturellen Charakter und eine Kulturabhängigkeit narrativer Formen – mehr oder weniger explizit und ziemlich verallgemeinernd – angenommen[4] und damit die Erzählung als allgemeines anthropologisch-kulturelles Phänomen gesetzt hatte.

Die Ausdifferenzierung der Narratologie in den letzten 20-30 Jahren hat zur Umakzentuierung bestimmter Begriffe geführt und den kognitiven sowie den kulturellen Aspekt der Narration verstärkt, jedoch auch oft vereinseitigend in Betracht gezogen, indem der Akzent entweder auf der kognitiven oder auf der kulturellen Bedingtheit von Narration gelegt wurde, wobei eine Verbindung der beiden denkbar wäre: Mit der Herausbildung verschiedener „neuer" (oder „postklassischer") Narratologien wird auch eine „kognitive Narratologie" postuliert, die grundlegende Ansätze der Kognitionswissenschaft(en) in der Betrachtung der Narration geltend zu machen versucht, indem sie „sich auf den Zusammenhang zwischen Texten und den kognitiven Prozessen, die die Textrezeption maßgeblich bestimmen [konzentriert]".[5] Diese ursprünglich eng gefasste Auffassung hat sich nach Zerweck jedoch erweitert: „Aus heutiger Perspektive erscheint die kognitive Narratologie als Vorläuferin einer kulturwissenschaftlichen Narratologie, die die historischen und kulturellen Bedingungen von narrativen Phänomenen und kognitiven *frames* erforscht und so auch der kulturellen und sozialen Bedeutung narrativer Texte gerecht wird."[6] Mit dieser Feststellung wird die kognitive Narratologie gleichzeitig unter die kulturwissenschaftliche Annäherung eingeordnet, was, je nach Ausrichtung der kognitiven Konzeption, weiter zu diskutieren wäre.

Dabei läßt sich die kognitive Narratologie mit den Versuchen einer kognitiven Literaturwissenschaft, sich auf der Basis kognitionswissenschaftlichen Erkenntnissen und Methoden zu definieren, in Verbindung bringen. Die kognitive Literaturwissenschaft jedoch – und damit teilweise auch die kognitive Narratologie – ist, wie Rüdiger Zymner betont, „zunächst einmal [...] keine bestimmte ‚Methode', keine wohlstrukturierte ‚literaturwissenschaftliche Theorie' und sicher kein dominierendes literaturwissenschaftliches Paradigma",[7] denn sie verbindet und vermengt zwei unterschiedliche Absichten, und bleibt beim Versuch, „Literatur zur Erklärung von Kognition und dabei auch/ bzw. oder Kognition zur Erklärung von Literatur heranzuziehen, methodisch und theoretisch unaufgeklärt".[8] Mit ähnlichen Schwierigkeiten und Unklarheiten kämpft m.E. auch die

---

4   Trotz des von Barthes betonten „transkulturellen" Charakters von Erzählungen, gibt es eine Annahme der Kulturalität des Erzählens auch in den strukturalistischen Konzeptionen der Erzählung, besonders bei Lotman (vgl. dazu Orosz, 2004).
5   Zerweck, 2002, S. 219.
6   Ebd., S. 239.
7   Zymner, 2009, S. 135.
8   Ebd., S. 145.

kognitive Narratologie, die verschiedene methodologische Annäherungen und Zielsetzungen verfolgt und vereinigt.

Als allgemeine Zielvorstellung für eine solche Disziplin formuliert David Herman eine Neubestimmung der Narratologie als die Untersuchung von narrativ organisierten Systemen des Denkens,[9] indem er Geschichten als sozio-semiotische Quellen der Kognition[10] betrachtet, die Aufschluss geben können über die grundlegenden Vorgänge, wodurch Menschen sich selbst und anderen mentale Eigenschaften zuschreiben[11] – somit wäre hier vor allem eine weniger genuin literaturwissenschaftliche als eher kognitionstheoretische Annäherung vorhanden. Herman betont jedoch zum Ausgleich die notwendige Verbindung strukturalistischer, kognitiver und kontextualistischer Ansätze und den durch die Kombination neuer Ansätze erreichbaren Gewinn[12] und zählt auch Elemente wie Formen der Perspektivierung der erzählten Welt, der Einbettung narrativer Ebenen, der Repräsentation der mentalen Tätigkeit von Figuren und der Leserinterpretationen all dieser Momente auf, die sich besonders zu einer kognitiv geprägten Analyse anbieten.[13]

Obwohl Herman für eine Kombination von verschiedenen Annäherungsweisen eintritt, grenzen sich die Vertreter der kognitiven Narratologie, die sich oft auch auf hermeneutische und rezeptionsästhetische Traditionen (u.a. auf Gadamer, Jauß, Iser) anlehnen, im allgemeinen von einer strukturalistisch orientierten Narratologie mit dem Argument ab, sie „ist nicht an der Rezeption und dem Zusammenspiel zwischen Text und Leser interessiert, sondern literarische Phänomene werden weitgehend textimmanent beschrieben und erklärt".[14] Stattdessen wird eher für eine kognitivistische Uminterpretation „traditioneller narratologischer Konzepte unter den veränderten Vorzeichen einer kognitiven, rezeptionsorientierten Zielsetzung" plädiert.[15] Unter diesem Vorzeichen unternimmt Manfred Jahn z.B. eine Umdeutung der Stanzelschen Typen der Erzählsituationen, indem er sich auf die heterodiegetischen Formen konzentriert, schafft aber auch einen potentiellen Rahmen für homodiegetische Formen. Aus dem Begriff des „frame" ausgehend betrachtet er die ursprünglich taxonomisch verstandenen Erzählsituationen als pragmatische und kognitive Details hervorkehrende und somit für eine kognitive Analyse geeignete Schemata (frames).[16] Zugleich verbindet er Stanzels Ansatz mit Mieke Bals Konzeption der Fokalisation und er-

---

[9] D.h. „ways of regrounding narratology, which I here recast as the study of narratively organized systems for thinking" (Herman, 2003, S. 305).
[10] „I characterize stories as a socio-semiotic resource for cognition" (Herman, 2003, S. 304).
[11] „Relevant in this context are basic, generic processes by which humans attribute mental properties both to themselves and to their social cohorts." (Herman, 2003, S. 317)
[12] Ebd., S. 328.
[13] Ebd., S. 310.
[14] Zerweck, 2002, S. 220.
[15] Ebd., S. 221.
[16] Jahn, 1997, S. 442: „Although primarily conceived as tools of narratological taxonomy, the narrative situations emphasize pragmatic and cognitive detail."

weitert das Basismodell narrativer Kommunikation um den fiktiven Rezipienten als Kommunikationspartner der fiktionsinternen Erzählerinstanz, so etabliert er damit eine textinterne pragmatische Dimension.[17] Sein frame-Modell für die Beschreibung der Erzählsituationen folgt – in Anlehnung an Grice – bestimmten Prinzipien der sprachlichen Kommunikation, die für die narrative Kommunikation als „maxims for the narratee"[18] adaptiert werden. Jahn versucht dem Rezeptionsprozess Rechnung zu tragen, in dem Mehrdeutigkeiten und Präferenzen den Interpretationsrahmen des Rezipienten an bestimmten Stellen (zwangsweise) modifizieren und die Dynamik des Lesens bedingen. Sein Zweck ist „a principled account of the hermeneutic interplay between top-down (frame-determined) and bottom-up (data-determined) cognitive strategies",[19] die eine Vielfalt der Interpretationsergebnisse erlauben und eine grundsätzliche Offenheit der Bedeutungszuordnungen bedingen (wie dies Sternbergs „Proteusprinciple" postuliert, das mehrfache Zuordnungen zwischen sprachlichen Formen und ihren Funktionen erlaubt).[20] Als ein anderer Versuch, traditionelle narrative Erscheinungen kognitiv umzudeuten, könnte Ansgar Nünnings Versuch gelten, den „unzuverlässigen Erzähler" zu interpretieren, indem „eine Neukonzeptualisierung im Kontext der *frame theory* vorgeschlagen [wird], derzufolge ein unreliable narrator als eine Projektion des Lesers zu verstehen ist, der Widersprüche innerhalb des Textes und zwischen der fiktiven Welt des Textes und seinem eigenen Wirklichkeitsmodell auf diese Weise auflöst".[21] Nünning erweitert jedoch die theoretische Basis, indem er den kognitiven Ansatz mit einem kulturwissenschaftlichen und kulturgeschichtlichen verbindet, um dadurch auch den historisch ausgeprägten Formen unzuverlässigen Erzählens, deren Erforschung eher noch ein Forschungsdesiderat bildet, in das Untersuchungsfeld einzubeziehen.[22]

2 Narration, ‚mögliche Welten' und Kognition

Die Betonung und die kognitionsorientierte Uminterpretation der Rezeptionsseite narrativer Kommunikation, wie es Jahns Vorstellungen implizieren, bedeutet jedoch eine gewisse Einseitigkeit und Vereinfachung, der eher mit einer Einbe-

---

[17] Ebd., S. 443. Zugleich kann dafür plädiert werden, daß dies auch im Rahmen einer ‚möglichen Welt'-Theorie des Narrativen möglich ist, vgl. dazu Orosz 1996, für die textinterne Modellierung der fiktiven Kommunikation und die daraus resultierenden Typen der Bezugnahmen des fiktiven Erzählers auf die erzählte Welt bzw. auf sein Erzählen vgl. Orosz 1984, 2001.
[18] Jahn, 1997, S. 447.
[19] Ebd., S. 464.
[20] Vgl. Sternberg: „in different contexts [...] the same form may fulfil different functions *and* different forms the same function" (Sternberg, 1982, S. 148).
[21] Nünning, 1998, S. 5.
[22] Vgl. ebd., S. 33ff.

ziehung eines komplexen narrativen Kommunikationsmodells in die theoretischen Überlegungen vorgebeugt werden könnte, indem man annimmt, „Grundlage der narratologischen Modellbildung ist die These, literarische Erzähltexte seien Element einer vielschichtigen Kommunikation".[23] Diese Kommunikation kann unterschiedlich gegliedert und aufgefächert werden, indem jedoch drei Ebenen unersetzlich zu sein scheinen: Die Ebene der Kommunikation zwischen Autor und Leser, die zwischen (fiktivem) Erzähler und (fiktivem) Rezipienten und die zwischen den fiktiven Figuren innerhalb der erzählten Welt.[24] Die Bestimmung der einzelnen Elemente des Kommunikationsmodells – Autor, (fiktiver) Erzähler, Figur(en), (fiktiver) Rezipient – und ihre Interaktionen lassen sich vielfach diskutieren, wie dies in den narratologischen Konzeptionen unterschiedlich geschehen ist,[25] und sollten nach Jannidis in einem Kommunikationsmodell integriert werden, das nicht nur Kodes (wie in den strukturalistischen Ansätzen), sondern auch in der kognitiven Linguistik wichtige Inferenzen in Betracht zieht.[26] Damit sollte dieser Ansicht nach die Beschreibung „von fiktionalen Welten" „um pragmatische Elemente wie Inferenzanalyse, Analyse der kommunikativen Regeln usw. erweitert [werden]",[27] was eine Bereicherung der theoretischen Ansätze bedeuten könnte, die (seit längerem) für die Anwendung des Begriffs der ‚möglichen Welt' und der Theorie ‚möglicher Welten' plädieren,[28] und sich vor allem auf semantische Aspekte und Elemente von erzählten (Text-)Welten konzentriert hatten.

Die Anwendung des Begriffs der ‚möglichen Welt' kann unter den verschiedenen theoretischen Richtungen zur Beschreibung von Narrativen, die ein reiches Panorama an Theorien, Voraussetzungen, Anwendungen und Diskussionen bieten, eine besondere Option sein, wie dies auch die Tatsache beleuchten dürfte, daß die Theorie ‚möglicher Welten' – nach einer Phase von mehr oder weniger am Rande der Narratologie geführten Forschungen – in den sog. „neuen Narratologien" erneut und mit einer erhöhten Aufmerksamkeit ins Blickfeld gerät.[29] Dazu trägt auch bei, daß auch diejenigen Bestrebungen, die für die Anwendung der literarischen ‚möglichen-Welten'-Theorie plädier(t)en, zu neuen

---

[23] Jannidis, 2004, S. 15.
[24] Ebd., S. 16; für die textinterne Modellierung der fiktiven Kommunikation und die daraus resultierenden Typen der Bezugnahmen des fiktiven Erzählers auf die erzählte Welt bzw. auf sein Erzählen vgl. Orosz, 1984, 2001.
[25] Wie dies u.a. die Kontroversen um den Begriff des sog. ‚implied author' demonstrieren, vgl. dazu zusammenfassend Kindt & Müller, 2006.
[26] Vgl. Jannidis, 2004, S. 47. Jannidis stützt sich hier weitgehend auf die Auffassung von Sperber & Wilson sowie Levinson und behauptet mit ihnen, „daß Kommunikation wesentlich inferenzbasiert ist, Codes aber eine zentrale Rolle spielen" (ebd.).
[27] Ebd., S. 48.
[28] Vgl. dazu u.a. Doležel, 1998, Ryan, 1991, Ronen, 1994, sowie Arbeiten der sog. „Szegeder Schule" (vgl. darüber Kerekes, Orosz & Teller, 2004. S. 100-105).
[29] Vgl. Suhrkamp, 2002, sowie Kerekes, Orosz & Teller, 2004.

synthetisierenden oder interdisziplinär angelegten Ansichten gelangen,[30] und dadurch solche neueren disziplinären Entwicklungen (z.B. „cultural turn", „cognitive turn"), die das ‚Erzählen' als etwas Grundlegendes, als kulturelle und/oder kognitive Tätigkeit setzen und verallgemeinern, weiterführen bzw. integrieren können. Aus einer kognitiven Perspektive behauptet Wallace Chafe, die Erzählungen „can give us evidence for: the fact that the mind does not record the world, but rather creates it according to its own mix of cultural and individual expectations."[31] Somit kann die Hypothese der kognitiven Auffassung, wonach das Gehirn „Weltmodelle"[32] entwirft, mit der Behauptung in Verbindung gebracht werden, Narration sei „weltbildend", indem das Zustandebringen und die Rezeption von Erzähltexten kognitive ‚Welt'-Repräsentationen bedeuten.

In den kognitiv orientierten Analysen von Narrativen gibt es auch Versuche, über allgemeine theoretische Feststellungen hinaus literarische Texte auf Grund kognitionswissenschaftlicher Begriffe und Methodologie unter Anwendung des Möglichen-Welt-Modells zu beschreiben.[33] So analysiert Elena Semino Hemingway's *A very short story* durch die Anwendung der ‚möglichen Welten'-Theorie und der ‚mental space'-Theorie und fokussiert auf die sog. mentalen Repräsentationen, die die Leser literarischer Texte etablieren. Semino betrachtet ‚mögliche Welten' als nützlichen Rahmen für die Bestimmung von Fiktion und lehnt sich an die Vorstellungen von Eco, Pavel und Ryan an,[34] sie betont aber, daß „possible worlds approaches do not ultimately treat fictional worlds as cognitive constructs, and do not deal with cognitive processing. As a consequence, there is no systematic consideration of how worlds are constructed in the interaction between the reader's mind and linguistic stimuli, and no attention for the role of linguistic choices and patterns in texts."[35] Semino versucht deshalb die ‚mögliche-Welten'-Theorie mit einer Schema-Theorie zu verbinden, dabei verwendet sie den Begriff von ‚mental spaces', die sie als „as short-term cognitive representations of states of affairs, constructed on the basis of the textual input on the one hand, and the comprehender's background on the other"[36] auslegt.

Letzten Endes erarbeitet Semino eine lineare Satz-für-Satz-Analyse des Hemingway-Textes und beschreibt damit etwas vereinfachend eine komplexe Struktur, die sich aus alternativen möglichen Welten bzw. Weltsegmenten der Figuren (das wäre die Ebene der Handlung der erzählten Welt) sowie aus ihrer Relationen zum sog. „base space" (eigentlich zur Ebene des narrativen Diskur-

---

[30] Vgl. u.a. Doležel, 1998; Ryan, 1991, 2001.
[31] Chafe, 1990, S. 81.
[32] Ebd., S. 80.
[33] Vgl. z.B. Semino, 2003; Gavins, 2003.
[34] Semino, 2003, S. 85.
[35] Ebd., S. 89.
[36] Ebd.

ses, des Erzählens) ergibt.³⁷ Diese Analyse verbleibt auch bei einem reduzierten Kommunikationsmodell, indem angenommen wird, die Beschreibung fokussiert sowohl auf sprachliche Eigenschaften des Textes als auch auf das Hintergrundwissen des Lesers,³⁸ wobei andere (textinterne) Kommunikationsaspekte nicht berücksichtigt werden. Semino selbst gibt zu, ihr Modell sei vorerst nur auf ganz kurze Texte anwendbar³⁹ und betont, trotz ihrer Verschiedenheit dürften die beiden Annäherungsweisen einander angenähert werden, indem nicht nur die ‚mögliche Welten'-Theorie kognitive Aspekte berücksichtigen könnte, sondern auch indem sich die ‚mental space'-Theorie von den narratologischen Anwendungen der ‚möglichen Welten'-Theorie bereichern ließe⁴⁰ – dabei wären die Prämissen der unterschiedlichen Theorien aufeinander bezogen genau zu (über)prüfen, um eventuelle Anwendungsmöglichkeiten zu erschließen.

Die verschiedenen Auffassungen der literarischen ‚möglichen-Welten'-Theorie entwerfen narrative Texte als komplexe, mehrfach gegliederte Strukturen. Diese Theorie läßt zu, narrative Texte grundsätzlich – teilweise auch die Erkenntnisse anderer narrativer Auffassungen, z.B. der die verschiedenen Ansichten der strukturellen Narratologie Todorov'scher oder Genette'scher Art integrierend – in einem integrierten Modell zu konzipieren: Als eine Deskription der erzählten Welt, ein „Handlungsmodell", das sowohl die referentiellen Relationen (Fiktionalität) als auch die internen semantischen Bezüge und – in Erweiterung der semantisch zentrierten Betrachtung, wie dies oben angedeutet wurde – die internen Kommunikationsprozesse der erzählten Welt (die ‚Story', die ‚Geschichte') beschreibt, sowie als eine Deskription des Erzählens, des „Erzählmodells", d.h. die der Charakteristika des Erzähldiskurses, der spezifischen (text)pragmatischen Eigenschaften literarischer narrativer Texte (d.h. der speziellen Kommunikationsprozesse zwischen [fiktivem] Erzähler und [fiktivem] Leser, der Präsentation durch einen fiktiven Erzähler), die zugleich die Möglichkeit zur „Öffnung" der Textwelt, d.h. für eine komplexe und systematische Beschreibung von intertextuellen Relationen bietet.⁴¹

Das zentrale Element narrativer Konzeptionen, nicht nur der auf der Grundlage der ‚möglichen Welten'-Theorie konzipierten, ist das Individuum, das die Handlung „trägt" (bei Prince), die Ereignisse auslöst oder erleidet (bei Lotman) oder das durch seine „Ausstattung" mit Eigenschaften die erzählte Welt „setzt",

---

[37] „What possible worlds theorists call ‚alternate possible worlds' and ‚virtual narratives' can be seen as the product of networks of mental spaces marked for epistemic distance from the Base, or what counts as ‚factual' spaces in relation to the Base" (Semino, 2003, S. 93).
[38] Ebd., S. 97.
[39] Ebd., S. 98.
[40] Ebd., S. 97.
[41] Für einen Ansatz zur Beschreibung von erzählter Welt und Erzähldiskurs sowie Intertextualität im Rahmen einer ‚möglichen-Welt'-Theorie vgl. Orosz, 2003. Hier verzichte ich auf eine ausführliche Darstellung unterschiedlicher Auffassungen, die ich andernorts mehrmals diskutiert habe.

wie dies bei Eco (in Anlehnung u.a. an Rescher) postuliert wird: „Eine Welt als solche besteht aus einer Gesamtheit von Individuen, die mit Eigenschaften ausgestattet sind. Da einige dieser Eigenschaften oder Prädikate Handlungen sind, kann eine mögliche Welt auch als Ablauf von Ereignissen angesehen werden".[42]

Die mit Eigenschaften ausgestatteten Individuen sind die Figuren der erzählten Welt(en), deren (ontologischer) Status, ihre Fiktionalität ein vieldiskutiertes Problem nicht nur der Erzähltheorie, sondern auch von sprachphilosophischen, logischen Theorien ist: Es gibt eine Fülle von Herangehensweisen, die sich unter umfassendere „Richtungen" subsumieren lassen, wonach, wie Kanyó dafür argumentiert, die Positionen von Russell (fiktionale Aussagen sind notwendigerweise falsch in Bezug auf die aktuelle Welt), von Meinung (fiktionale Aussagen beziehen sich auf fiktionale Gegenstände als Referenzobjekte), von Frege und Strawson (fiktionale Aussagen haben keine Bedeutung in Bezug auf die aktuelle Welt) und letztlich die Position der modelltheoretischen intensionalen Logik unterschieden werden können.[43] Die Einführung (fiktionaler) Individuen in literarische narrative Textwelten (durch Bezeichnung, Benennung) erfolgt durch ihre sprachliche Konstruktion: In den mindestens seit Kripkes Arbeiten entfachten Diskussionen über die Verwendung von Namen und Bezeichnungen für fiktive Entitäten (,Figuren' in Erzähltexten) lassen sich unterschiedliche Auffassungen ausmachen, wobei es – ohne hier alle Möglichkeiten und Kontroversen sichten zu wollen[44] – für eine literarische ‚mögliche-Welt'-Theorie am meisten entsprechend zu sein scheint, die Einführung von Figuren/Namen an die erzählte Welt, an die ‚Geschichten' zu koppeln, in die sie eingeführt werden.[45] Auf der anderen Seite dient die Bezeichnung der Figur auch deren Erkenntnis durch den Rezipienten der erzählten Welt.[46]

Von den semantischen und referentiellen Problemen abgesehen könnte die Verwendung von Figuren (und Namen) in der erzählten Welt auch durch ihre kommunikativen und kognitiven Aspekte ergänzt werden, indem man – wie dies Jannidis nach einer Übersicht über verschiedene Theoriekonzepte formuliert – „die Figur als textgeneriertes, prototypisch organisiertes Konzept beschreibt",[47] die „eine sprachlich erzeugte konzeptuelle Einheit",[48] „ein mentales Modell eines Modell-Lesers [ist], das inkremental im Fortgang des Textes gebildet wird".[49] Die Ergebnisse einer solchen kognitiv basierten Auffassung integrie-

---

[42] Eco, 1990, 162ff. Über die Anwendbarkeit und die Charakteristika von ‚möglichen Welten' in der Literaturtheorie vgl. Ronen, 1994, sowie (von Ronen unabhängig) Orosz, 1996.
[43] Kanyó, 1980, S. 117. Für ausführliche Diskussion von Fiktionalitätstheorien vgl. Zipfel, 2001.
[44] Vgl. dazu Szabó & Vecsey, 2005.
[45] Vgl. Zalta, 1987, 93f.
[46] Vgl. dazu Jannidis, 2004, 110ff.
[47] Jannidis, 2004, S. 193.
[48] Ebd., S. 147.
[49] Ebd., S. 240. In Hinsicht auf die unterschiedlichen Figurkonzeptionen in der Narratologie (von mögliche-Welt-Theorien, kognitiven Theorien, kommunikativen Theorien, bzw. der

rend und eventuell weiterdenkend sollten dann die Prozesse betrachtet werden, die die textweltinternen sowie textweltüberschreitenden und textweltexternen Wahrnehmungs-, Kommunikations- und Interpretationsprozesse in erzählten Welten/ narrativen Textwelten bestimmen: zu untersuchen wären dabei u.a. figurale Selbst- und Fremdwahrnehmung, durch sie bestimmte Kommunikationsverläufe,[50] Selbst- und Fremdwahrnehmung des (fiktiven) Erzählers, Steuerung der Wahrnehmung des (fiktiven) Lesers, sowie dadurch bedingte historisch und kulturell variable Rezeptionsprozesse. Damit könnten auch historische und kulturelle Aspekte, bestimmte Veränderungen des Erzählens beschrieben und berücksichtigt werden, die in der kognitiven Narratologie noch nicht entsprechend intergriert sind.

3 Erkennen und Verkennen: figurale Wahrnehmung, Kommunikationsprobleme und Leserlenkung bei Arthur Schnitzler

Im folgenden sollten einige oben behandelten Fragen am Beispiel der figuralen Wahrnehmung und der (scheiternden) Kommunikation in einer Erzählung von Arthur Schnitzler kurz veranschaulicht werden: Dabei wird auf die figurale Wahrnehmung in der erzählten Welt konzentriert, weil die unterschiedlichen Wahrnehmungsprozesse der fiktiven Figuren in Bezug auf die erzählte Welt ein dichtes Netz einander ergänzender, aber auch voneinander abweichender, sogar widersprechender figuraler Interpretationen zustandebringen, deren Verständnis und Auslegung für den Leser eine besondere Aufgabe bedeutet. Zur Analyse wurde die 1903 geschriebene und 1904 erschienene Erzählung *Das Schicksal des Freiherrn von Leisenbohg* gewählt, das Fliedl zu den sog. „Schicksalsnovellen" zählt, die „das Problem der Schicksalhaftigkeit persönlicher Katastrophen" behandeln.[51]

Die Textwelten der Erzählungen von Schnitzler artikulieren meistens die Themen von Liebe, Begierde, Betrug, Täuschung/Selbsttäuschung und Tod, sie haben eine scheinbar einfache „Geschichte" und legen auf die – im Erzähldiskurs vielfach perspektivierten – inneren Wahrnehmungsvorgänge der Figuren bzw. auf ihre (gelungenen, verhinderten oder gescheiterten) Kommunikationsprozesse ein besonderes Gewicht. Vor diesem Hintergrund lassen sich auf einer tieferen (Deutungs)Ebene bestimmte Vorgänge erkennen, die die Problematik von Wahrnehmungs- und Interpretationsprozessen, bzw. ihre Deutbarkeit aufwerfen und ihr Gelingen oder Misslingen zum zentralen Problem der erzählten Welt sowie ihrer (jeweils von der Perspektive des Lesers/des Interpreten abhängigen) Inter-

---

nicht-mimetischen Ansätzen) plädiert Margolin – dem Vorschlag von Phelan folgend – ebenfalls für ein „integratives Modell der Figur" (Margolin, 2005, S. 57).
[50] „Das hier erarbeitete Modell soll es ermöglichen, in Bezug auf Figuren präziser zu beschreiben, was in der narrativen Welt wie der Fall ist." (Jannidis, 2004, S. 244).
[51] Fliedl, 2005, S. 168.

pretation machen und hinter der Oberfläche grundlegende Probleme der Epoche, der Welt- und Selbstinterpretation und der Konzeption des Individuums narrativ darlegen.

Die Erzählung *Das Schicksal des Freiherrn von Leisenbohg* ist um eine kommunikative Verschwörung und (auf der Seite der Titelfigur) um eine Verstörung zentriert, die letztendlich zu Leisenbohgs Tod führen. Die ausdauernde Liebe des Freiherrn zur Sängerin Kläre Hell wird getäuscht durch eine Liebesnacht, deren Funktion für ihn sowie für die Sängerin ganz anders ist: er glaubt, daß seine Gefühle endlich erwidert worden sind, sie will dem Fluch des Fürsten entgehen, so daß sie eigentlich den Freiherrn für den nächsten potentiellen Geliebten, den Sänger Sigurd Ölse opfert. Dabei verfügen die Figuren über unterschiedliches Wissen und nehmen sich selbst, ihre eigenen Gefühle und Absichten sowie die der/des anderen in unterschiedlichem Maße adäquat/inadäquat wahr, wobei auch ihre Kommunikation untereinander von Verheimlichung und Scheitern gekennzeichnet wird.

In den unterschiedlichen Segmenten der erzählten Welt läßt sich die Selbst- und Fremdwahrnehmung und das Wissen über die/den andere(n) in zeitlicher Phasengliederung beschreiben.[52] Die erste Phase könnte als die Vorgeschichte der Figuren betrachtet werden, sie setzt etwa „vor zehn Jahren"[53] (445) ein und umfasst die Beziehung Leisenbohgs zu Kläre bis zum Tode des Fürsten Bedenbruck. Leisenbohg (wie die anderen Figuren) wird durch die Erzählinstanz eingeführt und charakterisiert, indem der Leser erfährt, anfangs war er 25 Jahre alt, „unabhängig und rücksichtslos" (445), seine Liebe zu Kläre, seine „Huldigungen" (445) werden abgelehnt, und obwohl er flüchtige Beziehungen auch pflegt, „wiegte [er] sich in neuer Hoffnung" (445), in der er jedoch immer wieder getäuscht wird. Kläre wird ähnlicherweise eingeführt und ihr werden charakteristische Eigenschaften zugeschrieben: sie ist talentiert, aufrichtig, sie macht keinen Hehl aus ihren Liebschaften, denn sie „hatte ihre Beziehungen nie als Geheimnis behandelt" (447), sie hat eine starke sexuelle Anziehungskraft und Veranlagung und eine ganze Kette an Liebhabern,[54] jedoch keine Liebe zu Leisenbohg. Am Ende dieser Phase stellt sich bei ihr ein Wandel ein, ihre Beziehung zum Fürsten erhält eine ungewöhnliche Dauer: „Den Fürsten Bedenbruck hatte Kläre durch mehr als drei Jahre ebenso treu, aber mit tieferer Leidenschaft geliebt als seine Vorgänger" (449). Leisenbohgs Beziehung zu Kläre ändert sich jedoch nicht, seine Gefühle und seine Hoffnung bleiben – „mehr aus Gewohnheit als aus Überzeugung" (449) – aufrechterhalten.

---

[52] Dabei werden hier die chronologischen Umstellungen im Erzähldiskurs außer acht gelassen.
[53] Schnitzler, 2004, S. 445. Im folgenden werden die Zitate aus diesem Text mit den Seitenzahlen in Klammern im laufenden Text angegeben.
[54] Vgl. S. 447 – wie im „Reigen": damit lassen sich intertextuelle Anspielungen auf Schnitzlers andere Werke etablieren, wodurch die Figur Kläres einer allgemeineren Typologisierung unterworfen werden kann.

Die Selbst- und Fremdwahrnehmungen der Figuren kreuzen sich und widersprechen einander: Leisenbogh ist in seiner Selbstwahrnehmung der potentielle Geliebte von Kläre, in Kläres Wahrnehmung dagegen ist Leisenbohg für sie kein potentieller Geliebter. Kläre nimmt sich inzwischen abwechselnd als Geliebte von anderen Männern wahr, zuletzt empfindet sie – allem äußeren Zeichen nach – eine aufrichtige, zumindest lange anhaltende Liebe zu Bedenbruck.

Die zweite Phase dauert von Bedenbrucks Tod bis zur Liebesnacht und Kläres Abreise, und zuerst gibt es scheinbar keine Veränderung der Figuren: Leisenbohg gibt trotz etwas Skepsis seine Hoffnung nicht ganz auf („So hielt er es auch nach dem plötzlichen Tode des Fürsten", S. 449), Kläre trauert um den Fürsten und scheint völlig verändert zu sein: „der Schmerz Klärens schien so grenzenlos, daß jeder glauben mußte, sie hätte nun für alle Zeit mit den Freuden des Lebens abgeschlossen" (449). Obwohl sie im Theater auftritt und damit „ihr Leben wenigstens äußerlich den gewohnten Gang [nahm]" (449), bleibt ihr Inneres verschlossen: „ihr Herz blieb nach wie vor in Schlummer versunken" (449). In diesem Vorgang verursacht das Erscheinen des Sängers Sigurd Ölse eine gewisse Veränderung, aber während sich die anderen für ihn begeistern, bleibt Kläre (zumindest scheinbar) unverändert teilnahmslos, denn „als einzige schien [sie] ungerührt zu bleiben" (450), und hat kein Auge für Ölses Leidenschaft für sie: „Sie erwiderte die sengenden Blicke Sigurds kaum, sie sprach zu ihm nicht lebhafter als zu den anderen" (452), jedoch unterläßt sie die „seltsame Handbewegung" (450), die als Zeichen der Entsagung funktioniert. Leisenbohg jedenfalls faßt „Mißtrauen und Angst" (452), so trifft ihn Kläres Wendung als „etwas Unerwartetes" (452).

In dieser zweiten Phase tritt ein Wandel in Leisenbohgs Selbstwahrnehmung ein, indem er vom Nicht-Geliebten zum Geliebten wird und voller Vertrauen auf Kläres Aufrichtigkeit ist. Kläres Kommunikationssignale sind widersprüchlich, sie kann deshalb dementsprechend auch so wahrgenommen werden, so daß ihre nach außen gerichtete Wahrnehmung Sigurd Ölses Selbstwahrnehmung als hoffnungslosen Liebhaber zu bekräftigen scheint.

Die dritte Phase umfasst die Zeit von der Liebesnacht bis Leisenbohgs Tod. Der Freiherr ist voller Sehnsucht und Hoffnung, er bildet sich Kläres Eingeständnis ein („Du bist der einzige und erste, den ich je geliebt habe", S. 454), und wird dann in seinen Gefühlen bitter getäuscht. Ölse gegenüber, den er wiederum als glaubwürdig wahrnimmt, ist er selbst zwar aufrichtig, er verschweigt aber vor ihm die Liebesnacht und glaubt, Kläre wegen Bedenbruck verloren zu haben. Die Reisen auf der Suche nach Kläre sind wie eine Spiegelung seiner früheren Reisen in den ersten zehn Jahren seiner Bekanntschaft mit Kläre, die ihn in ihrem Weg folgen ließen, sie funktionieren somit als Vorzeichen einer weiteren Enttäuschung. Leisenbohgs Selbst- und Fremdwahrnehmung ist introspektiv und subjektiviert: „Träumte er vielleicht?" (460) – „Ist es am Ende doch ein Traum?" (461). Kläre gibt zuerst vor, Leisenbohg zu lieben, sie trickst ihn aber zur Abwendung des Fluchs aus und opfert ihn für den anderen auf. Ölse empfindet eine Begeisterung für Kläre und zeigt Zeichen von Liebeskummer,[55] er gibt vor, daß er glaubt, ein verlorener Mensch zu sein. Letztendlich ist seine Aufrichtigkeit nur eine getarnte Lüge.

In dieser letzten Phase wird die Selbst- und Fremdwahrnehmung der Figuren noch komplizierter: Kläres Selbstwahrnehmung ist bestimmt durch ihre Liebe zu Ölse, dagegen empfindet sie keine Liebe zu Leisenbogh. Ölses Selbstwahrnehmung ist dominiert durch seinen Glauben, daß Kläre ihn anlügt, das bestimmt dann seine Kommunikationssignale: er lügt Leisenbogh an, um Kläres Lüge oder Aufrichtigkeit festzustellen. Leisenbohgs Selbstwahrnehmung beruht auf falscher Fremdwahrnehmung: er glaubt an die Aufrichtigkeit von Kläre (hinsichtlich des Fluches) sowie auch an die von Ölse, deshalb erkennt er seine wahren Ziele nicht. Am Ende kommt er zur Erkenntnis, durch Kläre als Mittel zum Wegräumen der Hindernisse vor ihrer Beziehung zu Ölse instrumentalisiert worden zu sein, was seinen Tod zur Folge hat (oder – da der Erzähler die Wahrnehmungsperspektiven gewissermaßen in der Schwebe läßt – tritt der Tod auch nur durch Zufall ein).

Als Motivationskräfte der Ereignisse erweisen sich Schonungslosigkeit und Lüge, die als Aufrichtigkeit maskiert wird, das Spiel mit dem Glauben des anderen im eigenen Interesse, die Erfüllung sexueller Begierde: die Möglichkeit tieferer Gefühle wird in Frage gestellt und die Rolle des Freiherrn als Liebhaber bekommt eine ironische Brechung. Letzten Endes wird die erzählte Geschichte von dem Ungleichgewicht der Gefühle und des Wissens über den/die andere(n) dominiert, der Informationsvorsprung sichert die Macht über den anderen und läßt ihn emotional leer ausgehen – der physische Tod kann als logische Folge dessen angesehen werden. Durch die Perspektivierung des Erzählens überwiegt die Sicht Leisenbohgs, die jedoch unaufgehoben beschränkt bleibt: die erzählte Welt konzentriert sich um das symbolhafte Moment des Fluchs und inszeniert das Spiel von Wissen, Nichtwissen und Mehrwissen, den Reigen auf der Szene des Lebenstheaters.

Auf Grund der kognitiven und kommunikativen Bewegungen kann/soll der Interpret (die Position des Modell-Lesers einnehmend/ entschlüsselnd) eine Beschreibung über die Textwelt erstellen können – dazu sollte auch noch die Interpretation der mehrfachen Wechsel in der Perspektivierung, der Position und Mittel des (fiktiven) Erzählers (z.B. die Setzung von Ironiesignalen[56]) hinzukommen, um die Ambivalenzen, Mehrdeutigkeiten, die auf der Ebene der Figuren (eben durch die Eigenarten ihrer Wahrnehmungs- und Kommunikationsprozesse) entstehen, als Zusammenhänge der Ebenen der Textwelt entsprechend erklären zu können. Ähnliche Überlegungen über verschiedene Erzählungen von Schnitzler könnten – auf Grund entsprechend erweiterter Textanalysen – dazu

---

[55] „Sigurd sah sehr blaß aus, die Haare an den Schläfen waren auffallend grau geworden" (458 und „Dem Freiherrn fiel es auf, daß Sigurds Stimme weniger voll klang als früher" (459).

[56] Vgl. Fliedl, 2005, S. 169.

führen, die bei ihm mehrfach diagnostizierten Eigenarten der Figurenkonstruktion, die mimetische und thematische Engführung seiner Figuren mit dem sozio-kulturellen Umfeld ihrer Entstehungszeit, d.h. ihre Verankerung im real gegebenen Kontext und die Verbindung mit symbolhaften Momenten in einem breiteren Rahmen zu erklären. Wie Le Rider feststellt, „[m]it großer Genauigkeit werden in seinen [=Schnitzlers] Erzählungen, Romanen und Theaterstücken die Topographie und Soziologie der habsburgischen Hauptstadt rekonstruiert",[57] zugleich aber erhalten seine Figuren eine weitere Dimension, die sich in eine Theatermetaphorik einfügt, die auch intertextuell inszeniert wird: in der Leisenbohg-Geschichte geht es um eine etwas umgekehrte Tristan-Geschichte,[58] in der nicht das Liebespaar, sondern der düpierte König/der Ehemann stirbt, indem Leisenbohg die Rolle des Betrogenen zukommt. Schnitzlers Erzählung veranschaulicht somit – durch die vielfachen Brechungen der Selbst- und Fremdwahrnehmung – zugleich auch die Undurchschaubarkeit der Welt und die Unfixierbarkeit von Identität: damit fügt er sich in die Literatur der Wiener Moderne ein, zu deren erzählerischen Neuerungen er eben durch ähnliche Eigenarten wesentlich beiträgt. Narratologische Untersuchungen größerer Textkorpora könnten damit neben ihrem theoretischem Gewinn auch literatur- und kulturhistorische Einsichten mit sich bringen, die die kognitiv angelegten Annäherungen dringend nötig hätten: „Nicht zuletzt könnte eine kulturgeschichtlich interessierte Literaturwissenschaft systematischer, als es bislang geschehen ist, die figuralen Schemata und Figurenmodelle für Autorenwerke, Gattungen, kulturelle Milieus und historische Epochen ermitteln sowie untersuchen, wie sie sich auf die gleichzeitigen Modelle der Personenwahrnehmung beziehen und wie sie diese für die jeweilige kommunikative Intention verwenden, eventuell auch thematisieren und diskutieren."[59] Die Verbindung verschiedener Theorieansätze verspricht damit mehrfache Erträge zu bringen, indem das mögliche-Welt-Modell kognitive Aspekte zu integrieren versucht.

Literatur

Bruner, Jerome: *Actual Minds, Possible Worlds*. Cambridge: Harvard University Press, 1986.
Chafe, Wallace: Some things that narratives tell us about the mind. In: Britton, Bruce K., & Pellegrini, Anthony D. (ed.): *Narrative thought and narrative language*. Hillsdale, N.J.: Erlbaum, 1990. S. 79-98.

---

[57] Le Rider, 2007, S. 13.
[58] Diese Deutung kann dadurch untermauert werden, daß Sigurd Ölse in der Fiktion „in der Oper den Tristan sang" (450).
[59] Jannidis 2004: 244.

van Dijk, Teun A.: *Textwissenschaft. Eine interdisziplinäre Einführung.* Tübingen: Niemeyer, 1980.

Doležel, Lubomir: *Heterocosmica. Fiction and Possible Worlds.* Baltimore & London: The Johns Hopkins Univ. Press, 1998.

Eco, Umberto: *Lector in fabula. Die Mitarbeit der Interpretation in erzählenden Texten.* München: dtv, 1990.

Fliedl, Konstanze: *Arthur Schnitzler.* Stuttgart: Reclam, 2005.

Gavins, Joanna: Too much blague? An exploration of the text worlds of Donald Barthelme's „Snow White". In: Gavins, Joanna & Steen, Gerard (ed.): *Cognitive poetics in practice.* London: Routledge, 2003, S. 129-144.

Herman, David: Regrounding Narratology: The Study of Narratively Organized Systems for Thinking. In: Kindt, Tom & Müller, Hans-Harald (eds.): *What is Narratology? Questions and Answers Regarding the Status of a Theory.* Berlin & New York: de Gruyter, 2003, 303-332.

Jahn, Manfred: Frames, Preferences, and the Reading of Third-Person Narratives: Towards a Cognitive Narratology. In: *Poetics Today* (1997), 18: 4. S. 441-468.

Jannidis, Fotis: *Figur und Person. Beitrag zu einer historischen Narratologie.* Berlin & New York: de Gruyter, 2004.

Kanyó, Zoltán: The Main Views on Fictionality in the Logico-Semantic Tradition. In: Kanyó, Zoltán (ed.): *Studies in the Semantics of Narrative / Beiträge zur Semantik der Erzählung.* Studia Poetica 3. Szeged, 1980, S. 115-124.

Kerekes, Amália, Orosz, Magdolna & Teller, Katalin: Literaturwissenschaft und Narratologie in Ungarn. In: Orosz, Magdolna & Schönert, Jörg (Hrsg.): *Narratologie interkulturell: Entwicklungen – Theorien.* Frankfurt a.M.: Lang, 2004, S. 97-113.

Kindt, Tom & Müller, Hans-Harald: *The Implied Author. Concept and Controversy.* Berlin & New York: de Gruyter, 2006.

Kreiswirth, Martin: Merely Telling Stories? Narrative and Knowledge in the Human Sciences. In: *Poetics Today* 21 (2000): 2, S. 293-318.

Le Rider, Jacques: *Arthur Schnitzler oder die Wiener Belle Époque.* Wien: Passagen-Verlag, 2007.

Margolin, Uri: Character. In: Herman, David, Jahn, Manfred & Ryan, Marie-Laure (eds.): *Routledge Encyclopedia of Narrative Theory.* London & New York: Routledge, 2005, S. 52-57.

Nünning, Ansgar: Unreliable Narration zur Einführung: Grundzüge einer kognitiv-narratologischen Theorie und Analyse unglaubwürdigen Erzählens. In: Nünning, Ansgar (Hrsg.): *Unreliable Narration. Studien zur Theorie und Praxis unglaubwürdigen Erzählens in der englischsprachigen Erzählliteratur.* Trier: WVT, 1998, S. 3-39.

Orosz, Magdolna: Fiktionalität in literarischen narrativen Texten. In: Oehler, Klaus (Hrsg.): *Zeichen und Realität. Probleme der Semiotik.* Bd. 1. Tübingen: Stauffenburg Verlag, 1984, S. 163-170.

Orosz, Magdolna: Possible Worlds and Literary Analysis. In: *Interdisciplinary Journal for Germanic Linguistics and Semiotic Analysis* (University of Berkeley, Berkeley, California). 1996, Vol. 1, No. 2. S. 265-282.

Orosz, Magdolna: *Identität, Differenz, Ambivalenz. Erzählstrukturen und Erzählstrategien bei E.T.A. Hoffmann.* Frankfurt a.M.: Peter Lang, 2001.

Orosz, Magdolna: „*Az elbeszélés fonala." Narráció, intertextualitás, intermedialitás.* Budapest: Gondolat, 2003.

Orosz, Magdolna: Vom ‚interkulturellen Erzählen' zur ‚interkulturellen Narratologie'. Überlegungen zur Erweiterung der Narratologie und zu ihrer Anwendung auf spezifische Gegenstandsbereiche. In: Orosz, Magdolna & Schönert, Jörg (Hrsg.): *Narratologie interkulturell: Entwicklungen – Theorien.* Frankfurt a.M.: Lang, 2004, S. 149-166.

Ronen, Ruth: *Possible Worlds in Literary Theory.* Cambridge: Cambridge University Press, 1994.

Ryan, Marie-Laure: *Possible worlds, artificial intelligence, and narrative theory.* Bloomington: Univ. of Indiana Press, 1991.

Ryan, Marie-Laure: *Narrative as Virtual Reality: Immersion and Interactivity in Literature and Electronic Media.* Baltimore: Johns Hopkins University Press, 2001.

Schnitzler, Arthur: Das Schicksal des Freiherrn von Leisenbohg. In: Schnitzler, Arthur: *Leutnant Gustl.* Erzählungen 1892-1907. Mit einem Nachwort von Michael Scheffel. Frankfurt a.M: Fischer, 2004, S. 444-464.

Semino, Elena: Possible worlds and mental spaces in Hemingway's „A very short story". In: Gavins, Joanna & Steen, Gerard (eds.): *Cognitive poetics in practice.* London: Routledge, 2003, S. 83-98.

Sternberg, Meir: Proteus in Quotation-Land: Mimesis and the Forms of Reported Discourse. In: *Poetics Today* 3: 2, 1982, S. 107-156.

Surkamp, Carola: Narratologie und „possible-worlds Theory": Narrative Texte als alternative Welten. In: Nünning, Ansgar & Nünning, Vera (Hrsg.): *Neue Ansätze in der Erzähltheorie.* Trier: WVT, 2002, S. 153-183.

Szabó, Erzsébet & Vecsey, Zoltán (Hrsg.): *Ki volt Sherlock Holmes? Tanulmányok a nevek szemantikájáról.* Szeged: Klebelsberg Kuno Egyetemi Kiadó, 2005.

Zalta, Edward N.: Erzählung als Taufe des Helden. Wie man auf fiktionale Objekte Bezug nimmt. In: *Zeitschrift für Semiotik* 9: 1-2 (1987), S. 85-95. [englische Version als: Referring to Fictional Characters. In: Dialectica 57: 2 (2003), S. 243-254].

Zerweck, Bruno: Der Cognitive Turn in der Erzähltheorie: Kognitive und „Natürliche" Narratologie. In: Nünning, Ansgar & Nünning, Vera (Hrsg.): *Neue Ansätze in der Erzähltheorie*. Trier: WVT, 2002, S. 219-242.

Zipfel, Frank: *Fiktion, Fiktivität, Fiktionalität. Analysen zur Fiktion in der Literatur und zum Fiktionsbegriff in der Literaturwissenschaft*. Berlin: Erich Schmidt, 2001.

Zymner, Rüdiger: Körper, Geist und Literatur. Perspektiven der ‚Kognitiven Literaturwissenschaft' – eine kritische Bestandsaufnahme. In: Huber, Martin & Winko, Simone (Hrsg.): *Literatur und Kognition. Bestandsaufnahmen und Perspektiven eines Arbeitsfeldes*. Paderborn: Mentis, 2009, S. 135-154.

Eszter Pabis

„Es bleibt nichts als Lesen". Narration und Kognition in Max Frischs *Der Mensch erscheint im Holozän*

Ulric Neisser, ein Wegbereiter der „kognitiven Wende" in der Denkpsychologie vergleicht den Prozess der Erinnerung mit der Arbeit eines Paläontologen, der auf Grund seiner vorhandenen Kenntnisse und aus den verfügbaren urzeitlichen Überresten die Gestalt eines Dinosauriers wiederherzustellen versucht. Den (auch schon von Maurice Halbwachs betonten) rekonstruktiven bzw. konstruktiven Charakter der Erinnerung, der den geläufigen räumlichen Metaphern des Gedächtnisses als einen Wissensspeicher[1] widerspricht und der im Vorgang der Erinnerung keinerlei Trennung zwischen den Momenten des Speicherns und des originaltreuen Abrufens zulässt, illustriert er folgenderweise: „out of a few stored bone chips we remember a dinosaur" (aus ein Paar eingespeicherten Knochenstücken erinnern wir einen Dinosaurier.[2] Einem Paläontologen gleicht aber nicht nur die erinnernde Person (nach Neisser), sondern auch der Protagonist und der Leser von Max Frischs 1979 erschienener Erzählung *Der Mensch erscheint im Holozän*. Beide versuchen nämlich, aus den noch vorhandenen Bruchstücken einen Sinn, eine Art imaginative „Ganzheit" zu (re)konstruieren. Konkret geht es einerseits auch um Dinosaurier, um erdgeschichtliches, naturwissenschaftliches Wissen, mit dessen Hilfe die Hauptfigur Herr Geiser den unvermeidbaren Prozess des Alterns und des Gedächtnisschwundes aufzuhalten versucht und andererseits um die Erzählung seiner Geschichte, deren narrative Strukturierung die Korrelation zwischen Narration und Kognition, den Zusammenhang zwischen dem Verfall der kognitiven Leistungsfähigkeit und der Nar-

---

[1] Platon interpretiert das Gedächtnis als Wachstafel, Aristotel als Wachssiegel – die Momente des Einschreibens/Gravierens/Abdrucks, des Speicherns bzw. der Dauer und der Wiederabrufbarkeit sind hier von zentraler Bedeutung. Vgl. Assmann, Aleida: *Erinnerungsräume. Formen und Wandlungen des kulturellen Gedächtnisses*. München: Beck, 2006 (1999) (im Weiteren: Assmann 2006), S. 242. bzw. S. 149-179.
[2] Neisser, Ulric: *Cognitive Psychology*. New York: Appleton-Century-Crofts Educational Division Meredith, 1967, S. 285.

ration fast ohne Distanz, ja geradezu szenisch präsentiert.[3] Dadurch berührt auch dieser Text das zentrale Thema des Oeuvres von Frisch, nämlich die Identitätsproblematik und er ist mit solchen weiteren Werken des Autors verwandt, wie das Drama *Triptychon* (1979) oder die „autobiographische" Erzählung *Montauk* (1974).[4]

Erosion ist das Hauptmotiv das den Text auf der Ebene der *Geschichte* und der *Erzählung* bestimmt. Erzählt wird die Geschichte des Gedächtnis- und Bewusstseinsverlustes eines vereinsamten und zunehmend greisenhaften Dreiundsiebzigjährigen, der seine letzten Tage vor dem Schlaganfall in einem abgeschnittenen, durch einen Erdrutsch abgeschlossenen Tessiner Bergdorf verbringt: Durch Stromausfall und Regenfälle zu Untätigkeit verdammt, versucht er gegen seinen fortschreitenden Gedächtnisverlust und gegen die gefürchtete Naturkatastrophe zu kämpfen, die er als Weltuntergang erlebt. Er liest in seiner Bibliothek und hängt Zettel: handschriftliche Notizen mit lexikalischen Informationen bzw. ausgeschnittene Lexikonartikel, Zitate aus der Bibel, aus dem Großen Brockhaus, dem Duden oder dem Schweizer Lexikon an die Wand. In der Geschichte verschränken sich somit die erdgeschichtlichen, die individuellen und die kulturellen, erkenntniskritischen oder endzeitlichen, apokalyptischen Dimensionen des Wortes Untergang (oder Erosion) miteinander. Der geologische Prozess der Abtragung, die Auswaschung der Erdoberfläche, die Auflösung der kognitiven Fähigkeiten des Menschen und die Erodierung des (menschlichen und) kulturellen Gedächtnisses sind aufeinander gerichtete Spiegel in der Erzählung. Neben der Geschichte, der „Ordnung" der *Natur*, neben der *Kultur* (vor allem dem unbewohnten und identitätsneutralen kulturellen Speichergedächtnis)

---

[3] In einer früheren Fassung des Textes, in *Fragment aus einer Erzählung* wird der Protagonist noch von einer deutlich vernehmbarer, von der Figurenrede klar abzugrenzender Erzählerstimme mit Sie angesprochen. Es geht im obigen Sinn weniger um *telling*, um distanziertes Erzählen als um *showing*, eine direkte, unmittelbare Erzählweise. Die Direktheit der Erzählweise, die Musikalität der narrativen Komposition lobt auch Manfred Eicher, Regisseur des Spielfilmes *Holozän* (1992), der am Festival von Locarno uraufgeführt und mit dem Spezialpreis der Jury ausgezeichnet wurde: „Die Idee war, einen Film zu machen, der einer musikalischen und nicht primär linearen Erzählstruktur folgt – assoziativ, mit Leitmotiven und Nebenmotiven." Manfred Eicher im Dezember 2000, zitiert nach: Obschlager, Walter et al (Hrsg.): *jetzt: Max Frisch*. Frankfurt a.M.: Suhrkamp, 2001, S. 261.

[4] Auch in *Montauk* wird montagenhaft aus Frischs früheren Texten zitiert und der Erzähler spricht einmal in erster, das andere Mal in dritter Person Singular über dieselbe Person – auch Herr Geiser erscheint sowohl in dritter Person, als auch als Subjekt einer Art inneren Monologs in *Der Mensch erschein im Holozän*. Vgl. hierzu Schmitz, 1985, S. 143 und Ramer, Ulrich: *Max Frisch. Rollen-Spiele*. Frankfurt a.M.: Fischer, 1993, S. 320. Bei der kontrastiven Untersuchung von *Montauk* und *Der Mensch erscheint im Holozän* betonen die meisten Interpreten (trotz Frischs Protest) den autobiographischen Charakter beider Texte: Frisch lebte Herrn Geiser ähnlich auch in Tessin und er betonte häufig seine Angst vor dem Gedächtnisschwund.

und neben dem Bewusstsein, der Erkenntnis und dem Wissen des *Menschen* verfällt oder zerfällt auch *die Sprache*.

Der Text ist intern fokalisiert: die extradiegetische-heterodiegetische Erzählinstanz in Er-Form hat eine Mitsicht mit der Figur und der Erzähler versucht, in einer der erlebten Rede oder dem inneren Monolog ähnlichen Form möglichst direkt das Erzählte zu präsentieren (der Erzähler ist nur manchmal deutlich vernehmbar, die Erzählerrede geht immer wieder in erlebte Rede über). Andererseits ist immer wieder auch eine heterodiegetische, extradiegetische erzählerische Stimme wahrnehmbar, die in früheren Fassungen des Textes Herrn Geiser auch offen, in dialogischer Form ansprach und in diesem Sinne verwendet Claudia Müller in diesem Kontext auch den Ausdruck *innerer Dialog* mit Recht.[5] Das Ergebnis ist eine Collageform, ein fiktives Faksimile,[6] ein epischer Text, der manchmal kaum Narration aufweist.

Im Rahmen des vorliegenden Beitrags wird bei der textnahen Analyse der Erzählung auf drei Aspekte eingegangen: auf die *narratologische Komplexität* (die Collagetechnik, die Polyphonie, die Position der Erzählinstanz); auf die *Problematik des Erkennens und Wissens bzw. des Gedächtnisses* im Kontext des Gedächtnis- und Bewusstseinsverlustes und der Entwicklung kultureller Speichertechniken; und schließlich explizit auf das Verhältnis von *Kognition und Narration* (auf den Zusammenhang von Erzähltechnik und Selbstverlust, von der Bezeichnungs- und Erkenntnisfunktion der Sprache und auf die kognitiven Voraussetzungen der Narration und die narrativen Grundlagen der Kognition). Diese unterschiedlichen Aspekte verbindet die Kategorie der Zeit miteinander: das Verhältnis von Zeit und Erzählung lässt sich vielfältig interpretieren.

Zeit und Erzählung in Der Mensch erscheint im Holozän

In der Erzählung spielt *die Zeit*, die keinesfalls als apriorische Kategorie sondern als kulturelles Konstrukt aufzufassen ist, auf verschiedenen Ebenen eine wich-

---

[5] Müller, Claudia: *„Ich habe viele Namen". Polyphonie und Dialogizität im autobiographischen Spätwerk Max Frischs und Friedrich Dürrenmatts*. München: Fink, 2009, S. 68. Die erste Fassung des Textes (*Regen*) entstand um 1972, eine zwei Jahre ältere Textvariante hieß *Klima*. In einer weiteren Bearbeitung des Stoffes unter dem Titel *Fragment aus einer Erzählung* wird Herr Geiser von dem Narrator als Sie angeredet.

[6] Selbst die Druckzeilen sind sehr fragmentarisch, praktisch ist fast jeder Abschnitt voneinander auch optisch getrennt. Die von Herrn Geiser ausgeschnittenen Zettel stehen immer in unterschiedlicher Buchstabengröße, der Drucksatz variiert auch. Eine Ausnahme stellt diesbezüglich die einzige mehr oder weniger kohärente und zusammenhängende Geschichte stellt jene eines lebensgefährlichen Ausfluges von Herrn Geiser dar, den er mit seinem seitdem schon verstorbenen Bruder Klaus unternahm. Frisch, Max: Der Mensch erscheint im Holozän. In: Mayer, Hans (Hrsg.): *Max Frisch. Gesammelte Werke in zeitlicher Folge 1931-1985*. Bd. VII. Frankfurt a.M.: Suhrkamp, 1998 (im Weiteren: Frisch 1998), S. 207-300, hier S. 289-293.

tige Rolle. Sie ist einerseits die *Grundstruktur der narrativen Konstruktionen*, so auch von literarischen Texten und von Identitäten.[7] Das Erzählen ist „selbst als grundlegende Form der kulturellen Konstruktion von Zeit. Geschichten ordnen Ereignisse in einer Weise, die ihnen Zusammenhang und Bedeutung verleiht. Narrative Formung, Zeitkonstruktion und Sinndeutung gehen unmittelbar ineinander über".[8] Andererseits motiviert den ganzen Prozess des Erzählens in dem vorliegenden Fall die Zeit als die Rahmenbedingung menschlichen Lebens, nämlich als *die begrenzte Lebenszeit*: Herr Geiser versucht die negativen, zerstörerischen Wirkungen der vergehenden Zeit (den Verfall, den Verlust, das Verderben, den Tod) zu bekämpfen, und zwar durch die kulturelle Leistung der Schrift (bzw. durch die materielle Fixierung von Texten auf seinen erwähnten Zetteln), die bekanntlich als ältestes Verewigungsmedium und älteste Gedächtnisstütze, als Medium und Metapher des Gedächtnisses zu interpretieren ist.[9] Die Schrift sichert nämlich über kontinuierliche Lesbarkeit Selbstverewigung und sie ermöglicht eine dialogische Selbstbegegnung in der Gegenwart.[10] Ferner sind die Prozesse des Lesens und des Schreibens mit jenen Vorgängen des Aufschreibens/Einschreibens und der Wiederlektüre/des Abrufens zu vergleichen, die den erwähnten und übrigens ältesten Definitionen des Gedächtnisses als Speicher/Wachsiegel zugrunde liegen. Indem Herr Geiser in der Erzählung alles aufschreibt oder in geschriebener Form an die Wand hängt, was er zu wissen glaubt oder für wissenswert und überlebensnotwendig hält, wird aber die Zeit nicht nur als narrative Grundstruktur oder als Medium der Erfahrung von Vergänglichkeit und Verfall greifbar, sondern auch als *kulturelle Wahrnehmungskategorie*, ja gerade als funktionale Voraussetzung der Kognition und der Kultur. Die Medialität der Schrift ist nämlich nicht nur als „Heilmittel" gegen den individuellen Gedächtnisschwund oder als kulturelle Überlieferung und Garant der Unsterblichkeit, als Grundlage des körperexternen kulturellen Speichergedächtnisses effektiv. Die kulturelle Konstruktion von Zeit, die historische Zeit und die erdgeschichtlichen Epochen, die menschliche Urgeschichte oder sogar die biblische Schöpfungsgeschichte, die in den zitierten und von Herrn Geiser immer wieder gelesenen Nachschlagewerken beschrieben werden, bestätigen auch, dass die Zeiterfahrung des Menschen und der menschlichen Kultur keine physikalische und apriorische Wahrnehmungskategorie ist (Herr Geiser weiß, dass die Natur sein Gedächtnis, seine Sprache nicht braucht). Andererseits bestimmt Herr Geisers Umgang mit der Zeit ein vergebliches Streben nach Ursprung, Dauer und

---

[7] Aleida Assmann spricht diesbezüglich von der kulturellen Konstruktion der Zeit und stellt die philosophische Frage nach der Unverfügbarkeit der Zeit gegenüber kulturellen Konstruktionen von Dauer, die Identität sichern und Orientierung vermitteln: Assmann, Aleida. *Zeit und Tradition. Kulturelle Strategien der Dauer.* Köln, Weimar & Wien: Böhlau, 1999.

[8] Assmann, Aleida: *Einführung in die Kulturwissenschaft. Grundbegriffe, Themen, Fragestellungen.* Berlin: Erich Schmidt, 2006, S. 131.

[9] Assmann, 2006, S. 179-218.

[10] Ebd., S. 182.

Sinn, Ordnung und Überblick. Diese These illustriert auch der Titel: Herr Geiser, dem Ende seines Lebens und einer vermeintlichen Naturkatastrophe nähernd, sucht in Lexika, in Zeitungen und in der Bibel nach dem Anfang, dem Ursprung des Lebens (wann erscheint der Mensch, wann entstand die Erde, wann starben die Dinosaurier aus, wie sah die Tessinergegend in der Urzeit aus, seit wann gibt es Wörter, usw.), das Bemühen ist aber vergeblich: die Zettelsammlung, die Informationen, sein Wissen kann er nicht mehr überblicken und ordnen, außerdem weiß der Leser aus seinen Notizen, dem zitierten Brockhaus, dass der Mensch nicht im Holozän, sondern im Pleistozän erscheint.[11]

Erosion und *Kohäsion*: die Zeit als narrative Grundstruktur, die narratologischen Merkmale des Textes

Erosion kann man nicht nur als erdgeschichtlicher Begriff bzw. als Metapher für den biologischen Verfall des Menschen interpretieren. Das Wort lässt sich auch auf die Brüche der narrativen Kohärenz beziehen. Der Begriff *Kohärenz*, der in der Erzählung dem *Kohärenzprinzip* oder dem *Kohärenzfaktor* ähnlich als ausgeschnittener Lexikonartikel zitiert wird, verweist auch einerseits auf Geisers Sehnsucht nach Ordnung, auf seine Bemühungen, Zusammenhänge zu konstruieren (so z.B. auch im ersten Satz auf seinen Versuch, eine Pagode aus Knäckebrot zu bauen), aber andererseits auch auf den Akt des Erzählens. Wie bereits erwähnt, weiß der Erzähler nur das, was auch Herr Geiser weiß: die extradiegetische-heterodiegetische Erzählinstanz präsentiert das Erzählte in einer der *erlebten Rede* oder dem *inneren Monolog* ähnlichen Form. Vorherrschend ist somit der Sprachstil der Figur, deren Bewusstseinsinhalte, Empfindungen, Gedankensprünge in Form von ungeordneten Assoziationen, von einer optisch deutlich wahrnehmbaren Fragmentarität wiedergegeben werden (die nicht nur das fiktive Faksimile, sondern auch die erzählenden Passagen bestimmt). So muss der Leser ohne die Vermittlung einer Erzählinstanz den Schluss ziehen, dass die Figur allmählich versumpft und schließlich einen Schlaganfall erleidet. Beschrieben wird z.B. nicht nur, was alles er zu wissen meint („Die Tochter in Basel heisst Corinne", „Was Herr Geiser nicht vergessen hat: Der Satz des Pythagoras"[12]), sondern vielmehr an was alles er sich nicht

---

[11] Der Titel der Erzählung wird in der Sekundärliteratur unterschiedlich gedeutet. Nach Jürgen H. Petersen verweist der Titel entweder auf Geisers Vergesslichkeit oder darauf, dass der Alte das Lexikon korrigiert, „weil er meint, dass der wirkliche Mensch erst in der Gegenwart [...] entstanden ist" (Petersen, Jürgen H.: *Max Frisch*. Stuttgart: Metzler, 1989, S. 174, im Weiteren: Petersen, 1989). Walter Schmitz geht davon aus, dass der Titel futurisch die Hoffnung auf einen Anfang, eine „neue Welt" beschwört (Schmitz, Walter: *Max Frisch: Das Spätwerk 1962-82*. Tübingen: Francke, 1985, S. 148, im Weiteren: Schmitz 1985).
[12] Frisch, 1998, S. 286, 210.

mehr erinnern kann („Herr Geiser steht mit der Kerze in der Hand und erinnert sich nicht, warum er den Hut auf dem Kopf hat", „Wie heißen die drei Enkelkinder?"[13]) Es wird erzählt, dass „er die Katze im Kamin gebraten und dann nicht hat verspeisen können", und wie er schließlich, mit gelähmtem Augenlid und Mundwinkel von der Tochter aufgefunden wird:

> Was Corinne wissen will: warum die geschlossenen Fensterläden, wozu die vielen Zettel an der Wand, warum ein Hut auf dem Kopf. […] Warum redet sie wie mit einem Kind? […] Als sie den Tee bringt, hat Corinne feuchte Augen, was sie nicht zu wissen scheint, sie lächelt dazu wie eine Krankenschwester und redet zu ihrem Vater wie zu einem Kind.[14]

Ferner teilt dem Leser keinerlei Erzähler mit, warum Herr Geiser nach Basel aufbricht oder was er von Beruf gewesen ist.[15] Wir erfahren, wer Elsbeth eigentlich ist, warum er über sie nur im Konjunktiv reden kann (seine verstorbene Frau), erst nachdem ihr Name schon häufig erwähnt worden ist.[16] Immerhin gibt es aber auch Textstellen, wo eine von Herrn Geiser deutlich unterscheidbare Erzählinstanz das Wort zu ergreifen scheint: der allerletzte Lexikonausschnitt („Schlaganfall, Gehirnschlag, Hirnschlag"[17]) oder der als metareflexiv interpretierbare Zettel über Kohärenz[18] stammen nicht unbedingt von der Figur. Auch jene Stellen könnte man nicht als personal charakterisieren, wo davon die Rede ist, was Herr Geiser vergessen hat, was er nicht weiß (dass er über die Treppe hinuntergestürzt ist, dass er seinen Tee schon ausgetrunken hat[19]). Diese Textstellen, wo Zweifel besteht über die Identität der Kenntnisse, der Standpunkte des Erzählers und der Figur sind aber eher die Ausnahmen, die die Regel bestätigen. Am meisten ist die Figur selbst der Fokalisator und auch der Erzähler und seine Demenz ist der Grund für die Fragmentarität, die Irrationalität, den ungeordneten Charakter des Erzählten (z.B. stehen ausgeschnittene Zettel, Lexikonausschnitte in der Erzählung praktisch schon von Anfang an, erst viel später[20] heißt es aber, dass Herr Geiser sich entscheidet, die einschlägigen Artikel nicht mehr handschriftlich zu kopieren, sondern auszuschneiden. Einige, einmal bereits schon präsentierte handschriftliche Notizen oder Ausschnitte werden später auch immer wieder zitiert).

Auf die zunehmenden Schwächen der kognitiven Leistungsfähigkeit der Figur, auf den Verfall der funktionalen Voraussetzungen der Narration sind auch die formalen Merkmale jener Textstellen zurückzuführen, die kaum Narrativität

---

[13] Ebd., S. 252, 289.
[14] Ebd., S. 287, 294-295.
[15] Ebd., S. 273, 275, 224.
[16] Ebd., S. 236.
[17] Ebd., S. 298.
[18] Ebd., S. 297.
[19] Ebd., S. 283, 253.
[20] Ebd., S. 234.

aufweisen. Hierzu gehören jene Teile, wo die von Herrn Geiser ausgeschnittenen und in seinen Text unverändert und unmittelbar eingefügten Bilder, Lexikonartikel ohne Erzählung zusammenmontiert werden.[21]

Nicht selten kommt es auch vor, dass allein das Vergehen der leeren Zeit festgehalten wird, aber sonst kaum etwas erzählt wird:

> Wieder und wieder auf die Armbanduhr zu blicken, um sich zu überzeugen, dass die Zeit vergeht, ist Unsinn. Die Zeit ist noch nie stehengeblieben, bloß weil ein Mensch sich langweilt und am Fenster steht und nicht weiß, was er denkt. Es ist sechs Uhr gewesen, als Herr Geiser zuletzt auf seine Armbanduhr geblickt hat: – genau drei Minuten vor sechs.[22]

Eine halbe Seite später heißt es immer noch:

> Als Herr Geiser wieder zum Fenster geht, um an den langsam gleitenden Tropfen zu sehen, dass die Zeit nicht stehenbleibt – das hat es in der ganzen Erdgeschichte nie gegeben! – und als er es nicht lassen kann und nochmals auf seine Armbanduhr schaut, zeigt sie sieben Minuten nach sechs.[23]

In den darauf folgenden Passagen werden immer wieder Temporaladverbien verwendet und Hinweise auf die Uhrzeit zitiert („dann", „zuletzt", „sechs Uhr", „Abend", „Nacht", „im Augenblick", „geht vorüber"), nur die Zeit vergeht aber, die Geschichte erschöpft sich in der Festhaltung von Geisers Wahrnehmungen: er hört Geräusche (seine eigenen Schritte, das Regen). Die tagebuchartigen Eintragungen an der folgenden Stelle weisen ebenfalls nur wenig Narration auf:

Sonntag:
10.00
Regen wie Spinnweben über dem Gelände.
10.40
Regen als Perlen an der Scheibe.
11.30
Regen als Stille, kein Vogel zwitschert, im Dorf kläfft ein Hund, die lautlosen Hüpfer in jedem Tümpel, die langsam gleitenden Tropfen an den Drähten.
11.50
Kein Regen.
13.00
Regen, der nicht zu sehen ist, man spürt bloß auf der Haut, wenn man die Hand aus dem Fenster streckt.
15.10
Regen als Zischen im Laub der Kastanie.

---

[21] S. Frisch, 1998, S. 278, 97, hier: S. 282.
[22] Ebd., S. 259. Die einzige Ausnahme bildet die Geschichte des Ausbruchversuches von Herrn Geiser aus dem Tal: sein Weg im Nebel, in der Nacht, den er mit Landkarte und Feldstecher aufgerüstet begeht, ist wohl auch als metaphorischer Spiegel seiner ausweglosen Sinn- und Bedeutungssuche und Ordnungsversuche zu deuten.
[23] Frisch, 1998, S. 260.

15.20
Regen wie Spinnweben
16.00.
Kein Regen, nur das Efeu tropft.[24]

Diese erzähltechnischen Eigentümlichkeiten, die Fragmentarität, der Verfall der narrativen Kohärenz entsprechen der allmählichen Auflösung des Bewusstseins von Herrn Geiser, der gerade durch das erzählerische Festhalten der Zeit oder durch die schriftliche, materielle Fixierung von Wissen seine geistige Erosion aufzuhalten versucht. Das Vergessen, den Gedächtnis- und Bewusstseinsschwund kann er aber dadurch (durch die Erzählung und die schriftliche Fixierung) gerade nicht bekämpfen, und zu demselben Scheitern sind auch jene Versuche der Menschen verurteilt, die die Vergänglichkeit zu bekämpfen, ihr Wissen durch Schrift zu verewigen und durch geschichtliches Denken Ordnung, Überblick, Gesetzlichkeit und Bedeutung zu stiften versuchen.

Kultur und *Kontingenz*: die Zeit als kulturelle Konstruktion, die „ordnende" Funktion des Speichergedächtnisses und der modernen Wissenschaftlichkeit

Herr Geiser verbindet seine eigenen, kontingenten Erfahrungen, Fragen und Ängste mit breiteren kulturellen, gesellschaftlichen, wissenschaftlichen Fragen und Erfahrungen der Menschheit. So assoziiert er das Vergehen der alltäglichen Zeit, die Aufgabe des täglichen Zeitvertriebs mit der Zeit der Natur (den geologischen Epochen, der Entstehung der Welt) und mit der Zeit der menschlichen Geschichte (dem Ursprung des Menschen).[25] Häufig wurde schon betont, dass der Mensch als Teil der Natur der Kultur bedarf: das Bewusstsein, das allein den Menschen, nicht aber der Natur (den Tieren, den Pflanzen) zuteil wurde, ist dazu gezwungen, die Zeit der Natur und der Kultur auch zu erfinden, um durch Sinn und Kohärenz die zeitlich begrenzte menschliche Existenz zu fundieren, die Vergänglichkeit, die Fragen des Anfangs und des Endes (des Todes) in eine sinnvolle, konstitutive Erzählung integrieren zu können. Diese allgemeine Bemühung nach Ursprung und nach Ordnung/Kategorisierung charakterisiert Herr Geisers Tun:[26] beim Gewitter und Wolkenbruch sucht er in dem Brockhaus nach

---

[24] Ebd., S. 239.
[25] Ebd., S. 262.
[26] Zu dieser Ansicht kommt auch Gerhard Kaiser: „Er repetiert mit diesem Verhalten als Individuum die Menschheitsgeschichte, dann der Tod ist wohl die erste Erfahrung, auf die der Mensch mit Weltdeutungen antwortet. [...] Schließlich realisiert Herr Geiser in seinem einsamen Bewusstseins-Menschheits-Abenteuer angesichts der Todeserfahrung noch den entscheidenden Menschheitskulturschritt zur Schrift als dem bedeutendsten Mittel der Bewusstseinserweiterung- und Objektivierung sowie der Wissensspeicherung." S. hierzu Kaiser, Gerhard: Endspiel im Tessin. Max Frischs unentdeckte Erzählung „Der Mensch

der Erklärung für die Entstehung der Blitze,[27] kurz danach liest er in der Bibel die Schöpfungsgeschichte (die Urflut verbindet den Ausschnitt mit den rauschenden Bächen und dem Regen im Tal, die er vernimmt) – die metaphorische Sprache der Weltschöpfung steht dem deskriptiven sprachlichen Modus der naturwissenschaftlichen Beschreibung der Urzeit gegenüber, die auf der nächsten Seite quasi als weltlich-wissenschaftliche Alternative zur Schöpfungsgeschichte zitiert wird. Der Versuch aber, mit Hilfe des schriftlich fixierten, in Lexika, im kulturellen Speichergedächtnis aufbewahrten Wissens die Vergänglichkeit zu besiegen und durch kulturelle und wissenschaftliche Errungenschaften (durch religiöse Weltdeutung oder durch naturwissenschaftliche Ordnung) befriedigende Antworten auf die Fragen nach Anfang und Ende, nach Leben und Tod zu geben, scheitert.

Einerseits sind Menschen vergänglich und die Natur existiert auch ohne menschliches Bewusstsein, die Welt besteht fort in der Zeit, auch, nachdem der Mensch, der Erfinder der Geschichte außerhalb von Raum und Zeit gerät (nicht mehr lebt):

> Die Ameisen, die Herr Geiser neulich unter einer tropfenden Tanne beobachtet hat, legen keinen Wert darauf, dass man Bescheid weiß über sie, so wenig wie die Saurier, die ausgestorben sind, bevor ein Mensch sie gesehen hat. Alle die Zettel, ob an der Wand oder auf dem Teppich, können verschwinden. Was heißt Holozän! Die Natur braucht keinen Namen. Das weiß Herr Geiser. Die Gesteine brauchen sein Gedächtnis nicht.[28]

Andererseits ist das durch die Schriftlichkeit potentiell unendlich lang speicherbare, sich vermehrende, amorphe Wissen, die unbeschränkte Akkumulation von Informationen nie zu überblicken und die Kenntnisse machen einen nur auf die eigene Unwissenheit aufmerksam:

> Wo findet sich, zum Beispiel, der Zettel, der Auskunft gibt über das mutmaßliche Hirn der Neandertaler? [...] Wo hängt die Auskunft über Mutationen, Chromosomen etc.? Oft ist es zum Verzagen; Herr Geiser weiß genau, dass es einen Zettel gibt, (– es ist mühsam genug, Texte voll wissenschaftlicher Fremdwörter anzuschreiben, notfalls zwei oder drei Mal, bis die Abschrift korrekt ist) über Quantentheorie. Was gehört wohin?[29]

Trotz Geisers Bemühung, das passive, tote Wissen wieder zu beleben, kann er eigentlich nichts anderes tun, als die Anhäufung von (einem mutmaßlichen, überholten, identitätsneutralen und lebensfremden) Wissen sichtbar zu machen.

Herr Geisers individuelle und einsame Tätigkeit (das Lesen, das Sammeln, das Kopieren/Ausschneiden und Aufhängen von Informationen, die aber unzu-

---

erscheint im Holozän". In: *Schweizer Monatshefte für Politik, Wirtschaft, Kultur* 82/83 (2002/2003), S. 46-52, hier S. 47.
[27] Frisch, 1998, S. 208.
[28] Ebd., S. 296. Über Gott wird die gleiche Frage gestellt, und zwar, „Ob es Gott gibt, wenn es einmal kein menschliches Hirn mehr gibt, das sich eine Schöpfung ohne Schöpfer nicht denken kann" (ebd., S. 212).
[29] Ebd., S. 237.

sammenhängend, unstrukturiert bleiben) modelliert oder wiederholt eigentlich jenen kulturellen Vorgang, der infolge der Verbreitung der Druckschriftlichkeit stattfand und in der Spaltung, in dem Auseinandertreten von dem unbewohnten, unstrukturierten *Speichergedächtnis* und dem bewohnten, identitätsstiftenden, sinnhaften *Funktionsgedächtnis* (Aleida Assmann) kulminierte. Mit dem Übergang in die Schriftlichkeit, durch die Materialisierung der Medien, durch die Möglichkeit der externen Speicherung des kulturellen Sinns konnte, so Assmann, mehr gespeichert werden, als gebraucht und aktualisiert wird: das abstrakte, identitätsneutrale Wissen, das Sachwissen gehört zum Bereich des Speichergedächtnisses. Aus diesem treten durch Selektion, sinnvolle Bezugnahme auf die Vergangenheit gewisse Elemente ins Funktionsgedächtnis über, das lebendige, gegenwärtige Identitäten fundiert und in Lebensgeschichten zu integrieren ist.[30] Die Akkumulierung des kulturellen Speichergedächtnisses ist nicht nur an die Schriftlichkeit, sondern auch an den Kontext der Wissenschaft, des Museums, des Archivs gebunden. Was Herr Geiser versucht, ist nichts anderes, als das zugängliche, in Lexika gespeicherte positive, inaktive Wissen (naturwissenschaftliche Fakten) wiederzubeleben, als Teile seines aktiven, bewohnten Funktionsgedächtnisses zu erfahren. Wie gesagt, dieser Versuch schlägt fehl: das fixierte Wissen fundiert keine bewohne Lebensgeschichte: das individuelle Leben von Herrn Geiser, der (von ihm und in den Texten) materiell fixierte und archivierte kulturelle Sinn, sowie auch die äußere Natur erodieren, zerfallen in Bruchstücke.

Die Tätigkeit von Herrn Geiser kann man nicht nur mit den Merkmalen des Mediums Schrift, mit seinen Auswirkungen auf das kulturelle Gedächtnis verbinden, sondern auch mit der allgemeinen Bestrebung der modernen Kultur und des *homo faber*, die Kontingenz zu beherrschen, die Ambivalenz zu besiegen, die Natur zu ordnen, (chronologische) Geschichten zu konstruieren.[31] Dementsprechend lässt sich der Titel der Erzählung in dem Sinn interpretieren, dass auch das Holozän im Holozän erscheint, da diese Kategorie ein Produkt des menschlichen Bewusstseins, der modernen Wissenschaftlichkeit darstellt. Herr Geiser versucht seine Angst vor der Naturkatastrophe, dem Altern, dem Gedächtnisschwund und der Kontingenz nicht nur mit Hilfe der Wissenschaft zu bewältigen. Den ersten Menschen in der biblischen Schöpfungsgeschichte ähnlich versucht er durch die Macht der Sprache, über die Benennung die Welt zu ordnen, die sinnlich erfahrbare Natur zu beherrschen. So unterscheidet er beispielsweise zwischen sechzehn (!) Arten von Donner (zu seinen Neologismen zählen u.a. Ausdrücke, wie „Kissen-Donner", „Knatter-Donner", „Flaschen-

---

[30] Assmann, 2006, S. 133-142.
[31] Lübbert R. Haneborger bezieht sich in diesem Kontext auf Zygmunt Baumanns *Moderne und Ambivalenz*: Haneborger, Lübbert R.: *Max Frisch – Das Prosa-Spätwerk: Montauk, ... Holozän, Blaubart*. Norderstedt: Books on Demand, 2008, S. 67-68. (im Weiteren: Haneborger, 2008)

Donner", usw.,[32] ebd.). Seine Geschichte wiederholt und imitiert folglich die grundsätzlichen Bestrebungen der menschlichen Kultur nach der Beherrschung der natürlichen Kontingenz und Ambivalenz – gleichzeitig wird auch ihre Vergeblichkeit aufgezeigt.

Bewusstsein und *Körper*: die Zeit als kognitive Rahmenbedingung, das Verhältnis von Narration, Sprache und Subjekt in der Erzählung

Die Opposition von Natur und Kultur spielt nicht nur in der Interpretation der Protagonisten des Romans *Homo Faber* oder der vorliegenden Erzählung eine notwendigerweise zentrale Rolle. Dieser Dualismus erinnert einen auch an jenes Denkparadigma, das das westliche Denken von Anfang an bestimmte, und zwar die Unterscheidung zwischen dem (von Natur aus kontingenten) Körper und dem (darüber herrschenden) Bewusstsein oder Geist.[33] Herr Geiser, der die Zerbrechlichkeit der natürlichen Ordnung, die menschliche Vergänglichkeit erfährt, stellt die Frage, ob die Welt, der Mensch oder der Gott überhaupt auf das Bewusstsein des Menschen, auf die Benennung durch die Sprache oder auf das Gedächtnis als notwendige Voraussetzungen ihrer Existenz angewiesen sind und wie eine solche positive Wirklichkeit (die also dem Menschen vorausgeht und das menschliche Leben transzendiert) vorzustellen sei.[34] Als Herr Geiser in seinem Kämpfen gegen das Vergehen bzw. Vergessen und für die (sprachliche) Beherrschung der Welt über das Gedächtnis, die Verewigung und die Vergänglichkeit nachdenkt, simuliert er Kulturtechniken, die über sein individuelles Schicksal hinausweisen. Dabei wiederholt er auch die erwähnte alteuropäische Unterscheidung zwischen Natur und Kultur, Körper und Geist.

Aus diesen Bruchstücken versucht der Leser eine mehr oder weniger kohärente oder sinnvolle Geschichte zu (re)konstruieren (wie der anfangs erwähnte Paläontologe es mit den fossilen Überresten eines Dinosauriers tut) und dabei verfährt er eigentlich genau so, wie Herr Geiser, dessen individuelle Geschichte (sein Kampf gegen die Vergänglichkeit und den Gedächtnisschwund) die Geschichte der menschlichen Kultur imitiert, und der die konkreten, individuellen

---

[32] Frisch, 1998, S. 208-209, 225-226.
[33] Frisch, 1998, S. 135. Vgl. hierzu Assmann 2006: „Mit der dualistischen Anthropologie war eine Sichtweise und Bewertung verbunden, die die materiellen und immateriellen Komponenten des Menschen nicht als gleichwertig, sondern als hierarchisch gestuft ansetzte, was in der abendländischen Geschichte (mit Unterbrechungen im Mittelalter und der Renaissance) zu einer langen Geschichte der Geringschätzung, Verteufelung und Ausblendung des Körpers geführt hat" (Assmann, 2006, S. 97). Diese alte Opposition wurde zwar häufig und von vielen Kulturkritikern dekonstruiert, doch wurde ihre Frage auch von der Genderforschung wieder aufgenommen (Assmann, 2006, S. 104).
[34] Dieselbe Frage stellt auch Roger, der Protagonist des *Triptychon*, als er darüber spricht, dass es kein menschliches Bewusstsein ohne biologische Grundlage gibt. Vgl. Haneborger, 2008, S. 62.

Erfahrungen und Wahrnehmungen immer wieder direkt auf abstrakte, allgemeinere Kontexte, die Fragmente auf eine umfassende, fingierte Totalität zurückführt und zu ordnen versucht. So verbindet er, wie erwähnt, den ständigen Regen mit der Sintflut, den Stromausfall mit der Gedächtnisschwäche, das Altern mit der Naturkatastrophe, das Unwetter mit der Apokalypse („Schlimm ist nicht das Unwetter – [...] Schlimm wäre der Verlust des Gedächtnisses"[35]). Erblickt er ein Salamander in seiner Badewanne, so schlägt er im Lexikon die Geschichte der Dinosaurier nach. Nicht zufällig sind die häufigsten Subjekte in dem Text übrigens Indefinitpronomina (man) oder das rein formale, unpersönliche Personalpronomen „es". Diese Pronomina markieren nicht nur gesetzmäßige Notwendigkeiten oder nichtmenschliche Subjekte, sondern auch Herr Geisers fehlende Geschichte bzw. seine persönliche Identifikation mit diesen Subjekten (das Wort „ich" kommt trotz der Dominanz der Figurenbezogenheit im Text nicht vor: Herr Geiser wird stets „Herr Geiser" genannt, nur an einer polyphonen, sprachlich hybriden Textstelle wird die Außensicht der Tessiner Dorfbewohner auf ihn präsentiert: „IL PROFESSORE DI BASILEA".[36] Ein Signal für die erlebte Rede ist z.B., dass es stets um die Figurenrede, um die Sicht der Figur geht, wenn von einem „man" die Rede ist:

> Ein deutscher Sommergast, Professor für Astronomie, weiß viel über die Sonne, und wenn man ihn fragt, so spricht er nicht ungern auch zu einem Laien. Nachher räumt man die Tassen weg, dankbar für den kurzen Besuch. [...] Wenigstens weiß man nachher, dass man nicht verrückt ist: auch andere Leute finden, es regne und regne.[37]

Ähnlicherweise steht das bestimmte Pronomen an Stellen, wo sonst z.B. ein Possessivpronomen stehen könnte oder müsste (so, wie anstelle des Ich immer Herr Geiser steht): wenn es um „die (=seine) Leserbrille" oder um „die (=eine) Salamander".[38]) Dieselbe Struktur bezieht sich auch auf meinen vielsagenden Satz, ein Zitat aus Herr Geisers innerem Monolog: „Es bleibt nichts, als Lesen",[39] stellt er angesichts der Isolierung, des Stromausfalles, des Unwetters fest. Lesen weist aber nicht nur auf eine mögliche (oder die letzte, immer noch mögliche) Unterhaltungsform hin, sondern es bezieht sich auch auf die gelesene Schrift als Verewigungsmedium und Gedächtnisstütze sowie auf die Entzifferung, die immer mögliche Wiederlektüre der schriftlich überlieferten Daten, Erinnerungen und Dokumente. Gelesen werden zuerst die Bücher in Herrn Geisers Bibliothek, dann die handschriftlichen Kopien bzw. die ausgeschnittenen Artikel, schließlich die Erzählung selbst (*Der Mensch erscheint im Holozän*) und die unzähligen Texte im kulturellen Gedächtnis der Menschheit. Der Leser liest nur, was Herr

---

[35] Frisch, 1998, S. 210.
[36] Ebd., S. 224. Vgl. hier Petersen, 1989.
[37] Ebd., S. 218.
[38] S. hierzu die eingehende und überzeugende Analyse der Erzähltechnik, der sprachlichen Signale des Figurenperspektivismus: Petersen, 1989, S. 172-180.
[39] Frisch, 1998, S. 227.

Geiser liest (bzw. aufschreibt und denkt) und wie er das Gelesene vergisst und schließlich sich selbst verliert: die Anhäufung des Wissens geht mit dem Schrumpfen des Bewusstseins einher. Was der Text trotzdem (oder damit) illustriert, ist aber gerade das Unvermögen, den „Dinosaurier zu erinnern", also die Welt mit Symbolen abzubilden und Bedeutung und Gesetzlichkeit hervorzubringen, wenn einem (so Herrn Geiser) nur die Bezeichnungsfunktion der Sprache (d.h., ihre auf das Elementare: das Faktische und das Wahrnehmbare reduzierte Form[40]), nicht aber die von der sozialen Interaktion und der sprachlichen Kommunikation untrennbaren kognitiven Fähigkeiten zur Verfügung stehen.

---

[40] Ich berufe mich auf die Gadamersche Unterscheidung zwischen der *Zeige- oder Bezeichnungsfunktion* der Sprache und ihrer *Erkenntnisfunktion*. Nach Aristoteles unterscheidet er zwischen der „adequäte[n] Bezeichnungsform für einen wohldefinierten Begriff" (z.B. in der Mathematik) und dem „Wort", der Sprache, die „im Offenbarmachen von Sachverhalten" besteht (Gadamer, Hans-Georg: Die Ausdruckskraft der Sprache. In: ders.: *Lob der Theorie. Reden und Aufsätze.* Frankfurt a.M.: Suhrkamp, 1991, S. 155). Laut Gadamer hat sich die Sprache infolge der neuzeitlichen Naturerkenntnis „bestimmten Bezeichnungsfunktionen unterzuordnen": wir haben hier nur tote Metaphern, adäquate Bezeichnungsformen für Begriffe (ebd.).

Raluca Rădulescu

Hybride Identitäten zwischen Wortlandschaften. Marica Bodrožićs Prosaband *Sterne erben, Sterne färben**

Marica Bodrožić wurde 1973 in Dalmatien geboren und hat Ihre Kindheit bei ihrem Großvater in einem dalmatinischen Dorf verbracht, während ihre Eltern schon in Deutschland lebten. 1983, drei Jahre nach dem Tode Titos, ist auch sie, als Zehnjährige, den Eltern nach Deutschland gefolgt. Sie studierte Kulturanthropologie und Slawistik in Frankfurt am Main, brach bald darauf das Studium ab, um sich nur dem Schreiben zu widmen. Ihre ersten literarischen Arbeiten wurden in der „Frankfurter Allgemeinen Zeitung" und der Zeitschrift „manuskripte" veröffentlicht. Im Sommer 2001 erhielt Marica Bodrožic das „Herman Lenz"-Stipendium. 2002 folgte dann der „Heimito von Doderer"-Förderpreis. Im selben Jahr veröffentlichte sie ihren ersten Erzählband *Tito ist tot*. 2003 wurden ihr der „Robert Bosch Stiftung" Förderpreis sowie der „Adalbert von Chamisso" Förderpreis, 2006 das Jahresstipendium des Deutschen Literaturfonds und 2007 der Literaturpreis der Berliner Akademie der Künste überreicht. Zu ihrem Werk gehören noch die Romane *Der Spieler der inneren Stunde* (2005), *Das Gedächtnis der Libellen* (2010), der Erzählband *Der Windsammler* (2007), der Prosaband *Sterne erben, Sterne färben* (2007) und die Gedichtbände *Ein Kolibri kam unverwandelt* (2007), und *Lichtorgeln* (2008). Die freie Autorin lebt heute in Berlin.

---

*   Dieser Artikel erscheint mit der finanziellen Unterstützung des EU-Projekts „Die Entwicklung der Innovationsfähigkeit und die Erhöhung der Forschungsauswirkung durch Postdoc-Programme", gehörend zum operativen sektoriellen Programm zur Entwicklung des Personals – POSDRU (89/1.5/S/49944), Priorität-Achse 1, Einsatzbereich 1.5 „Doktoratskollegs und Postdoc-Forschungsprogramme zur Unterstützung der Forschung". (This article appears with the financial support of the project „Developing innovation capability and increasing the impact of post-doctoral research programs", part of the Sectoral Operational Programme Human Resources Development – POSDRU (89/1.5/S/49944), Priority Axis 1, area of intervention 1.5 „Doctoral and post-doctoral research support")

Marica Bodrožićs 2007 erschienener Prosaband „*Sterne erben, Sterne färben*" ist ein Versuch, durch eine Hin und Her – Reise, die sowohl zurück in die Vergangenheit als auch weiter bis in die Gegenwart schreitet, eine seelische Biographie zu erkunden. In Anlehnung an Sartre lässt die Tiefenstruktur des Textes den Spracherwerb, den Umgang mit Sprache, das Hineinwachsen durch sie in eine Kultur, das über sich Hinauswachsen, „bis hin zum höchsten aller Sprachziele – Schriftstellerin werden"[1] erkennen.

Dieser empfindungsbeladenen Topographie steht die Frage nach dem Vorrang einer sprachlich erzeugten Seelenlandschaft zugrunde, in der Wörter verschiedener Sprachen und Dialekte zusammenwohnen, wobei jede nationale Prägung zugleich einen ins Emotionale gesteigerten Einfluss ausübt. Die Verfasserin stellt sich als Fragende und Suchende dar, die zwischen zwei Identitäten pendelt. Jugoslawische Vergangenheit, der Ankunft in dem deutschen Aufnahmeland, das neue hessische Dorf, neuere Erfahrungen des Erwachsenen in europäischen Großstädten, alles kreist um das identitätserforschende Unterfangen, Trennlinien zu entdecken und zugleich Brücken zwischen Menschen und Kulturen zu schlagen.

Obwohl das reflektierende Ich von der These ausgeht, dass „erst in der deutschen Sprache" das eigene Zuhause „selbst hörbar" wird,[2] was auf eine eindeutige Verortung der Identität verweist, lässt sich im Laufe des Buches näher feststellen, vorauf diese eigentlich fußt. Die Verfasserin entwirft den Band so, als führte sie ein Tagebuch, in dem sie dem Leser Geständnisse macht, sie möchte ihn an ihren intimsten Erfahrungen teilhaben lassen. Dadurch sei ein kathartischer Prozess in die Wege geleitet, durch Schreiben erzielt sie die „Befreiung aus der Umzäunung der Biographie",[3] aus der Strenge einer fremd zugesprochenen Lage, eines aufgezwungenen Status. In der Tat erweist sich aber die kritische Aneinanderreihung und Gegenüberstellung von erinnerten Lebensabschnitten nicht unbedingt als Möglichkeit, eine traumatische Vergangenheit zu bewältigen, sondern eher als notwendiger Versuch, Ordnung im eigenen Lebensbild zu schaffen, historische Ereignisse in ihrer Abfolge als daseinsbestimmend zu verstehen, und am allerwichtigsten zu den Grundquellen einer Identität zu gelangen.

Alles, was die deutschsprachige Autorin kroatischer Herkunft behauptet, geht auf die Sprache zurück, die als existientielle Metapher ihr Buch durchzieht. Der Homo- und Heteroreferentialität des sprachlichen Mediums wird ein Denkmal ersetzt, in der „Werkstatt der Wörter" werden neue Artikulationsverfahren ge-

---

[1] Czajka, Alexander: Marica Bodrožić: *Sterne erben, Sterne färben. Meine Ankunft in Wörtern.* Buchbesprechung vom 03.12.2007, http://www.buecher.de/suche/marica-bodrozic.

[2] Bodrožić, Marica: *Sterne erben, Sterne färben. Meine Ankunft in Wörtern.* Frankfurt a.M.: Suhrkamp, 2007, S. 11.

[3] Ebd.

schöpft, das Buch wird zu einer „Huldigung der Sprache",[4] einer „Liebeserklärung an die Möglichkeiten der deutschen Sprache" und des linguistischen Zeichens als kommunikative Universalmatrix, einem „spracherotischen Manifest von großer Zärtlichkeit und Überzeugungskraft".[5]

Wenn sie auf zwei linguistisch verschiedene Wirklichkeitsebenen Bezug nimmt, sind darunter immer topographische Landschaften zu verstehen, die literarisch verklärt als sprachliche Konstellationen auftauchen. Durch die schriftliche Festigung hybrider Erfahrungen vollzieht sich ein Vorgang der Identitätsaneignung, in dem die zwei verschiedenen kulturellen Identitäten sich zu einem einheitlichen Gebilde zusammenfügen:

> „Das Durchschreiten beider Sprachen kam mir manchmal vor wie zweifaches Leben, wie zwei autonom nebeneinander wirkende Lebensspuren, die zu verbinden mir nur im Schreiben gelang."[6]

Der Entscheidung für den Erzählakt liegt ein dringendes Bedürfnis zur Identitätsvergewisserung zugrunde: „Mit den Wörtern fängt es an, mich selbst *für mich selbst* zu geben".[7] Dieser Entschluß fällt mit dem Wunsch zusammen, „etwas bewahren zu wollen, behüten auch".[8] Dabei wird an die Großvaterfigur erinnert, die entscheidende Kindheitsmomente in Bewegung setzt, um eine rein assoziative, chronologisch ungebundene Bestandsaufnahme und Erkundung eigener Positionierungen im Umgang mit der Sprache in die Wege leitet. Das Buch ist auf weite Strecken so aufgebaut, dass erzählte Lebenserinnerungen mit reflektiven, abstrahierenden, sentenzartigen Abschnitten abwechseln. Der Erzählfluss weicht oft zurück, bleibt in der Kindheit stehen, dann nimmt er wieder seinen Weg weiter, nähert sich der Erzählzeit.

Das Ich scheint am Anfang, an der Schwelle zwischen zwei Sprachen verfangen zu sein, es ist so gut in der Aufnahmesprache eingebürgert und eingelebt, dass es sich inzwischen von der Herkunftssprache entfernt hat. Als die Hinterfragung weiterschreitet, kommt dieser latenten Sprache, die auch „erste Muttersprache" genannt wird, eine immer größere Bedeutung zu. Das Slawische ist nur als „Hintergrundmusik"[9] wahrgenommen, sie nimmt an der Sprachmelodie nur begrenzt in ihrer Verdrängtheit teil.

Als aber das Ich den Erinnerungsfaden rückspult, lässt sie die zwei Sprachen bei der Ankunft in Deutschland zusammentreffen. Bei der Ausreise entpuppen sich Begriffe wie „Ausland" und „Gastarbeiter" als erfundene Konstrukte. Aus-

---

[4] Hinck, Walter: Flieger, grüß ihr die Sonne. Na also: Marica Bodrožić frischt die deutsche Lyrik auf. In: *Frankfurter Allgemeine Zeitung*, 31. August 2007.
[5] Hübner, Klaus: „Der Plural ist mein tägliches Brot". Marica Bodrožić – eine deutsche Dichterin aus Dalmatien. In: *literaturkritik.de*, Nr. 1, Januar 2009.
[6] Ebd., S. 96.
[7] Ebd., S. 67, Herv. im Original.
[8] Ebd., S. 12.
[9] Ebd., S. 14.

land wird somit zur Metapher für das versprochene Land auf der „Suche nach einem besseren Leben", aber auch für die ganze Außenwelt, der man der Fremde als Unvertrautem begegnet.[10] Das aus einer existentiellen Angst stammende Gefühl einer willkürlichen Ordnung der Signifikanten bringt das Ich zur Feststellung, die Welt ist tatsächlich eine Vorstellung, die ihre Signifikaten als Spielbälle in unterschiedlichen Rastern wirken lässt. In einer Wirklichkeit zweiten Ranges, wo man über menschliche Erfahrungen nachdenkt, kann Fremdheit ihr Recht insofern beanspruchen, als Menschen sich selbst fremd bleiben und an einem wachsenden Entfremdungsvorgang teilnehmen, bewusst voneinander auseinandergehend.

Dieser Doppelerfahrung von Angst und Erwartung entspringt eine sich traumatisch vollzogene Anpassung an die neue deutsche Kultur, die Bodrožić im ähnlichen Wortklang „Wunde" und „Wunder" auffällt. Die Ankunft bedeutet ein Grenzüberschreiten, ein geographischer Ortswechsel, aber vordergründig ein Sprung „über den eigenen Schatten".[11] Das Angstgefühl hat man erst hinter sich, als man schon hinübergesprungen ist. Dabei hat man aber eine lokalgesteuerte, nicht auch die angeborene Identität aufgegeben und in eine neue Haut schlüpfen müssen. Das Neuland wird ursprünglich als zwar als „fremd" solange empfunden, bis die Verbindung mit den Geschwistern wiederhergestellt wird, bis sie sich ihres Dabeiseins vergewissert. Das Deutsche darf insofern „diese Sprache meiner Freiheit"[12] sein, darf ihr jedoch ohne die sicherheitsspendende Familie immerhin seelisch unvertraut bleiben. Die deutsche Sprache als „Schutzdamm"[13] erfüllt eine Ablenkungsaufgabe und zugleich eine dermaßen soteriologische Funktion, als es eine rein körperliche Rettung stattfindet, die Flucht aus einem kriegsbedrohten Land prägt aber dem Heimatlosen das Flüchtlingsstigma ohne das geistige Einleben in dem Aufnahmeland für immer ein. „Es half mir, das Schreckliche zu verorten, es aus mir selbst zu verlagern".[14] Die vergangenheitsorientierte Identitätsdimension eines aus dem Kriegsland stammenden Mädchens wird somit durch die Berührung mit dem Bild des in Deutschland Beschützten verdrängt. Während die deutsche Sprache als Schutzwall fungiert, ruft die erste Muttersprache schmerzhafte Erinnerungen an das Geburtsland wach. Sprache ist folglich „weder adamitisch noch babylonisch, weder wesenhafter Urlaut noch traurige Konfusion der arbiträren Zeichen: sondern eine Art Los, das man gezogen hat und das die Anweisung auf einen unberechenbaren Gewinn enthält".[15]

Als das Ich einsieht, dass Überleben in dem neuen Land allein durch die Aufrechterhaltung von alten Familienbindungen an das Geburtsland möglich ist,

---

[10] Ebd., S. 20.
[11] Ebd., S. 22.
[12] Ebd., S. 23.
[13] Ebd., S. 27.
[14] Ebd., S. 29.
[15] Müller, Burkhard: Marica Bodrožić. Sterne erben, Sterne färben. Meine Ankunft in Wörtern. In: *Süddeutsche Zeitung*, 13. Juni 2007.

wird der Erinnerungsfaden anfangs schüchtern, dann mit immer sicheren Griffen gespult. Die politische Auslösung Jugoslawiens wird mit der zwangshaften Verstümmelung der Kindheitserinnerungen und dem Verzicht auf die eigene nationalgefärbte Vergangenheit gekoppelt. Die Zerstörung eines Landes im Krieg verläuft parallel zu einem höhnischen Identitätsraub, die neue Zeit verschlingt Vergangenes, betäubt es, lässt es in Ohnmacht fallen: „die Zeit begann Schnaps zu trinken, die Zeit, diese Trinkerin und Betrügerin der Menschen."[16]

Über die eigene Ankunft in Deutschland wird nicht ausführlich berichtet, wichtiger scheint der Erzählerin der Augenblick, als Landsleute in Sulzbach in der Nähe von Frankfurt eintreffen. Die Unterscheidung zwischen den zwei Ländern erfolgt in einer chronologischen Anordnung, sie werden aber nicht voneinander scharf getrennt, sondern sie bekennt dadurch ihre Zugehörigkeit zu den beiden: „Jetzt kamen schon Leute von unserem ersten Dorf in unser zweites Dorf".[17] Somit werden zwei Orte einer einzigen Sammelidentität zugeordnet, was dazu berechtigt, sie als gleichstehende Heimatorte anzusehen. Zugleich ist bei der Beobachtung dieses Umzugs der fremde Blick am Werk, als die Doppelsicht des jugoslawischen Ankömmlings und des jugoslawischen Deutschland-Bewohners wiedergegeben wird. Beide nehmen aufeinander in Kategorien der Fremdwahrnehmung Bezug, obwohl sie ihrem gemeinsamen Zuhauseseinbedürfnis bewusst sind: sie kamen „von jenem anderen Hier in dieses andere Hier".[18] Andersartigkeit trennt die zwei Räume, aber der dringende Anpassungsdrang mahnt, schnell das Herkunftsland in dem Aufnahmeland zu finden, zu schaffen, zu erfinden.

Selbst das neue Haus in Deutschland, wo die jugoslawische Familie zur Miete wohnt, trägt die Narben eines Krieges, der mit dem sich in der fernen Jugoslawien abspielenden parallelisiert wird. Der Vermieter nahm ein paar nach dem Zweiten Weltkrieg auf die Fassade gelegte weiße Platten ab, um das Haus schätzen zu lassen, die er dann nicht mehr zurückanbringen wollte. In der Erinnerung des Kindes überträgt sich der jugoslawische Krieg auf das Wohnhaus, es sind aber nicht vordergründig physische Schäden, mehr schmerzen die seelischen Leiden. „Er ließ dem Haus dieses Brandmal, und jeder, der an ihm vorbeiging, dachte, es ist das Haus von Ausländern, deshalb sieht es so aus."[19] Dass sie dadurch einem natürlichen menschenrechtlichen Status enteignet wurden, dass ihnen die Zugehörigkeit zum neuen Land verweigert wurde, so wird ein Desillusionierungsprozess in Gang gesetzt. Der Übergang von der alten zur neuen Heimat lässt sich schwierig vollziehen, eine neue Identität muss zuerst erworben werden. Das kleine Mädchen denkt an die plattenlosen Hausstellen wie an „*entzauberte Hauswangen*",[20] das vorgestellte Zuhause stimmt nicht mit der deut-

---

[16] Ebd., S. 25.
[17] Ebd., S. 26.
[18] Ebd.
[19] Ebd., S. 28.
[20] Ebd., S. 29, kursiv im Original.

schen Wirklichkeit überein, in der Tat können die jugoslawischen Flüchtlinge ihr Gesicht nicht wahren.

Es treffen dann immer mehrere Menschen aus Jugoslawien ein, im Fernsehen wird über den Krieg berichtet, eine verdrängte Wirklichkeit tritt wieder zum Vorschein. Identität wird im Spannungsfeld der politischen Verhältnisse nicht mehr mit dem Nationalgeist gleichgestellt, hingegen entpuppt sie sich auf dem Schauplatz einer zunehmenden Verunsicherung als arbiträre Zuweisung, die Menschen zum Kampf gegeneinander anreizt. Man flüchtet sich in Deutschland nicht aus Feigheit, sondern weil „am Ende das eigene Leben mehr bedeutet [...] als die kroatische oder serbische Identität, die sie bald an irgendeiner Front hätte zum Krüppel machen können."[21] Nationalgebundene Zuschreibungen weisen kein Individuum als Menschen aus, insbesondere wenn ein Staat infolge politischer Machtverhältnisse und Verhandlungen leicht zugrundegehen kann. Damit scheint auch der Verlust nationaler Identität vorprogrammiert zu sein:

> „Ich wollte nichts mehr mit Jugoslawien, nichts mehr mit Kroatien zu tun haben. Ein eigener Mensch sein, dachte ich jahrelang, das müsste lobenswerter sein als die Identitätskarte eines Landes, das mit einem Mal – und es ist jedes Mal *mit einem Mal*, mögen die Journalisten und Politiker das heute anders sehen – auseinanderfällt."[22]

Man weigert sich, weiterhin seine Identität zu politische Zwecken instrumentalisieren zu lassen, auf dem Hintergrund des Krieges erweisen sich starre Identitätsaussagen als lächerlich. In dem kriegsüberlebenden Land mit Leuten auf Krücken und Beinamputierten kann man Worte wie „Kroate, Granate, Granatapfel, Apfelsinne, Cinématograph"[23] im gleichen Satz nebeneinander aufzählen oder gegeneinander austauschen. Über die willkürliche Ordnung der Dinge macht man sich in einem sarkastischen Wortspiel lustig, Mord und Zerstörung leben im Alltag mit Nahrungsmitteln und Unterhaltung zusammen. Aber zugleich lassen sich staatliche Zuschreibungen außer Kraft setzen, wie das Kind räsoniert, Jugoslawien hätte jedwelchen anderen Namen tragen können, Menschen und Verwandte bildeten das Bindeglied zum Heimatbegriff. Vertrautheit und seelische Nähe gewährten den Zugang zu einer festen Individualität: „Dort kannte man uns, dort waren wir jemand mit einem Namen".[24] Es ist „der antrainierte nationale, geographische Reflex", er

> macht uns glauben, wir bräuchten eine nationale Identität. Warum sagen wir nicht, wir brauchen eine Orientierung und wir möchten die Identitätskarte nennen? So wüßten unsere Kinder, daß die Orientierung nichts Festes ist, daß sie nichts ist, was wir verteidigen müssen, wofür wir sterben und töten wollen.[25]

---

[21] Ebd., S. 30.
[22] Ebd., S. 37, Herv. im Original.
[23] Ebd., S. 39.
[24] Ebd., S. 61.
[25] Ebd., S. 56.

Unter den Umständen einer ständigen Gefährdung des Ethnischen durch das Politische bringt die Behauptung von Nationalgefühlen keine Rettung des Nationalgeistes mit sich. Die Folgen einer Gleichschaltung mit den Kulturen anderer Völker zeigen sich bei dem heute viel beschworenen Globalisierungsphänomen, was die Autorin schließen lässt, das Verbindende zwischen den Menschen und Völkern müsse in der Bewahrung des „Ureigenen"[26] gesucht werden. Wenn sich die Erzählerin zum Beispiel an ihre Heimat erinnert, muss sie schwermütig auf das Wort „alma" in der Ortbezeichnung „Dalmatien" stoßen. „Seele" und „Herz" sind in dieser Gebiet die Kosenamen, die Eltern benutzen, wenn sie ein Kind rufen. Darum empfindet sie diese Tätigkeit als „wesenhaften Ruf"[27] zu den Quellen menschlichen Daseins, zur Liebe, die sich in jede Sprache der Welt übertragen lässt. Ohne die Verbindung mit dem Herkunftsland wiederherzustellen, kann sich der Ankömmling in einem anderen Land eine neue Identität durch den Übergang von der alten nicht verschaffen. Das kleine Kind ist von den sauberen deutschen Ortsschildern und die Welt, die es kennenlernt, beeindruckt, aber erkennt zugleich, dass sie sich „niemals über die Liebe legten" und muss sich an die kleine Dorfschule zuhause als identitätsstiftenden Maßstab erinnern.[28]

Was eigentlich das ganze Buch leitmotivisch wie ein roter Faden durchstreift ist der Gedanke, dass die politische Zersplitung des Herkunftslandes keine Schaden in der Volksseele zugefügt hat. Grenzen innerhalb des ehemaligen Jugoslawien erweisen sich als künstlich, Zugehörige desgleichen Raums erkennen sich wieder, reichen sich die Hände. „Der Krieg wird unsere Liebe niemals zerstören, niemals vollständig auslöschen können",[29] ruft die ursprüngliche Identität aus. Als Veranschaulichung werden drei Begegnungen geschildert, die in verschiedenen europäischen Städten stattfinden, von Rom über Paris nach Frankfurt. Die Erzählerin befindet sich längst seit dem neunten Lebensjahr in Deutschland und ist inzwischen eine Erwachsene geworden. Immer noch begeistert von der Fähigkeit der deutschen Sprache, Klarheit in ihren Lebensvorstellungen zu schaffen, hatte sie am Anfang bereits behauptet, nur diese Sprache verhilft ihr, ihre Identität verorten zu können. Und trotzdem stellt sich heraus, dass in der Fremde die alten Wurzeln zum Vorschein treten. Als sie in einem Bus in Rom von einer Frau auf Englisch angesprochen wird, fällt ihr die jugoslawische Aussprache auf, über die Wörter stellt sich eine alte schicksalhafte Verbindung her, die bis in die tiefe Vergangenheit geht und tiefe mystische Gebetsklänge aufnimmt. Fremdheit wird somit stark in Frage gestellt, die Entdeckung eines vertrauten gemeinsamen Erfahrungshorizontes verbindet Dazugehörige über das Mittel der Sprache:

---

[26] Ebd., S. 46.
[27] Ebd., S. 31.
[28] Ebd., S. 38.
[29] Ebd., S. 43.

Die Wörter, wie Verbündete, reichten sich zwischen uns und unseren Brustkörben die Hände, während wir, zwei eigentlich einander fremde Menschen, unsere Hände hielten und dabei immer hin- und hertänzelten, als seien wir schon zusammen in den Kindergarten gegangen.[30]

In Paris ist wieder das sprachliche Medium, das Nähe schafft. Ein Plakat mit der Ankündigung eines Bregović-Konzertes führt sekundenschnell das Heimatbild vor Augen und übermittelt eine ferne Botschaft. Beim Erlernen des Französischen stellt die Erzählerin die Latenz des Serbokroatischen überrascht fest, einer Sprache, die auf der Kontaktebene mit dem Anderen als identitärer Bestandteil wieder zum Leben erweckt wird. Auch in Paris erblickt sie in einer Haltestelle einen Mann, an dem sie „etwas Jugoslawisches" sieht. Als seine Zeitung mit kyrillischer Schrift ihm aus der Tasche rutscht, bewahrheiten sich die Vermutungen. Wieder sprechen sie „aufgeregt wie Kinder miteinander",[31] in der Einsamkeit des neuen Wohnorts bleibt sie in die alten Erinnerungen versunken: „er wohnte am Ende der rue Oberkamp. Zusammen mit seiner Frau. Ich ungefähr in der Mitte der langen Straße. Zusammen mit meiner jugoslawischen Vergangenheit."[32]

Auf der Reise nach Paris wird sie wieder von einer jugoslawischen Landsfrau angeredet, am Frankfurter Bahnhof steigt eine Frau mit Blumenkopftuch mit ihr in den Zug ein, segnet sie in der bekannten Herkunftssprache und entfernt sich dann. Es findet dabei wieder ein Sakralakt statt, eine erneute Einweihung in die geheimnisvollen Tiefen einer inzwischen vergessenen Daseinsebene. Der in der weiten Welt irrende Erwachsene kehrt zu den Quellen der eigenen Kindheit und Individualität zurück. Die Worte kommen der jungen Reisenden wie ein „Himmelssurogat"[33] vor, die Blumenkopftuchfrau nimmt sie wie ein Engel in Schutz.[34]

Das Nachdenken über die Versprachlichung identitärer Erfahrungen löst einen inneren Kampf mit der eigenen Vergangenheit aus, die bewältigt und als solche angenommen werden muss. Die Erzählerin bekennt ihre Ahasver-Lage, Sprechen wird zum Handeln, als ihr an den Wörtern ihrer Landsleute, denen sie an verschiedenen Orten Europas hinterhergeht, ihr eigenes Verfangensein an Nahtstellen zwischen den Kulturen bewusst wird. Wörter sind wie Menschen „weitgereiste Vögel",[35] eine feste und einzige Identität muss nicht aufgezwungen werden, da Grenzen selbst erfundene Gebilde sind, die einen zur Rechenschaft ziehen:

---

[30] Ebd., S. 42.
[31] Ebd., S. 73.
[32] Ebd.
[33] Ebd., S. 54.
[34] Bog ti pratio svaki tvoj korak. Gott begleite jeden Deiner Schritte. Uvjek ti Bog držao tvoju ruku. Stets halte Gott Deine Hand. Bog ti ljubio svaku tvoju suzu. Gott küsse jede deiner Tränen. Ebd., S. 55.
[35] Ebd., S. 66.

Und auch begriff ich, wie absurd es eigentlich ist, ein Paßbesitzer zu sein, etwas so Äußeres sein zu müssen uns es zu werden, weil man hier auf dieser Erde ein *Jemand* ist, wenn man sich an irgendeiner ausgedachten Grenze als Einheit von Gesicht und Name ausweisen kann.[36]

Zum Beispiel wird sie während des Pariser Aufenthalts für eine Argentinierin genommen, was sie zugleich wundert und ironisch folgern lässt, nun habe sie endlich eine klare, „ganz leicht erkennbare"[37] Identität. Bei einem Konzert in der kroatischen Hauptstadt stellt die aus dem Ausland Zurückgekehrte fest, dass Musik insofern verbindend wirkt, als Bürger des ehemaligen Jugoslawien sich als Gemeinschaft mit einer einzigen Stimme behaupten. Über politisch verordnete Zugehörigkeit hinaus kommt das Menschliche, „das ins Universelle Hinausweisende",[38] zum Ausdruck: „Lassen wir Fahnen Fahnen sein. Seien *wir* Menschen."[39]

Nach der erfolgreichen kathartischen Beichte, wo in der deutschen Sprache die Vergangenheitsbewältigung angestrebt wird, wendet sich Bodrozic von erinnerten biographischen Abschnitten zur Konzeptualisierung von Erlebnissen im Umgang mit Wörtern. Die Sprache, in der bisher Berichte erstattet wurden, verwandelt sich in eine Metasprache, in der über das Verhältnis zu Gesagtem und Ungesagtem nachgedacht wird. Der Erzählton lockert sich auf, die Autorin staunt über die Entdeckung von Wortlandschaften und -offenbarungen, sie setzt Wörter aus verschiedensten Bereichen in Verbindung miteinander und hinterfragt ihre verborgenen Bedeutungen. Der Schriftsinn ist ihr „ein vielfacher, schichtenweise abgetragen und als Offenbarung neu zusammengesetzt", Marica Bodrožić „liest das Deutsche wie die alten Theologen die Heilige Schrift."[40]

In der zweiten Buchhälfte kommt die Dichterin zum Vorschein, ihre Stimme setzt sich ausdrucksstärker durch empfindsame Beobachtungen und poetische Wortschöpfungen durch. Ein Beispiel in diesem Sinne sei das Leitmotiv des Sterns näher anzuschauen, das auch den Buchtitel angibt. Leitmotivische Einschübe treten hauptsächlich an Nahtstellen auf, werfen Fragen auf und begleiten den Weg, den die Autorin von der Thematisierung der Fremdheitserfahrungen zur Erkenntnis einer weltübergreifenden, versöhnenden Menschlichkeit macht. Nicht anders als kosmisch kann das menschliche Dasein aufgefasst werden. Jeder Einzelne ist „ein Bewohner jenes großen kosmischen Hutes", wo auch Sprachen als „faßbare Gestirne" anzutreffen sind.[41] Wörter sind „eine Sternensaat

---

[36] Ebd., S. 67, Herv. im Original.
[37] Ebd., S. 75.
[38] Hinck, Walter: Flieger, grüß ihr die Sonne. Na also: Marica Bodrožić frischt die deutsche Lyrik auf. In: *Frankfurter Allgemeine Zeitung*, 31. August 2007.
[39] Ebd., S. 78, Herv. im Original.
[40] Müller, Burkhard: Marica Bodrožić. Sterne erben, Sterne färben. Meine Ankunft in Wörtern. In: *Süddeutsche Zeitung*, 13. Juni 2007.
[41] Ebd., S. 22.

des Hierseins. Eine Ernte. Ein Segen"[42] Jede Kindheit „trägt das Erbe der Sterne in sich",[43] Körper brechen zusammen, wenn Sterne „keinen Zugang zu unserem Brustland haben".[44] Beim Anblick des Sternenhimmels wird man in die Geheimnisse der eigenen Herkunft eingeführt. Das Wortspiel zwischen „erben" und „färben" deutet auf das Verhältnis zwischen „emotional assimilerter" Vergangenheit und eigenständiger Fortsetzung in der Zukunft hin: „die Sterne als Lichtsymbole kennzeichnen die Kontinuität des Erbes" , das von jedem Einzelnen „verwertet" und „mit den eigenen Farben versehen" werden muss.[45]

> Wie stünde es um uns, wenn wir das Erbe der Sterne in uns verlebendigen könnten und es ein Sternbuch gäbe, in allen unseren Fingerkuppen abrufbar wäre, und wir die Kuppen wie Bücher lesen müßten, um zu überleben. Wie einfach wäre unser Leben, wenn wir die Sterne erben und färben könnten, wie es unserem Glück beliebt![46]

Bibliographie

Primärliteratur

Bodrožić, Marica: *Sterne erben, Sterne färben. Meine Ankunft in Wörtern*. Frankfurt a.M.: Suhrkamp, 2007.

Sekundärliteratur

Hinck, Walter: Flieger, grüß ihr die Sonne. Na also: Marica Bodrozic frischt die deutsche Lyrik auf. In: *Frankfurter Allgemeine Zeitung*, 31. August 2007.

Hübner, Klaus: „Der Plural ist mein tägliches Brot". Marica Bodrožić – eine deutsche Dichterin aus Dalmatien. In: *literaturkritik.de*, Nr. 1, Januar 2009.

Müller, Burkhard: Marica Bodrožić. Sterne erben, Sterne färben. Meine Ankunft in Wörtern. In: *Süddeutsche Zeitung*, 13. Juni 2007.

Winkler, Dagmar: Marica Bodrožić schreibt an die „Herzmitte der gelben aller Farben". In: Bürger-Koftis, Michaela (Hrsg.): *Eine Sprache – viele Horizonte… Die Osterweiterung der deutschsprachigen Literatur. Porträts einer neuen europäischen Generation*. Wien: Praesens 2008, S. 107-119.

---

[42] Ebd., S. 67.
[43] Ebd., S. 41.
[44] Ebd., S. 84.
[45] Winkler, Dagmar: Marica Bodrožić schreibt an die „Herzmitte der gelben aller Farben". In: Michaela Bürger-Koftis (Hrsg.): *Eine Sprache – viele Horizonte… Die Osterweiterung der deutschsprachigen Literatur. Porträts einer neuen europäischen Generation*. Wien: Praesens, 2008, S. 107-119, hier S. 118.
[46] Ebd., S. 89.

Tamás Lichtmann

Wahrheit ist un(mit)teilbar. Das sakral-profane Wort

Die Kunst hat ein spezifisches Verhältnis zur Wahrheit. Sie ist nicht in dem Sinne wahr wie eine sichtbare Entsprechung oder etwaige „treue" Nachahmung der empirischen Wirklichkeit. Kunst ist keine Widergabe der Wirklichkeitsphänomene oder logisch abzuleitender Denkwahrheiten, die Eigenart des Ästhetischen besteht nicht in der schlichten Widerspiegelung der empirisch-historischen Wirklichkeit (laut Georg Lukács), sondern sie ist ihrem Wesen nach autonom d.h. sie trägt ihre Eigenart in sich selbst, in ihrer sprachlichen Selbst-Mitteilung. Die Kunst enthält eine tief liegende und ihre Vollständigkeit in sich tragende innere Wahrheit, die sich in einer autonomen Wirklichkeit der Nicht-Wirklichkeit artikuliert. Diese kann fiktionale, virtuelle, mögliche Welt genannt oder je nachdem durch weitere metaphorische Definitionen erfasst werden.

Die Wahrheit der Kunst kann ihrem Wesen nach in der semantisch-syntaktischen Ebene der Sprache – Sprache nicht nur in der Verbalität sondern im Sinne des jeweiligen Zeichensystems der gegebenen Kunstart – nicht artikuliert werden, sondern liegt in der Ganzheit des Werkes. Im Medium der Sprache ist sie un(mit)teilbar, indem sie sich im Geistigen mitteilt[1] und insofern mit dem geistigen Wesen der Sprache identisch ist. Es wird nicht etwas außer ihr Liegendes *durch* die Sprache mitgeteilt sonder etwas Geistiges, und eben in der eigenen und eigenartigen Sprache der jeweiligen Kunstart, die dadurch im wahren und metaphorischen Sinne „sakralisiert" wird.

Im vorliegenden Text wird versucht, an einigen Beispielen eben die sakral-profane Eigenart der künstlerischen Sprache darzustellen: Wie die Erkenntnis jenseits der Sprache und doch in ihr „architektonisch" vermittelt werden kann (Hermann Broch); wie die stummen Dinge in einer unbekannten Sprache zu uns sprechen (Hugo von Hofmannstahl); wie eine empirisch unfassbare Reise ins „Tausendjährige Reich" unternommen wird (Robert Musil); wie Lieder zu singen sind jenseits des Menschen (Paul Celan); oder wie die unteilbare Wahrheit, die sich durch die Logik nicht erkennen lässt (da die Logik paradoxal unwahr und insofern zur Lüge wird) (Franz Kafka), auf einer anderen Ebene, in der „un(mit)teilbaren" Sprache doch wahrgenommen werden kann.

---

[1] laut Walter Benjamin

Nach der (Hypo-)These des Referats wird diese von Kafka unteilbar genannte Wahrheit – unteilbar da sie *durch* die Sprache un(mit)teilbar ist – *in* der sakralprofanen Sprache der Literatur mitgeteilt.

1   Theoretische Einleitung

„Es ist nämlich Sprache in jedem Falle nicht allein Mitteilung des Mitteilbaren, sondern zugleich Symbol des Nicht-Mitteilbaren."[2]

Und sofern die Sprache das Nicht-Mitteilbare mitteilt – ist sie **sakral**-profan. Die Schöpfung der Dimensionen und angrenzenden Bereiche des Weltalls wird durch sprachliche Mitteilungen durchgeführt, dadurch werden auch Lebewesen geschaffen, die aber von dem geschaffenen Menschen benannt werden.

> Das geistige Wesen teilt sich in einer Sprache und nicht durch eine Sprache mit – das heißt: es ist nicht von außen gleich dem sprachlichen Wesen. Das geistige Wesen ist mit dem sprachlichen identisch, nur *sofern* es mitteil*bar* ist. Was an einem geistigen Wesen mitteilbar ist, das ist sein sprachliches Wesen. Die Sprache teilt also das jeweilige sprachliche Wesen der Dinge mit, ihr geistiges aber nur, sofern es unmittelbar im sprachlichen beschlossen liegt, sofern es mitteil*bar* ist. Die Sprache teilt das sprachliche Wesen der Dinge mit. Dessen klarste Erscheinung ist aber die Sprache selbst. Die Antwort auf die Frage: *was* teilt die Sprache mit? lautet also: *Jede Sprache teilt sich selbst mit.*[3]

> Namen *teilt das geistige Wesen des Menschen sich Gott mit...* Der Name als Erbteil der Menschensprache verbürgt also, *dass die Sprache schlechthin das geistige Wesen des Menschen ist;* und nur darum ist das geistige Wesen des Menschen allein unter allen Geisteswesen restlos mitteilbar... Der Inbegriff dieser intensiven Totalität der Sprache als des geistigen Wesens des Menschen ist der Name. Der Mensch ist der Nennende, daran erkennen wir, dass aus ihm die reine Sprache spricht. Alle Natur, sofern sie sich mitteilt, teilt sich in der Sprache mit, also letzten Endes im Menschen. Darum ist er der Herr der Natur und kann die Dinge benennen.[4]

In der Schöpfungsgeschichte der Bibel wurde der Mensch allein nicht aus dem Wort geschaffen und Gott hat ihn nicht benannt. Er wollte ihn nicht der Sprache unterstellen, im Gegenteil: er überließ ihm, dem Menschen, die Sprache, die ihm als Medium der Schöpfung gedient hatte. Dadurch überließ er ihm seine schöpferische Kraft, die im Menschen Erkenntnis wurde. „Der Mensch ist der Erkennende derselben Sprache, in der Gott Schöpfer ist."[5]

---

[2]   Benjamin, Walter: Über Sprache überhaupt und über die Sprache des Menschen. In: Kiséry, E. & Bonn, K. (Hrsg.): *Texte der deutschsprachigen Literaturwissenschaft des 20. Jahrhunderts*. Debrecen, 1996 (Veröffentlichungen des Instituts für Germanistik an der Lajos-Kossuth-Universität Debrecen, Studienmaterialien 2), S. 64.
[3]   Ebd. S. 52.
[4]   Ebd. S. 54.
[5]   Ebd. S. 58.

Die Sprache des Menschen ist eine benennende Sprache, mit der die existierenden Dinge benannt werden. Die schöpferische Sprache – die Sprache überhaupt – dagegen ist eine Sprache, die zu schaffen vermag, sie ist die Schöpfung durch Sprache, in der das Wesen der zu Schaffenden und Existierenden sich mitteilt, sich offenbart, beteiligt an dem Göttlichen; also die göttliche Sprache.

Und obwohl keine ewigen Wahrheiten existieren, ist Wahrheit doch nicht nur eine zeitliche Funktion des Erkennens, sondern ein unteilbarer Kern, welcher im Erkannten und Erkennenden zugleich versteckt ist. Die Sprache des Menschen ist – laut Benjamin - der Versuch, den Namen zu nennen; der Versuch, der am ehesten in der Kunst artikuliert werden kann. In den Kunstwerken sind Wahrheitsgehalt und Sachgehalt unlöslich aneinander gebunden.

2 Stationen und Variationen des sakral-profanen Wortes in der Suche nach der Wahrheit

Erste Station: Wort als Schöpfung
Bibelstelle: Buch Mose 1. Genesis, 1-5:

> Am Anfang schuf Gott Himmel und Erde. Und die Erde war wüst und leer, und es war finster auf der Tiefe; und der Geist Gottes schwebte auf dem Wasser. Und Gott sprach: Es werde Licht! Und es ward Licht. Und Gott sah, dass das Licht gut war. Da schied Gott das Licht von der Finsternis und nannte das Licht Tag und die Finsternis Nacht.[6]

1. Johannes, 1-3:

> Im Anfang war das Wort, und das Wort war bei Gott, und Gott war das Wort. Dasselbe war im Anfang bei Gott. Alle Dinge sind durch dasselbe gemacht, und ohne dasselbe ist nichts gemacht, was gemacht ist.[7]

Der Schöpfungsakt erfolgt im sakral-transzendentalen Sinne durch das Wort, in der Sprache, die als Medium der Geistigkeit funktioniert. Wenn man die Schöpfung von der anderen Seite her betrachtet, aus der Sicht des geschaffenen Menschen, gelangen wir zur Metaphysik. Man sagt Gott – und man denkt Gott – und das Gedachte wird wahr – das so Gedachte ist Wahrheit – Die Schöpfung (durch Gott) ist Wahrheit – Wahrheit ist metaphysisch insofern sie un(mit)teilbar bleibt – Gott ist die Metapher des Seins, des Denkens und des Erkennens. Am Anfang steht Gott, am Endpunkt das Erkennen.

---

[6] *Die Bibel nach der Übersetzung Martin Luthers.* Revidierter Text 1984. Stuttgart: Deutsche Bibelgesellschaft, 1985.
[7] Ebd.

Das Wort in seiner ursprünglichen Funktion ist eine sakrale (und gleichzeitig) eine profane Kommunikation: Der Name des Kosmischen, Substanziellen ist von Gott, die Namen des Menschen und der Einzelerscheinungen sind vom Menschen. Substanz und Attribut: Substanz ist göttlich und kann nur von Gott benannt werden, Attribut ist menschlich, materiell Existierendes und ist von Gott.

Der Name Gottes ist unteilbar und insofern unmitteilbar, Wahrheit ist unteilbar, also Gott ist unteilbar und unmitteilbar. Unmitteilbar ist Wahrheit, da sie unteilbar ist und die Ganzheit enhält bzw. sie selber die Ganzheit ist, weil Gottes Attribute unendlich sind. Die Universalität enthält die göttliche Wahrheit, die menschliche Existenz ist dagegen partikular. Die Menschheit besteht aus „unzählige[n] Einzahlen".[8]

So schreibt darüber der ungarische Schriftsteller Péter Nádas: „Nur irgend etwas kann gesagt werden (erzählt), und ich wollte auf einmal alles, das Ganze sagen."[9]

An dieser Stelle kann die Frage aufgeworfen werden: Gibt es eine kognitive Metaphysik bzw. eine metaphysische Kognition? Ist das Denken, kann das Denken bzw. Erkennen metaphysisch sein? Oder sogar: Ist jedes Denken metaphysisch bzw. universell?

Zweite Station: Der historische Moment, wo die Sprachkrise thematisiert wird

Sie waren so gütig, Ihre Unzufriedenheit darüber zu äußern, dass kein von mir verfasstes Buch mehr zu Ihnen kommt, „Sie für das Entbehren meines Umganges zu entschädigen". Ich fühlte mich in diesem Augenblick mit einer Bestimmtheit, die nicht ganz ohne ein schmerzliches Beigefühl war, dass ich auch im kommenden und im folgenden und in allen Jahren dieses meines Lebens kein englisches und kein lateinisches Buch schreiben werde: und dies aus dem einen Grund, dessen mir peinliche Seltsamkeit mit ungeblendetem Blick dem vor Ihnen harmonisch ausgebreiteten Reiche der geistigen und leiblichen Erscheinungen an seiner Stelle einzuordnen ich Ihrer unendlichen geistigen Überlegenheit überlasse: nämlich weil die Sprache, in welcher nicht nur zu schreiben, sondern auch zu denken mir vielleicht gegeben wäre, weder die lateinische noch die englische noch die italienische und spanische ist, sondern eine Sprache, von deren Worten mir auch nicht eines bekannt ist, eine Sprache, in welcher die stummen

---

[8] Rilke, Rainer Maria: *Die Aufzeichnungen des Malte Laurids Brigge.* Frankfurt a.M.: Insel, 1982 (= it 630), S. 24.
[9] „Csak valamit lehet elmondani, s én egyszerre mindent, az egészet szerettem volna elmondani." Nádas, Péter: *Emlékiratok könyve.* III. Band. Pécs: Jelenkor, 1994, S. 41.

Dinge zu mir sprechen, und in welcher ich vielleicht einst im Grabe vor einem unbekannten Richter mich verantworten werde.[10]

Es geht hier um eine Sprache die außerhalb der Sprache des Menschen zu finden ist, im Bereich der Sprache „überhaupt", d.h. in der Sprache der Schöpfung und der „Heimkehr". Nach dem Wortlaut des letzten Hofmannsthal-Satzes gehört diese Sprache zur sakral-religiösen Terminologie, wie es im Talmud in den „Mischnah Awot – Sprüche der Väter" heißt:

> Auf drei Dinge achte, dann verfällst du nicht der Sünde: Halte fest im Sinn, woher du kommst, wohin du gehst, und vor wem du dereinst Rechenschaft geben musst.[11]

Der von Hofmannstahl genannte, unbekannte Richter ist Gott, der einzige echte Richter der Welt, der am Ende des menschlichen Lebens urteilt, entscheidet zwischen Gut und Böse. In dieser Rechenschaft (Verantwortung) vor Gott (im Tod) liegt das Erkennen. Diese Erkenntnis der Wahrheit sucht auch der Held von Hermann Broch in seinem mythischen Roman „Der Tod des Vergil".

Das von Chandos und von Vergil gesuchte Wort wird als sakrales Gottesurteil artikuliert und ein einigermaßen ähnliches, göttliches Todesurteil wird verkündet im Franz Kafka's Frühwerk „Das Urteil". In dieser Novelle wird die Vaterfigur zu einer göttlichen Instanz, die zwischen gut und böse entscheidet und den Sohn durch das Wort zum Tode verurteilt.

> Jetzt weißt du also, was es noch außer dir gab, bisher wusstest du nur von dir! Ein unschuldiges Kind warst du ja eigentlich, aber noch eigentlicher warst du ein teuflischer Mensch! – Und darum wisse: Ich verurteile dich jetzt zum Tode des Ertrinkens![12]

Dritte Station: Wort als mystische Botschaft (Engelsgruß) und als magische Kraft

Ein einziges Wort „Abend" zeigt seine magische Kraft in vier dichterischen Variationen:

Als erstes Beispiel wird der Schlusssatz der Kurzprosa von Franz Kafka zitiert: „Du aber erträumst sie dir wenn der Abend kommt."[13]

Drei Textbeispiele von drei Dichtern aus der klassischen Moderne:

---

[10] Hofmannsthal, Hugo von: *Gesammelte Werke in Einzelausgaben.* Prosa II. Hrsg. v. Herbert Steiner. Frankfurt a.M.: S. Fischer, 1976, S. 7-20, hier: S. 20.
[11] *Die Mischna:* Textkritische Ausgabe mit deutscher Übersetzung und Kommentar. Bearb. von Frank Ueberschaer. Jerusalem: Lee Achim Sefarim, 2003.
[12] Kafka, Franz: Das Urteil. In: Kafka, Franz: *Drucke zu Lebzeiten.* Frankfurt a.M.: S. Fischer, 1994, S. 61 (Kritische Ausgabe).
[13] Kafka, Franz: Eine kaiserliche Botschaft. In: Kafka, Franz: *Drucke zu Lebzeiten.* Frankfurt a.M.: S. Fischer, 1994, S. 282 (Kritische Ausgabe).

Hugo von Hofmannsthal: *Ballade des äußeren Lebens*

„Und dennoch sagt der viel, der „Abend" sagt.
Ein Wort, daraus Tiefsinn und Trauer rinnt
Wie schwerer Honig aus den hohlen Waben."[14]

Rainer Maria Rilke: *Die achte Elegie*

So reißt die Spur der Fledermaus durchs Porzellan des Abends.

„Wer hat uns also umgedreht, dass wir,
was wir auch tun, in jener Haltung sind
von einem, welcher fortgeht? Wie er auf
dem letzten Hügel, der ihm ganz sein Tal
noch einmal zeigt, sich wendet, anhält, weilt –,
so leben wir und nehmen immer Abschied."[15]

Georg Trakl: *Frühling der Seele*

„Leise tönen die Wasser im sinkenden Nachmittag
Und es grünet dunkler die Wildnis am Ufer, Freude im rosigen Wind;
Der sanfte Gesang des Bruders am Abendhügel."[16]

Im Zusammenhang mit diesen Textstellen ergibt sich eine Frage: Führt die mystisch-magische Dichtung, die Beschwörung des Geheimnisses zur Erkenntnis?

Vierte Station: Wort als Wahrheit – Wort als Gerechtigkeit

Das negative Beispiel: Franz Kafka: *In der Strafkolonie*

„Der Grundsatz, nach dem ich entscheide, ist: Die Schuld ist immer zweifellos."[17] Das Wort ist selber das Urteil und enthält eine absolute formale Gerechtigkeit, die aber nichts mit der Wahrheit zu tun hat. Das gesagte Wort funktioniert als Wahrheit, die immer als zweifellos akzeptiert wird, und insofern wird

---

[14] Hofmannsthal, Hugo von: Ballade des äußeren Lebens. In: *Sämtliche Werke*. Bd. 1. Gedichte I. Hrsg. v. Eugene Weber. Frankfurt a.M.: Suhrkamp, 1994.
[15] Rilke, Rainer Maria: Duineser Elegien. In: Ders.: *Werke*. Kommentierte Ausgabe in vier Bänden. Hrsg. v. Manfred Engel u.a. Bd. 2: Gedichte. Frankfurt a.M. & Leipzig: Insel, 1996.
[16] Trakl, Georg: *Fünfzig Gedichte*. Ausgewählt v. Hans-Georg Kemper. Stuttgart: Reclam, 2001.
[17] Kafka, Franz: *In der Strafkolonie*. Ebd. S. 212.

eine höhere Wahrheit überhaupt nicht gesucht. Militärische Parolen werden parodistisch als religiöse Gebote formuliert: „Ehre deinen Vorgesetzten!" oder: „Sei gerecht!"

Die Foltermaschine tötet brutal und unmenschlich den Verurteilten durch diese Gebote, durch Sprache. Der Verurteilte erfährt auf seinem eigenen Leib sein eigenes Urteil, indem die Maschine den Text in seinen Körper immer tiefer hineinschreibt.

In den Tagebucheintragungen von Franz Kafka findet man bemerkenswerte „positive" Gedanken über seinen eigenen Schaffensprozess, und zwar in dem Sinne positiv, dass der Autor in diesen seltenen Augenblicken sich über seine Zufriedenheit über das Geschaffene äußert.

> Zeitweise Befriedigung kann ich von Arbeiten wie „Landarzt" noch haben, vorausgesetzt, dass mir etwas Derartiges noch gelingt (sehr unwahrscheinlich. Glück aber nur, falls ich die Welt ins Reine, Wahre, Unveränderliche heben kann.[18]

> 15. August. 1914

> Ich schreibe seit ein paar Tagen, möchte es sich halten. So ganz geschützt und in die Arbeit eingekrochen, wie ich es vor zwei Jahren war, bin ich heute nicht, immerhin habe ich doch einen Sinn bekommen, mein regelmäßiges, leeres, irrsinniges juggesellenmäßiges Leben hat eine Rechtfertigung . Ich kann wieder ein Zwiegespräch mit mir führen und starre nicht so in vollständige Leere. Nur auf diesem Wege gibt es für mich eine Besserung.[19]

Aber was verstehen wir unter der erwähnten Leere? Ist es ein räumlich dimensioniertes Nichts, eine Leerstelle im Raum, wo nichts ist, ein nicht-existierendes Etwas? Oder der Ur-Raum in dem noch nichts existiert? Wenn man aber das Nichts beschwört durch das Wort, durch Benennung, dann bringt man durch (Wort)Magie aus der Leere etwas Existierendes zustande. Dann erschafft man aus dem Nichts das Etwas; z.B. in fassbarer Form eines Schlosses. Aber dieses Schloss ist nur insofern fassbar, dass es benannt wird, aber in der empirischen Wirklichkeit materiell unfassbar bleibt. Und trotzdem ist es fassbar, indem es benannt und dadurch erschaffen wird – also die Schöpfung durchgeführt wird.

Oder lesen wir den Schluss des bekanntesten Kafka-Romans:

> Seine Blicke fielen auf das letzte Stockwerk des an den Steinbruch angrenzenden Hauses. Wie ein Licht aufzuckt, so fuhren die Fensterflügel eines Fensters dort auseinander, ein Mensch schwach und dünn in der Ferne und Höhe beugte sich mit einem Ruck weit vor und streckte die Arme noch weiter aus. Wer war es? Ein Freund? Ein guter Mensch? Einer der teilnahm? Einer der helfen wollte? War es ein einzelner? Waren

---

[18] Kafka, Franz: *Tagebücher 1910-1923*. Frankfurt a.M.: Fischer Taschenbuch, 1983, S. 389.
[19] Ebd. S. 307.

es alle? War noch Hilfe? Gab es Einwände, die man vergessen hatte? Gewiß gab es solche. **Die Logik ist zwar unerschütterlich, aber einem Menschen der leben will, widersteht sie nicht.** Wo war der Richter den er nie gesehen hatte? Wo war das hohe Gericht bis zu dem er nie gekommen war? Er hob die Hande und spreizte alle Finger. Aber an K.'s Gurgel legten sich die Hände des einen Herrn, während der andere das Messer ihm ins Herz stieß und zweimal dort drehte. Mit brechenden Augen sah noch K. wie nahe vor seinem Gesicht die Herren Wange an Wange aneinandergelehnt die Entscheidung beobachteten. „Wie ein Hund!" sagte er, es war, als sollte die Scham ihn überleben.[20]

Diese wohl bekannte Passage, der kathartische Schluss des Romans ist voll mit Fragen: verzweifelt reihen sich aneinander die unbeantworteten Fragen, die nicht zu beantworten sind, ohne jegliche Antwort. Wer ist der sich vorbeugende Mensch in dem fernen Fenster? Vielleicht ein seine Sakralität verloren habender, profanisierter Gott, der mitleidend auf die diesseitige Existenz herunterblickt? Ein Freund, ein teilnehmender guter Mensch, nicht nur mitleidend sondern auch einer der auch helfen will? Wie kann dem Menschen geholfen werden, jenseits von Mitleid? Und überhaupt: war es ein Einzelmensch oder waren es alle? Und was soll es bedeuten, alle Menschen? Der sinnbildliche Mensch oder eine Abstraktion des Menschlichen oder das mitleidende Menschenwesen? Und überhaupt, gibt es noch Hilfe, wo man am Endpunkt des Lebens angelangt ist? Gibt es noch Argumente, Einwände, die dem Tode entgegengehalten werden könnte? Gewiss ja!

Und hier steht ein Paradoxon, ein erschütterndes Axiom der kafkaschen Ethik: „Die Logik ist zwar unerschütterlich, aber einem Menschen der leben will, widersteht sie nicht."[21]

Die unerschütterliche Logik ist unwiderstehlich, und die einzige logische Antwort auf die Fragen befindet sich in den Fakten. In den Vorbereitungen der Exekution, am notwendigen und Widerspruch nicht duldenden Ende des Lebens. Die Axiom der Logik des Daseins: Das Leben hat einen Anfang und ein Ende und wenn das Ende kommt, gibt es keine Gegenargumente mehr. Aber der Text widerspricht dieser Logik der Existenz mit einer nicht-rationalen Geste: die Geste vom Willen zum Leben. Das ist eine existenzielle Form von Nietzsches „Willen zur Macht", der Wille zum Leben, die nicht-philosophische Lebensphilosophie. Dieser Wille kann jede Logik bekämpfen und besiegen, vielleicht auch die Logik der Vergänglichkeit. Nach diesem Satz ist der Lebenswille ein irrationaler Wille, der einzige Wille, der das Leben des Menschen bestimmt und sichert und den Menschen zum Menschen macht. Dieser einzige Satz am Tore des Todes ist ein hymnisches Bekenntnis zum Leben gegen den Tod: ein kathartischer Höhepunkt des Romans.

Aber gegenüber der schonungslosen Logik des Todes hilft nicht eimal der Lebenswille. Er wird durch die Logik der Vergänglichkeit besiegt. Auf den kathar-

---

[20] Kafka, Franz: *Der Proceß*. Frankfurt a.M.: S. Fischer, 1994, S. 312 (Kritische Ausgabe).
[21] Ebd.

tischen Satz folgen weitere Fragen, über den Richter und das Gericht. Die sakral gewordene Metapher des Gerichts – „das hohe Gericht" – weist auf das Urteil und das Verurteiltsein zurück – auch die Leiden und Verfolgungen haben keine rationalen Erklärungen, keine Motive und Gründe, dennoch kommt es schonungslos zur Geltung. Der Mensch lebt, ist also zum Leben und Tod verurteilt und das Urteil wird früher oder später vollstreckt – das ist ein existenzieller Zwang. Und obwohl der Mensch sich seines Verurteiltseins voll bewusst ist, wehrt sich sein irrationaler Wille, widersteht und will sein notwendiges Ende nicht annehmen. Deshalb sucht er nach dem Richter, deshalb will er das Gericht sehen, um auf die letzten Fragen seines Lebens und Todes eine Erklärung zu finden. Warum muss man verurteilt werden?

Das Gericht ist aber unsichtbar, unerkennbar, nur das Ergebnis seines Inkrafttretens ist zu sehen, zu erleben (wie tragisch ist das Paradox: den Tod erleben).

Das Messer im Herz drehen; wohl eine dichterische Metapher aber hier erscheint es nicht als Gleichnis, sondern in seinem konkreten, fassbaren Sinn. Das Messer wird wirklich im Herz des Verurteilten zweimal gedreht. Das wirkt wie eine Imitation eines profanen und schrecklichen Ritus – ein kultisch-sakraler und profan durchgeführter Opferakt.

Wie ein Hund! – und was bleibt, ist die Scham...

Was ist Wahrheit, kann man sich noch einmal fragen; gibt es sie?

„Dir ist ja Unrecht geschehn wie keinem auf dem Schiff, das weiß ich ganz genau." Und Karl zog seine Finger hin und her zwischen den Fingern des Heizers, der mit glänzenden Augen ringsumher schaute, als widerfahre ihm eine Wonne, die ihm aber niemand verübeln möge. „Du mußt dich aber zur Wehr setzen, ja und nein sagen, sonst haben ja die Leute keine Ahnung von der Wahrheit. Du musst mir versprechen, dass Du mir folgen wirst, denn ich selbst, das fürchte ich mit vielem Grund, werde Dir gar nicht mehr helfen können." Und nun weinte Karl, während er die Hand des Heizers küsste und nahm die rissige, fast leblose Hand und drückte sie an seine Wangen, wie einen Schatz, auf den man verzichten muß."[22]

Fünfte Station: Das profanisierte sakrale Wort

Teehaus-Szene aus der Novelle „In der Strafkolonie" – ohne Kommentar:

Sie führten den Reisenden bis zur Rückwand, wo an einigen Tischen Gäste saßen. Es waren wahrscheinlich Hafenarbeiter, starke Männer mit kurzen, glänzend schwarzen Vollbärten. Alle waren ohne Rock, ihre Hemden waren zerrissen, es war armes, gedemütigtes Volk. Als sich der Reisende näherte, erhoben sich einige, drückten sich an die Wand und sahen ihm entgegen. „Es ist ein Fremder," flüsterte es um den Reisenden herum, „er will das Grab ansehen." Sie schoben einen der Tische beiseite, unter dem sich wirklich ein Grabstein befand. Es war ein einfacher Stein, niedrig genug,m unter einem Tisch verborgen werden zu können. Er trug eine Aufschrift mit sehr kleinen

---

[22] Kafka, Franz: *Der Verschollene*. Frankfurt a.M.: S. Fischer, 1983, S. 49-50 (Kritische Ausgabe).

Buchstaben, der Reisende musste, um sie zu lesen, niederknien. Sie lautete: „Hier ruht der alte Kommandant." Seine Anhänger, die jetzt keinen Namen tragen dürfen, haben ihm das Grab gegraben und den Stein gesetzt. Es besteht eine Prophezeiung, dass der Kommandant nach einer bestimmten Anzahl von Jahren auferstehen und aus diesem Hause seine Anhänger zur Wiedereroberung der Kolonie führen wird. Glaubet und wartet![23]

Die sechste Station: Das sakralisierte profane Wort
Franz Kafka: *Ein Landarzt*

Der Landarzt wird zu einem Kranken gerufen, er lässt sein Dienstmädchen Rosa zurück, ausgeliefert dem rohen Pferdeknecht. An dem Körper des todkranken Kindes entdeckt er eine rosafarbige Wunde, eine Rose des Todes.

> In seiner rechten Seite, in der Hüftengegend hat sich eine handtellergroße Wunde aufgetan. Rosa, in vielen Schattierungen, dunkel in der Tiefe, hellwerdend zu den Rändern, zartkörnig, mit ungleichmäßig sich aufsammelndem Blut, offen wie ein Bergwerk obertags. So aus der Entfernung. In der Nähe zeigt sich noch eine Erschwerung. Wer kann das ansehen ohne leise zu pfeifen? Würmer, an Stärke und Länge meinem kleinen Finger gleich, rosig aus eigenem und außerdem blutbespritzt, winden sich, im Innern der Wunde festgehalten, mit weißen Köpfchen, mit vielen Beinchen ans Licht. Armer Junge, dir ist nicht zu helfen. Ich habe deine große Wunde aufgefunden: an dieser Blume in deiner Seite gehst du zugrunde.[24]

Von dem Arzt wird Unmögliches verlangt, er soll einen Todkranken heilen, „soll alles leisten mit seiner zarten chirurgischen Hand". Eine profane alltägliche Situation. Wenn es aber nicht gelingt, wenn er kein Wunder tun kann, wollen die Dorfbewohner ihn rituell aufopfern; „verbraucht ihr mich zu heiligen Zwecken". Erlösung verlangen sie von ihm oder Selbstaufopferung. So verwandelt sich die profane medizinische Behandlung in eine sakralisierte Opferdarbietung.

„Entkleidet ihn, dann wird er heilen,
Und heilt er nicht, so tötet ihn!
'Sist nur ein Arzt, ,sist nur ein Arzt."
„Freuet Euch, Ihr Patienten, der Arzt ist euch ins Bett gelegt!"[25]

Am Ende flieht er davon aber da er sein Erlöserrolle verweigert, verirrt er sich in einem plötzlichen Schneesturm auf dem Weg und wird ein ewig wandernder, mythischer ewiger Jude.

---

[23] Kafka, Franz: In der Strafkolonie. In: Kafka, Franz: *Drucke zu Lebzeiten*. Frankfurt a.M.: S. Fischer, 1994, S. 247 (Kritische Ausgabe).
[24] Kafka, Franz: Ein Landarzt. In: Kafka, Franz: *Drucke zu Lebzeiten*. Frankfurt a.M.: S. Fischer, 1994, S. 258 (Kritische Ausgabe).
[25] Ebd. S. 259, 261.

Niemals komme ich so nach Hause; meine blühende Praxis ist verloren; ein Nachfolger bestiehlt mich, aber ohne Nutzen, denn er kann mich nicht ersetzen; in meinem Hause wütet der ekle Pferdeknecht; Rosa ist sein Opfer; ich will es nicht ausdenken. Nackt, dem Froste dieses unglückseligsten Zeitalters ausgesetzt, mit irdischem Wagen, unirdischen Pferden, treibe ich mich alter Mann umher. Mein Pelz hängt hinten am Wagen, ich kann ihn aber nicht erreichen, und keiner aus dem beweglichen Gesindel der Patienten rührt den Finger. Betrogen! Betrogen! Einmal dem Fehlläuten der Nachtglocke gefolgt – es ist niemals gutzumachen.[26]

Siebte Station: Wort als Parodie und grotesker Schöpfungsakt durch Benennung: Parodie des Himmels

„Das große Teater in Oklahoma ruft Euch!"[27]

Als er in Clayton ausstieg, hörte er gleich den Lärm vieler Trompeten. Es war ein wirrer Lärm, die Trompeten waren nicht gegeneinander abgestimmt, es wurde rücksichtslos geblasen. Aber das störte Karl nicht, es bestätigte ihm vielmehr dass das Teater von Oklahama ein großes Unternehmen war. Aber als er aus dem Stationsgebäude trat und die ganze Anlage vor sich überblickte, sah er, dass alles noch größer war, als er nur irgendwie hatte denken können, und er begriff nicht wie ein Unternehmen nur zu dem Zweck um Personal zu erhalten derartige Aufwendungen machen konnte. Vor dem Eingang zum Rennplatz war ein langes niedriges Podium aufgebaut, auf dem hunderte Frauen als Engel gekleidet in weißen Tüchern mit großen Flügeln am rücken auf langen goldglänzenden Trompeten bliesen. Sie waren aber nicht unmittelbar auf dem Podium, sondern jede stand auf einem Postament, das aber nicht zu sehen war, denn die langen wehenden Tücher der Engelkleidung hüllten es vollständig ein. Da nun die Postamente sehr hoch, wohl bis zwei Meter hoch waren, sahen die Gestalten der Frauen riesenhaft aus, nur ihre kleinen Köpfe störten ein wenig den Endruck der Größe, auch ihr gelöstes Haar hieng zu kurz und fast lächerlich zwischen den großen Flügeln und an den Seiten hinab. Damit keine Einförmigkeit entstehe, hatte man Postamente in der verschiedensten Größe verwendet, es gab ganz niedrige Frauen, nicht weit über Lebensgröße, aber neben ihnen schwangen sich andere Frauen in solche Höhe hinauf, dass man sie beim leichtesten Windstoß in Gefahr glaubte. Und nun bliesen alle diese Frauen.[28]

„Werden denn auch Männer aufgenommen?" fragte Karl. „Ja", sagte Fanny, „wir blasen zwei Stunden. Dann werden wir von Männern, die als Teufel angezogen sind, abgelöst. Die Hälfte bläst, die Hälfte trommelt. Es ist sehr schön, wie überhaupt die ganze Ausstattung sehr kostbar ist. Ist nicht auch unser Kleid sehr schön? Und die Flügel?" Sie sah an sich hinab. „Glaubst Du", fragte Karl, „dass auch ich noch eine Stelle bekommen werde?" „Ganz bestimmt", sagte Fanny, „es ist ja das größte Teater der Welt." ... „ich habe es allerdings selbst noch nicht gesehn, aber manche meiner Kolleginnen, die schon in Oklahoma waren, sagen, es sei fast grenzenlos." ... „Es ist ein altes Teater, aber es wird immerfort vergrößert."[29]

---

[26] Ebd. S. 261.
[27] Kafka, Franz: *Der Verschollene*. Frankfurt a.M.: S. Fischer, 1983, S. 387 (Kritische Ausgabe).
[28] Ebd. S. 389-390.
[29] Ebd. S. 393-394.

Achte Station: Wort als Fluch und Beschwörung

„Wenn du dich diesem Orte nahest, so wird es dir ergehen, wie du mir getan hast."[30] – So lautet die magische Beschwörung in der Erzählung von Annette von Droste-Hülshoff, „Die Judenbuche".

Der Held der Erzählung ist ein junger Bauer, der einen Juden, der ihm Geld geborgt hat, tötet. Die Juden kaufen den Baum, unter dem ihr Glaubensgenosse tot aufgefunden wurde und schnitzen in den Stamm der Judenbuche magische Worte mit hebräischen Buchstaben ein, die niemand lesen kann. Der Mörder kehrt von langen Wanderwegen ins Dorf zurück, wird vom Baum mit magischer Kraft angezogen und erhängt sich daran. Der Sinn des Fluches wird im letzten Satz der Novelle erklärt.

Neunte Station: Wort und Name einer historischen Katastrophe – Die Benennung des Unsagbaren: Endlösung – Shoa – Holocaust – Auschwitz

Die Endlösung der europäischen Juden wird von zwei Dichtern des 20. Jahrhunderts sakralisiert und als Selbstaufopferung für die Menschheit ritualisiert.

Der jüdische Dichter Paul Celan aus der Bukowina, der seine ganze Familie verloren hat, sakralisiert die erlebten Schrecknisse, überlebt und langsam verliert er auch das identitätsbildende Wort. Am Ende ertränkt er sich in Paris.

Paul Celan: *Tenebrae*

Nah sind wir, Herr,
nahe und greifbar.

Gegriffen schon, Herr,
ineinander verkrallt, als wär,

der Leib eines jeden von uns
dein Leib, Herr.

Bete, Herr,
bete zu uns,
wir sind nah.

Windschief gingen wir hin,
gingen wir hin, uns zu bücken
nach Mulde und Maar.

---

[30] Droste-Hülshoff, Anette von: *Die Judenbuche. Ein Sittengemälde aus dem gebirgichten Westfalen.* Stuttgart: Reclams, 1975, S. 59.

Zur Tränke gingen wir, Herr.

Es war Blut, es war,
was du vergossen, Herr.

Es glänzte.

Es warf uns dein Bild in die Augen, Herr.
Augen und Mund stehn so offen und leer, Herr.
Wir haben getrunken, Herr.
Das Blut und das Bild, das im Blut war, Herr.

Bete, Herr.
Wir sind nah.[31]

Paul Celan: *Gespräch im Gebirg* (Fragmente aus seinem einzigen Prosawerk)[32]

Eines Abends, die Sonne, und nicht nur sie, war untergegangen, da ging, trat aus seinem Häusel und ging der Jud, der Jud und Sohn eines Juden, und mit ihm ging sein Name, der unaussprechliche, ging und kam, kam dazergezockelt.

Es hat sich die Erde gefaltet hier oben, hat sich gefaltet einmal und zweimal und dremal, und hat sich aufgetan in der Mitte, und in der Mitte steht ein Wasser, und das Wasser ist grün, und das Grüne ist weiß, und das Weiße kommt von noch weiter oben, kommt von den Gletschern, man könnte, aber man solls nicht, sagen, das ist die Sprache, die hier gilt, das Grüne mit dem Weißen drin, eine Sprache, nicht für dich und nicht für mich – denn, frag ich, für wen ist sie denn gedacht, die Erde nicht für dich, sag ich, ist sie gedacht, und nicht für mich –, eine Sprache, je nun ohne Ich und ohne Du, lauter Er, lauter Es, verstehst du, lauter Sie, und nichts als das.

Warum und wozu... Weil ich hab reden müssen vielleicht, zu mir oder zu dir, reden hab müssen mit dem Mund und mit der Zunge und nicht nur mit dem Stock. Denn zu wem redet er, der Stock? Er redet zum Stein, und der Stein – zu wem redet der?

Zu wem, Geschwisterkind, soll er reden? Er redet nicht, er spricht, und wer spricht, Geschwisterkind, der redet zu niemand, der spricht, weil niemand ihn hört, niemand und Niemand, und dann sagt er, er und nicht sein Mund und nicht seine Zunge, sagt er und nur er: Hörst du?

...ich liebte die Kerze, die da brannte, links im Winkel, ich liebte sie, weil sie heruntergebrannte, nicht weil *sie* heruntergebrannte, denn *sie*, das war ja *seine* Kerze, die Kerze, die er, der Vater unsrer Mütter, angezündet hatte, weil an jenem Abend ein Tag begann, ein

---

[31] Celan, Paul: *Ausgewählte Gedichte. Zwei Reden.* Mit einem Nachwort von Beda Allemann. Frankfurt a.M.: Suhrkamp, 1968 (= es 262), S. 58.
[32] Alle folgenden Zitate nach: Celan, Paul: *Gesammelte Werke in fünf Bänden.* Hrsg. v. Beda Alleman und Stefan Reichert unter Mitwirkung v. Rolf Bücher. Frankfurt a.M.: Suhrkamp, 1983, Bd. III, S. 169ff.

bestimmter, ein Tag, der der siebte war, der siebte, auf den der erste folgen sollte, der siebte und nicht der letzte, ich liebte, Geschwisterkind, nicht sie, ich liebte ihr Herunterbrennen, und weißt du, ich habe nichts mehr geliebt seither; Nichts, nein; …

„Fadensonnen
über der grauschwarzen Ödnis.
Ein baum-
hoher Gedanke
greift sich den Lichtton: es sind
noch Lieder zu singen jenseits
der Menschen."[33]

Paul Celan über die Sprache:

> Erreichbar, nah und unverloren blieb inmitten der Verluste dies eine: die Sprache.
> Sie, die Sprache, blieb unverloren, ja, trotz allem. Aber sie musste nun hindurchgehen durch ihre eigenen Antwortlosigkeiten, hindurchgehen durch furchtbares Verstummen, hindurchgehen durch die tausend Finsternisse todbringender Rede. Sie ging hindurch und gab keine Worte her für das, was geschah; aber sie ging durch dieses Geschehen. Ging hindurch und durfte wieder zutage treten, „angereichert" von all dem.
> In dieser Sprache habe ich, in jenen Jahren und in den Jahren nachher, Gedichte zu schreiben versucht: um zu sprechen um mich zu orientieren, um zu erkunden, wo ich mich befand und wohin es mit mir wollte, um mir Wirklichkeit zu entwerfen.
> Denn das Gedicht ist nicht zeitlos. Gewiß, es erhebt einen Unendlichkeitsanspruch, es sucht, durch die Zeit hindurchzugreifen – durch sie hindurch, nicht über sie hinweg.
> … Gedichte sind auch in dieser Weise unterwegs: sie halten auf etwas zu. Worauf? Auf etwas Offenstehendes, Besetzbares, auf ein ansprechbares Du vielleicht, auf eine ansprechbare Wirklichkeit."[34]

Zehnte Station: Antithese zur Sakralisierbarkeit der Sprache
Friedrich Nietzsche: *Über Wahrheit und Lüge im außermoralischen Sinn*

> In irgendeinem abgelegenen Winkel des in zahllosen Sonnensystemen flimmernd ausgegossenen Weltalls gab es einmal ein Gestirn, auf dem kluge Tiere das Erkennen erfanden. Es war die hochmütigste und verlogenste Minute der „Weltgeschichte", aber doch nur eine Minute.[35]

Begriffe wie Gott, Schöpfung, Erkenntnis, Wahrheit, Lüge, Moral sind alle Metaphern für etwas, das nicht erkennbar, nicht adäquat definierbar bleibt. In diesem Sinne ist Wahrheit nicht zu erkennen.

---

[33] Celan, Paul: *Ausgewählte Gedichte*, S. 105.
[34] Ansprache anlässlich der Entgegennahme des Literaturpreises der Freien Hansestadt Bremen. In: ebd., S. 127ff.
[35] Sämtliche Werke. Kritische Studienausgabe in 15 Bänden: *KSA*. Hrsg. v. Giorgio Colli und Mazzino Montinari. München & New York, 1980, Bd. 1, S. 875.

Scheinbar stimmt damit der Aphorismus von Franz Kafka überein: „Wahrheit ist unteilbar, kann sich also selbst nicht erkennen; wer sie erkennen will, muß Lüge sein."[36]

Diese scheinbare Paraphrase des Nietzsche-Essays ist in der Wirklichkeit ein Gegenstück zu Nietzsches Text. Der grundsätzliche Unterschied besteht eben darin, dass Kafka zwar Wahrheit ebenso wie Nietzsche für unerkennbar und die Erkenntnis nur annäherungsweise aber nie vollständig für möglich hält, aber der Erkenntnisprozess ist für ihn unvorstellbar in einem außermoralischen Sinn. Das Moralische ist nämlich der tiefste Kern seiner Weltbetrachtung, in jedem Werk, in jedem Satz, in jedem Wort.

---

[36] Kafka, Franz: *Nachgelassene Schriften und Fragmente*. In der Fassung der Handschrift. Hrsg. v. M. Pasley, S. Fischer. Frankfurt a.M.: 1992/93, Bd. II, S. 69.

Debrecener Studien zur Literatur

Herausgegeben von Tamás Lichtmann

Band 1 Tamás Lichtmann: Nicht (aus, in, über, von) Österreich. Zur österreichischen Literatur, zu Celan, Bachmann, Bernhard und anderen. 1995. 2., unveränderte Auflage 1996.

Band 2 Nóra Séllei: Katherine Mansfield and Virginia Woolf. A Personal and Professional Bond. 1996.

Band 3 Thomas Schestag (Hrsg.): "geteilte Aufmerksamkeit". Zur Frage des Lesens. 1997.

Band 4 István Bitskey: Konfessionen und literarische Gattungen der frühen Neuzeit in Ungarn. 1999.

Band 5 Klaus Bonn: Entgegnungen – Erzählungen zur Literatur. 1999.

Band 6 Tamás Bényei: Acts of Attention. Figure and Narrative in Postwar British Novels. 1999.

Band 7 Tamás Lichtmann (Hrsg.): Angezogen und abgestoßen. Juden in der ungarischen Literatur. 1999.

Band 8 Kálmán Kovács: Kaspar-Hauser-Geschichten. Stationen der Rezeption. 2000.

Band 9 Klaus Bonn / Edit Kovács / Csaba Szabó (Hrsg.): Entdeckungen. Über Jean Paul, Robert Walser, Konrad Bayer und anderes. 2002.

Band 10 Kálmán Kovács: Textualität und Rhetorizität. 2003.

Band 11 Karl Katschthaler: Xenolektographie. Lektüren an der Grenze ethnologischen Lesens und Schreibens. Hubert Fichte und die Ethnologen. 2005.

Band 12 Kálmán Kovács (Hrsg.): Ideologie der Form. 2006.

Band 13 Gábor Pusztai: An der Grenze. Das Fremde und das Eigene. Dargestellt an Werken der deutschen und der niederländischen Kolonialliteratur in der ersten Hälfte des 20. Jahrhunderts von C.W.H. Koch, H. Grimm, M.H. Székely-Lulofs und W. Walraven. 2007.

Band 14 Péter Eredics: Ungarische Studenten und ihre Übersetzungen aus dem Niederländischen ins Ungarische in der Frühen Neuzeit. 2008.

Band 15 Eszter Pabis: Die Schweiz als Erzählung: Nationale und narrative Identitätskonstruktionen in Max Frischs *Stiller, Wilhelm Tell für die Schule* und *Dienstbüchlein*. 2010.

Band 16 Péter Gaál-Szabó: "Ah done been tuh de horizon and back". Zora Neale Hurston´s Cultural Spaces in *Their Eyes Were Watching God* and *Jonah´s Gourd Vine*. 2011.

Band 17 Tamás Lichtmann / Karl Katschthaler (Hrsg.): Interkulturalität und Kognition. 2013.

www.peterlang.de